水权使用者的社会责任论

谢文轩 田贵良 崔 培 邵 璇 著

黄河水利出版社
· 郑州 ·

内 容 提 要

本书从水权使用者的水权获取与交易出发,引申出水权使用者的社会责任,辨析水权使用者社会责任内涵,构建我国水权使用者社会责任框架,分析促使水权使用者履行社会责任的动力因素,建立水权使用者履行社会责任的动力机制,以促进水资源的有效节约和水环境的长效改善。

本书可作为水资源与水环境管理部门制定相关政策的参考,亦可供水资源经济、水环境管理领域学者研究参考。

图书在版编目(CIP)数据

水权使用者的社会责任论/谢文轩等著. —郑州:黄河水利出版社,2011.11
ISBN 978 - 7 - 5509 - 0135 - 3

Ⅰ.①水… Ⅱ.①谢… Ⅲ.①水资源管理 – 社会责任 – 研究 Ⅳ.①TV213.4

中国版本图书馆 CIP 数据核字(2011)第 220861 号

策划编辑:李洪良 电话:0371-66024331 E-mail: hongliang0013@163.com

出 版 社:黄河水利出版社
地址:河南省郑州市顺河路黄委会综合楼14层 邮政编码:450003
发行单位:黄河水利出版社
发行部电话:0371 - 66026940、66020550、66028024、66022620(传真)
E-mail: hhslcbs@126. com
承印单位:河南地质彩色印刷厂
开本:787 mm×1092 mm 1/16
印张:12.5
字数:289 千字 印数:1— 1 000
版次:2011 年 11 月第 1 版 印次:2011 年 11 月第 1 次印刷
定价:38. 00 元

前　言

　　水资源作为基础性的自然资源,是可持续发展的物质基础,是生态环境的控制要素。虽然我国水资源总量高于世界平均水平,但人均水资源占有量约为世界人均占有量的1/4,排名百位之后,被列为世界几个人均水资源最贫乏的国家之一。为实现水资源的高效配置,解决水资源短缺危机,我国水行政主管部门允许并鼓励水权交易。然而,水权交易的开展虽然为我国缓解水资源短缺、保证经济社会健康发展指明了前进方向,但在水权交易的过程中,还是暴露出来许多亟待解决的问题。其中一个重要方面就是水权使用者权利和责任的不对等,水权使用者在获得水资源的使用权后,大多只注重对其权利的使用,而没有履行其应承担的义务,存在水权使用者责任严重缺失的问题。与此同时,随着西方国家掀起的企业社会责任运动在中国的推广,企业履行社会责任的观念已经深入人心。水权使用者作为大型用水企业,履行社会责任更是责无旁贷。

　　本书在构建我国水权使用者社会责任框架的基础上,分析促使水权使用者履行社会责任的动力因素,最终建立起水权使用者履行社会责任的动力机制,来促进水权使用者社会责任的履行以及水资源的开发利用与保护。本书研究的创新点可以归纳为以下几点:

　　(1)由我国水权交易中水权使用者责任缺失的现状出发,对水权使用者以及水权使用者的社会责任进行了阐述,建立了包括法律责任、经济责任、生态责任以及道德责任在内的我国水权使用者社会责任体系。

　　(2)对水权使用者履行社会责任的动力因素进行了分析,指出利益相关者推动、水权使用者自身要求、外部环境、声誉、竞争力以及可持续发展能力都会促使水权使用者履行社会责任。

　　(3)从外部压力与内部驱动的角度对水权使用者履行社会责任动力机制进行了深入分析,设计了现阶段水权使用者被动履责的动力模式与理想阶段水权使用者主动履责的动力模式。

　　本书由谢文轩、田贵良、崔培、邵璇共同撰写。具体分工如下:第1章由邵璇撰写,第2章由崔培撰写,第3章、第4章、附录1、附录4、附录6由田贵良撰写,第5章~第8章、附录2、附录3、附录5由谢文轩撰写。全书由谢文轩、田贵良统稿。

　　本书的出版得到国家自然科学基金项目(编号:41001377)、教育部人文社会科学研究基金项目(编号:09YJC790067)、中央高校基本科研业务费专项资金项目(编号:2009B22514)资助,特此致谢!

作　者

2011 年 8 月

目　录

第 1 章 绪 论

1.1 研究背景

我国已经进入了全面建设小康社会的新阶段,水资源的可持续利用已成为保障我国社会经济健康发展的重大战略性问题。为实现水资源的高效配置,解决水资源短缺危机,我国已逐步开始实施水权交易。2000 年 10 月 22 日,水利部汪恕诚部长在中国水利学会第一届学术年会暨七届二次理事会上作了《水权和水市场——谈实现水资源优化配置的经济手段》的重要论述,由此拉开了全国水利界和相关部门对水权与水市场的大讨论序幕。从最早的东阳—义乌水权转让,到宁夏、内蒙古两地"投资节水,转让水权"的大规模、跨行业水权交易,再到面临生态环境危机的新疆塔里木河流域水权发展,我国几个水权交易的成功实践为节水型社会的建设开创了一条新途径。

然而,我国水权交易目前还处于起步阶段,在水权市场和水权交易中存在很多问题,其中一个重要方面就是水权使用者权利和责任的不对等。水权使用者大多只注重对其权利的使用,而没有履行其应尽的义务,存在着水权使用者社会责任严重缺失的问题,这就造成了现阶段在水资源的开发利用过程中,大量水资源浪费与用水污染的现象。2003年,浙江嘉兴发生了近年来最大的一次自来水污染风波,占全市居民饮用水 80% 的自来水出现恶臭异味,原因是该市石臼漾水厂取水口所在上游生猪养殖场排污。2004 年,四川化工股份有限公司对技术改造项目进行投料试生产,在试生产过程中,给料泵没有运行,尿素水解系统未能投运,大量高浓度氨氮废水直接排放,流入沱江,造成沱江流域特大水污染事故。2005 年,中国石油吉林石化公司双苯厂车间发生爆炸事故,大约 100 t 苯类污染物注入松花江,造成松花江吉林市以下河段严重污染。自 2005 年以来,我国共发生140 多起水污染事故,平均每两三天便发生一起,而这些事故大都是由于工业废水、污水非法排放所致。用水安全事故频发,凸显了水权使用者法律观念的淡薄和责任意识的缺失。如何在激烈的市场竞争中,诚信守约、规范经营,承担自己应尽的责任和义务,保护国家水资源的安全,做一个合格的企业公民,已是摆在每个水权使用者面前亟待解决的问题。

与此同时,随着西方国家掀起的企业社会责任运动在中国的推广,中国从 2000 年开始,政府、企业、社会团体组织和消费者逐渐开始重视企业社会责任。2005 年 12 月 18日,由国有资产监督管理委员会中国企业改革与发展研究会发起的"中国企业社会责任联盟"宣告成立,国内第一部综合性的《中国企业社会责任标准》同时推出,并发表了《中国企业社会责任北京宣言》。"中国企业社会责任联盟"是我国企业社会责任领域的第一个规范化组织,它的诞生是企业社会责任在我国达成共识的证明。"中国企业社会责任联盟"成立的目的就是增强企业的社会责任感,促使企业在创造利润的同时,自觉地承担起更多的社会责任,从而推动企业、社会、自然的和谐共存与健康发展,推动和谐社会的建设。

　　一方面是水权使用者社会责任的缺失,另一方面是企业社会责任运动的蓬勃发展,因而探索水权使用者如何结合自身条件履行社会责任,水权使用者、政府与社会之间如何通力合作,推进水权使用者社会责任的履行,是保证我国经济健康持续发展的关键。

1.2　研究意义

　　我国水资源危机正牵制着社会经济的发展,实行水权交易已是当务之急,现实所迫。2005 年 1 月水利部下发了《关于水权转让的若干意见》(简称《意见》)。《意见》认为,健全水权转让制度的政策法规,促进水资源的高效利用和优化配置是落实科学发展观,实现水资源可持续利用的重要环节。近来一连串的"地方水权交易"实际上都是在水利部的引导和精心组织下完成的,显示了水利部推动水权交易工作的决心。为使水权交易长期健康开展,在水权交易时,交易双方不但要充分行使自身的权力,也要注重履行自身的社会责任,从而提高水权交易效率、优化配置水资源。因此,本书研究意义在于以下三个方面。

1.2.1　推进水权使用者社会责任理论的深入研究

　　我国现阶段对于水权领域的研究主要集中在水权制度的构建、水权分配以及水权交易价格确定等方面。这些方面的研究大多侧重于水权中"权利"的赋予与使用,但是世界上没有无责任的权利,也没有无权利的责任,因此为了更好地保护水资源,更好地利用水资源,就必须加强对水权"责任"的研究。通过本书的研究,构建包括法律责任、经济责任、生态责任和道德责任在内的我国水权使用者社会责任体系,分析促使水权使用者履行社会责任的动力因素,并建立起相应的动力机制,从而完善我国学者在水权使用者社会责任方面的研究,推动水权理论研究的发展,为我国的水权制度建设提供相应的理论支撑。

1.2.2　促进水资源的优化配置与高效利用

　　我国一方面面临水资源的严重紧缺,另一方面水资源利用效率低下。实现水资源的优化配置,提高用水效率是水权交易以及用水过程中必须关注的重要问题。水资源作为公共资源,在侧重效率的同时,还要兼顾用水的公平性。在现实生活中,公平和效率时常会发生矛盾。由于用水过程中涉及各方面利益,为了协调和处理用水各方的关系、利益和矛盾,实现水资源的优化配置,水权使用者必须肩负起履行包括法律、经济、生态和道德等各方面的责任。本书寄希望于通过完善水权使用者的社会责任,达到优化水资源配置,提高用水效率的目的。

1.2.3　实现经济增长与生态友好的双赢

　　政府、水权使用者与社会在水权使用者的社会责任方面,共同关注的核心问题是经济增长与社会发展的关系问题。政府强调兼顾"经济增长"(经济责任、法律责任)和"社会发展"(生态责任、道德责任)两个方面,水权使用者则把"经济增长"这个经济责任放在社会责任的第一位来考虑,往往容易忽视生态责任与道德责任,最终导致以生态环境的破坏换取短期的经济效益。本书从水权使用者的社会责任角度入手,正是希望通过加强对社会责任的研究,使得水权使用者能够正视自身的权利与义务,最终积极主动地履行社会责任,以求实现经济增长与社会发展的双赢。

1.3 国内外相关文献综述

1.3.1 关于企业社会责任的研究综述

1.3.1.1 企业社会责任的产生与争论

1. 企业社会责任的萌芽和产生

企业社会责任思想起源于西方国家。起初由于亚当·斯密的传统自由经济理论占主导地位,企业只追求经济利润最大化的认识被人们所接受,而企业社会责任在很长一段时间内没有得到人们的重视。直到 19 世纪末,随着美国企业和经济工业化发展的大力推进,在经济和社会中拥有越来越大主导权力的大企业开始出现,其在经济、政治和社会中影响力的逐渐增强,引起了人们对企业与社会关系的思考,人们开始要求这些企业承担与其权力和影响力相适应的对社会与环境的责任。周敏、刘倩提出了公司社会责任的观点:认为公司为社会其他人托管财物,可以把钱用在社会认为合法的任何用途上,通过对负责看管的资源进行投资,实现自身财产的增加和社会财富的增长。然而受历史背景所限,当时的观点主要针对大公司,且主要是企业家个人慈善行为,在当时并没有引起社会的关注。

"企业社会责任"一词最早是由英国学者谢尔顿(Oliver Sheldon)在美国提出来的。他在著作《管理的哲学》中,首次把企业社会责任与企业经营者满足产业内外人类需要的各种责任联系起来,认为企业经营应有利于增进社区服务和利益,而社区利益作为一项衡量尺度,应远高于企业赢利。此外,企业社会责任还应包括道德因素等。

2. 企业社会责任问题的争论

根据文献资料的研究,关于企业社会责任问题的争论主要经历了两次比较集中的阶段。

第一个阶段是在 20 世纪 30 年代开始的,以"贝利–多德论战"为代表,主要围绕企业受托责任问题展开了争论。随着西方企业的所有权和经营权的分离,企业的经营者或管理者作为股东和投资者的受托人,应该负有什么样的责任成为了争论的焦点。贝利认为经营者和管理者的权利应该用于全体股东的利益,体现了古典自由经济理论的想法。多德则认为企业的经营者应该培养对职工、消费者和社会大众的社会责任感。经过一段时间的争论,二者的想法有所趋同,贝利承认多德观点占主导地位。但是这次争论把企业社会责任问题提到了学术界和社会大众的范围。

第二个阶段是在 20 世纪 60 年代和 70 年代,对现代企业社会责任的内涵产生了争论。一种观点是米尔顿·弗里德曼提出的,他认为"企业的一个也是唯一的社会责任是运用其资源从事计划好的活动,来增加企业的利润,只要不破坏游戏规则就可以,也就是说,在没有欺骗或诈骗的基础上从事开放和自由的竞争"。这种观点其实把企业社会责任和企业利润最大化目标等同起来,间接地否定了企业承担社会责任。另一种观点则认为现代企业社会责任不仅包含利润最大化的经济责任,应该还有某些社会义务。持这种观点的学者除了 Davis、Blomstrom、Carroll,还有 Frederick、安德鲁斯、彼得·德鲁克等。美国管理学家安德鲁斯认为,利润最大化是公司的第二位目标,而非第一位目标,公司的第一位目标是保证自身的生存。彼得·德鲁克在 1973 年出版的《管理:任务、责任、实践》中提出:"企业的目的必须在企业本身之外……必须在社会之中,因为工商企业是社会的一种器官。"从这些学者的观点看,现代企业的社会责任不仅是追求股东利润最大化这个单一目标,还包含了企业作为社会整体的一部分而应拥有多维的责任。这种认识越来越被人们所接受,拓展了企业社会责任的研究。

1.3.1.2　企业社会责任的内涵

通常人们对企业社会责任的理解可大致分为广义和狭义两种,分别从内涵和外延两方面进行分析。从内涵上来说,狭义的企业社会责任只包括企业的义务与责任;广义的企业社会责任不仅包括义务与责任,还包括企业社会责任的行为与活动、产出与结果,是哲学原则、行为过程和社会结果的统一体。广义内涵几乎涵盖了整个企业社会责任研究领域,是企业社会责任问题的泛化,容纳了各种对企业社会责任的一般性认识。从外延上来说,Carroll 的四大责任概念框架和利益相关者框架最为主流。前者根据责任属性对企业社会责任进行划分,后者根据责任对象对企业社会责任进行划分。Carroll 的四大责任概念框架认为,企业的社会责任包括经济责任、法律责任、伦理责任和自愿责任(后来改为慈善责任)。基于这一框架,狭义的企业社会责任外延有多种理解:可以仅指慈善责任,也可以是慈善责任和伦理责任之和。但最典型的一种狭义理解是指慈善责任、伦理责任与法律责任之和,即经济责任之外的所有责任,这种理解与最早期对企业社会责任概念的界定是一致的。

20 世纪最著名的企业社会责任研究学者 Davis 在《企业能否承担忽视社会责任的代价》一文中指出:社会责任是指"商人所做出的决策和所采取的行为至少有部分应超越企业直接的经济或技术利益"。如果社会责任与权利是匹配对等的,那么对社会责任的规避便会逐渐削弱企业的社会权利。Walton 在《企业社会责任》一书中围绕现代社会中企业和商人的角色这一主题,探讨了一系列企业社会责任问题。1972 年,经济学教授 Manne 在由美国企业协会所赞助的辩论会上提出企业社会责任的定义:为了让企业的行为具有社会责任,一个企业的支出或活动必须是它对企业内部的边际回报要小于其他可选支出对企业内部的回报,同时这种行为是出于绝对自愿的,并且必须是企业确实的支出,而不是出自于个人的慷慨解囊。在 20 世纪 80 年代,Jones 参与了对企业社会责任的研究探讨并提出了一个有趣的观点。他认为企业社会责任是指:企业有职责对除股东之外的群体负责,并且应该超越法律以及规范的范畴。此定义也是对 Walton 和 Manne 所提出的"自愿性"的进一步响应。

国际组织和政府对企业社会责任也有着自己的解释。国际劳工组织认为,企业社会责任是指企业在经济、社会和环境领域承担某些超出法律要求的义务,而且绝大多数是自愿性质的;因此企业社会责任并不仅仅是遵守国家法律,劳工问题只是企业社会责任的一部分。欧盟委员会在有关文件中把企业社会责任描述为:企业在自愿基础上,把对社会及环境的关心整合到其经营运作以及与其利益相关各方的互动过程中。非政府组织和社会团体从不同角度对企业社会责任进行了定义。世界可持续发展工商理事会(WBCSD)对企业社会责任下的定义是:企业对经济可持续发展、员工及其家庭、当地社区与社会作出贡献,从而提高人们的生活质量。国际商会(ICC)从商业角度把企业社会责任定义为:公司负责管理其活动并主动承担社会责任,等等。

20 世纪 90 年代开始,学者们明确地提出在解决企业应该为谁负责的问题上引入利益相关者理论。Carron 认为应该将利益相关者理论应用于社会责任的研究中,借用它可以为企业社会责任"指明方向",针对每一个主要的相关利益群体就可以界定企业社会责任的范围。Clarkson 也认为,利益相关者理论可以为企业社会责任研究提供"一种理论框架",在这个理论框架里,企业社会责任被明确界定在"企业与利益相关者之间的关系"上。目前具有广泛影响力的概念是基于利益相关者视角的概念,Epstein 认为企业社会责任主要与组织对特别问题的决策结果有关,决策要达成的结果应对利益相关者有益而不是有害的,企业社会责任主要关注企业行为结果的规范性和正确性。该定义的价值在于将企业社会责任与企业管理对利益相关者和伦理规范日益增多的关注联系在一起。

综上,国外对企业社会责任的具有代表性的定义如表 1-1 所示。

表 1-1 国外对企业社会责任的定义❶

代表人物或组织	定义
Oliver Sheldon(1924)	把企业社会责任与企业经营者满足产业内外人类需要的各种责任联系起来,并认为企业社会责任包含道德因素
H Bowen(1953)	商人按照社会的目标和价值,向有关政策靠拢,作出相应的决策,采取理想的具体行动的义务
Davis(1960)	企业社会责任是企业作出的那些至少部分超越了其经济或技术利益的决策和行动
Davis 等(1975) Committee for Economic Development	"扩展圈"理论认为,企业社会责任有内、中、外圈,内圈是能有效完成公司经济功能的最基本责任;中圈包括行使经济功能必须保持的对改变社会价值和优先权的敏感知觉;外圈是公司应承担的新出现的和未明确的责任
Eells & Walton(1961)	企业社会责任涉及的是由于企业对社会的影响所产生的问题,以及应如何确立适当的伦理原则来约束企业和社会的关系
Andrews	指企业对社会福利科学的、长远的关切,这种关切限制个人或企业具有破坏性结果的行为,即使这种行为能迅速地带来利润,同时,这种关切应使企业为改善人类福利水平作出自己的贡献

❶资料来源:王丽丽.利益相关者视角下的企业社会责任分析[D].南宁:广西师范大学,2007.

续表 1-1

代表人物或组织	定义
David Engel	所谓公司的社会责任,"乃指营利性的公司,于其决策机关确认某一事项为社会上多数人所希望之后,该营利性公司便应放弃赢利的意图,符合多数人的期望"
Joseph McGuire	企业社会责任是指企业不仅负有经济和法律的义务,它们还应该在这些之外对社会承担一定的责任
Sethi	企业社会责任意味着把企业行为提高到一个符合普遍的社会规范价值和期望的层次上
Davis & Blomstrom (1975)	社会责任就是决策制定者在追求自身利益的同时,也有义务采取措施保护和促进社会整体的福利。其中保护就是企业应避免对社会造成负面影响,促进是指企业需为社会创造积极的利益
Carroll	企业社会责任是某一特定时间社会寄希望于企业履行的义务;社会不仅要求企业实现其经济上的使命,而且希望其能够遵法度、重伦理、行公益,完整的企业社会责任为企业的经济、法律、伦理和自由决定其履行与否的责任(慈善责任)之和
Bauer	企业社会责任是关于企业行为对社会影响的认真考虑
Brummer	企业社会责任是与企业经济责任、法律责任、道德责任相对应的社会责任
里基·格里芬	企业社会责任是指提高本身利润的同时,对保护和增加整个社会福利方面所承担的责任
斯蒂芬·罗宾斯	企业的社会责任是一种工商企业追求有利于社会的长远目标的义务,而不是法律和经济所要求的义务,它要求工商企业决定什么是对的,什么是错的,从而找出基本的道德真理
哈罗德·孔茨 海因茨·韦里克	公司社会责任就是认真考虑公司的一举一动对社会的影响
德鲁克	企业首要的社会责任是经济责任,但利润不是企业的目的,而只是一个限制因素,满足社会需要才是企业永恒的目的,利润只不过是企业社会责任的回报
埃德温·埃普斯坦	企业社会责任主要与组织对特别问题的决策结果有关,决策要达成的结果应对利益相关者有益而不是有害的,企业社会责任主要关注企业行为结果的规范性和正确性
Wood(1991)	社会责任是企业社会互动的基本理念。其三项基本原则为制度层次的合法性、组织层次的公共责任、个人层次的管理自主原则等

续表 1-1

代表人物或组织	定义
普拉利（1999）	在最低水平上，必须承担三种责任：对消费者的关心、对环境的关心、对最差工作条件的关心
乔治·恩德勒	企业社会责任包含三个方面，即经济责任、社会责任和环境责任。其中环境责任主要是指"致力于可持续发展——消耗较少的自然资源，让环境承受较少的废弃物"
马休斯	公司的社会责任就是认真考虑公司的一举一动对社会的影响
弗里德曼	企业的一个也是唯一的社会责任，就是在游戏规定的范围内，利用其资源并参加所有增加利润的活动，即无欺骗地参加公开自由的活动
世界可持续发展工商理事会	企业社会责任是企业致力于可持续性的经济发展和员工、员工的家庭、本地社区和社会最大范围共同协作以提高他们的生活质量的承诺
社会责任商业联合会 BSR	企业社会责任即"通过遵守道德观，尊敬人、社区和自然环境来达到或取得商业成功"
欧盟委员会	企业社会责任就是企业在自愿基础上，把对社会及环境的关心整合到其经营运作以及与利益相关各方的互动过程中
Institute of Business Ethics	公司采取的自愿行动，为了表示对公司经营行为的道德的、社会的、环境的影响，以及对主要利益相关者的关心
世界银行	企业与关键利益相关者的关系，价值观、遵纪守法以及尊重人、社区和环境有关的政策和实践的集合
社会责任国际 SAI	企业社会责任区别于商业责任，它是指企业除对股东负责，即创造财富之外，还必须对全体社会承担责任，一般包括遵守商业道德、保护劳工权利、保护环境、发展慈善事业、捐赠公益事业、保护弱势群体等
菲利普·科特勒	企业的社会责任是企业通过自由决定的商业实践以及企业资源的捐献来改善社区福利的一种承诺

1.3.1.3　企业社会责任的理论演进

人们对企业社会责任的研究一直都是围绕企业与社会的关系来讨论和发展的。自从 18 世纪世界工业革命之后，在社会中兴起的企业受到了公众的关注。在有关企业与社会关系的研究方面，出现了商人伦理、企业伦理、企业社会责任、社会契约理论、利益相关者理论、企业社会回应、企业社会绩效、企业公民等概念和理论。

1. 商人伦理和企业伦理

所谓伦理，是指人文道德之理，是一个社会的道德规范系统，它赋予人们在动机或行为上善恶的判断标准。商人伦理是伦理的一个重要组成部分，是指商人在市场经济实践活动的基础上形成的调节和规范商人市场行为的各种道德规范的总和。商人伦理作为商人在商业中的个人行为,早在人类有文字出现时就有帮助弱势群体的记载,说明个人从事慈善公益活动在很早就有了。

随着时代的发展,人类社会步入资本主义社会和工业革命后,企业的大量出现给整个社会带来了巨大的变革。最初受到资本主义主流经济学和自由经济理论的影响,企业行为唯独以利润最大化为目标,一方面给股东和资本家带来了巨额财富,另一方面给社会、环境、劳动者、消费者等的利益和发展带来了不利的影响。有些企业和企业家为了缓和这种局面,参与一些慈善公益活动,推动了企业伦理的产生和发展。1985 年美国学者刘易斯在对 254 种关于企业伦理的文章、教材和专著进行分析的基础上,总结了一个较具普遍性的定义:企业伦理是为企业及其员工在具体情境中的行为道德提供指南的各种规则、标准、原则。美籍学者成中英教授则认为:"企业伦理是指任何商业团体或机构以合法手段从事营利时所应遵守的伦理规则。"

2. 社会契约理论

最早提出社会契约理论的学者是 Thomas Hobbes,他的核心观点为:企业是以个人、组织、机构之间的契约为基础形成的一系列协议,这些契约不断地演化,这样可以使所有相关个人、机构、组织能够生活在和平中,并且形成能维护和平的政府。学者们认为,社会契约理论是企业社会责任的基础。因为,企业存在于社会期望中,企业要遵守社会建立的指导准则,企业所拥有的权利和义务会受到社会契约的约束。

3. 利益相关者理论

斯坦福研究所于 1963 年首次提出了"利益相关者"的概念,但最早正式使用"利益相关者"一词的经济学家是 Ansof(1965),他认为要制定理想的企业目标,就必须综合平衡考虑企业的诸多利益相关者之间相互冲突的索取权,他们可能包括管理人员、工人、股东、供应商,以及顾客。起初人们对利益相关者的认识还局限在那些影响企业生存的个人和群体之内。到 1984 年,Freeman 认为利益相关者是指那些能够影响企业目标实现,或者能够被企业实现目标的过程影响的任何个体和群体。这个定义不仅把影响企业生存的个人和群体列入了利益相关者,还把受到企业目标实现过程中所采取的行为影响的个人和群体纳入了利益相关者,大大地扩展了利益相关者的研究范畴和内容。

随着利益相关者理论的不断发展和完善,它也引起了各类学者的关注。今天已经有很多研究企业社会责任的学者引入利益相关者理论,这为企业社会责任逐步提供了较为明确的负责对象。尽管目前学者对于企业究竟应为哪些利益相关者负责还有争议,但是在企业除要为股东负责之外还要对员工、消费者、社会共同利益及其他利益相关者负责方面,已基本达成一致。利益相关者理论也是本书的主要理论基础。

4. 企业社会回应

每一个企业的生存和发展都受到社会环境的影响,企业的一切行动都是在这种社会环境中去实践和完成的。这种社会环境包括宏观和微观两个层面,宏观层面包括政治、经济、社会、技术环境,微观层面包括企业的各个利益相关者的行为和期待。因此,企业需要找到一种方式对各种社会事项作出反应,提高自身在社会环境中的生存和发展能力。所以,人们把企业与社会环境联系起来的战略称为企业社会回应。Frederick 认为:"企业社会回应是指一个企业对社会压力作出回应的能力。"高勇强认为:"企业社会回应是指企业进行环境扫描和分析,并在此基础上针对企业有重要影响的关键社会事项和关键利益相关者,采取各种措施加以引导或影响的企业管理过程。"

5. 企业社会绩效

企业社会绩效与企业社会责任是一对形影相随的概念,企业社会责任所产生的包含外部性维度的绩效就是企业社会绩效。在 20 世纪 70 年代,就有人提出了企业社会绩效的概念。具有代表性的有 Carroll、Wartick 和 Cochran 等。Carroll 把企业面临的社会问题定义为销售服务、环境保护、雇用歧视等,并从这三个方面建立了三维立体评价模型:第一维是企业行为和责任,包括经济责任、法律责任、道德责任和自由决定责任;第二维是社会反应,由反应、防御、适应和前摄行动组成;第三维由消费者至上、环境、歧视、产品和职业安全、股东等问题区域组成。这一模型为理解企业社会责任、企业社会绩效提供了工具,也明确了其内容。Wartick 和 Cochran 对 Carroll 的模型作了进一步的拓展。此外,他们依靠自己对企业文化的研究心得,将企业社会绩效与主管和其他雇员个人所持有的价值观和伦理规范联系起来,并认为企业主管的道德意识对环境评价、利益相关者管理与问题管理的政策和规划有着重要的影响。

6. 企业公民

从企业公民的产生和发展来看,就是对企业社会责任研究的进一步发展。20 世纪 80 年代,企业公民概念发源于美国的商业界,然后逐渐被一些大型跨国企业所接受,进而由实践进入了企业社会责任研究领域。最初,学者们对企业公民概念的认识还局限于其只是企业社会责任的一部分,这就是狭义的企业公民观。如 Carroll 把"成为一个优秀的企业公民"等同于企业社会责任中的一个特殊要素,置于企业社会责任金字塔的最高层级,并称之为慈善责任,作为其企业社会责任的第四个方面,意味着这是一个超越企业期望的自由决定的行为。企业公民被看做仅仅是社区的渴望而没有表现出任何意义上的伦理指令,作为一个结果,重要性次于其他三个方面。后来,学者们有了把企业公民等同或趋同于企业社会责任的观点。具有代表性的是 Carroll 在自己的论文《企业公民的四方面》中,和自己以前定义的企业社会责任一样,以同样的方式定义了企业公民,他认为企业公民依然包含经济的、法律的、道德的和慈善的四个方面。Maignan 等将企业公民定义为"企业满足利益相关者对其要求的经济、法律、伦理和可选择的慈善等方面责任的限度"。再后来,人们对企业公民的认识,从把企业看做社会的一个公民的角度出发,让公民权的观点渗入到企业公民和企业社会责任的研究中,肯定和充实了企业社会责任的内容范围、原因解释和推行机制等,从而形成了较为宽泛、广义的把企业社会责任和公民权相联系起来的企业公民观点。

1.3.1.4　企业履行社会责任的动力

从企业角度出发,企业承担社会责任的动力取决于企业及相关利益各方经济力量相互制约的情况,以及企业在短期与长期利益之间博弈的结果。因此,企业承担社会责任需要经历一个由低级向高级、由外生向内生的演化过程。对比分析西方国家企业社会责任产生背景、演化过程,我国目前企业履行社会责任的状态是,企业承担社会责任内生的动力不大,绝大多数企业仍是以经济利益为中心,企业与利益相关者之间是以企业为核心的一种权利分配结构,其他利益相关方的诉求基本被忽视,导致制度结构的失衡,绩效不能体现可持续发展的需要。与西方强大的社会力量和完善的市场机制相比,我国市场机制还远未完善,企业履行社会责任的内生机制薄弱,导致企业社会责任缺失,这就需要作为原动力的外生力量来推动,如加强政府规制和法律约束,形成一个由多方主体平等参与并推动的企业社会责任动力机制,促使企业由外力推动向自愿承担演化,从而达到企业以及各利益相关方的利益均衡。

就企业履行社会责任的具体动力因素而言,王明华从企业需求的角度分析了企业为什么去履行社会责任,他认为:"企业需求是企业承担社会责任的动力,企业的需求层次与企业承担社会责任的层次是密切相关的。企业存在怎样的需求,同时就必须承担相应的社会责任。一方面,企业存在需求,需要通过一定的企业行为去实现它们;另一方面,企业通过承担社会责任,才能得到社会的认可和支持,从而推动企业的持续发展。因此,企业满足自身需求的过程必然成为企业承担社会责任的过程。"张兰霞则从利益相关者的角度分析认为,我国劳动关系层面企业社会责任的动力要素主要包括企业经营者与员工、企业工会、政府、媒体、非政府组织、消费者、竞争对手以及投资者,并最终将企业社会责任的动力来源归纳为经济动力、道德动力、法律制度动力。郑晓霞从内在驱动力和外在约束入手分析了企业社会责任的动因。其中内在驱动力包括文化因素、经济动因、企业家的伦理道德,而外在约束包括政府、国际贸易环境、媒体以及其他利益相关者,并最终构建了企业社会责任动力机制。罗重谱从多学科角度探讨了企业社会责任的动力机制,其中,长期利润是企业承担社会责任的根本动力和内因;与社会"生态"环境的契约关系、政府干预和公众的"货币投票"共同构成企业履行社会责任的外部压力和外因。企业的外部压力存在正向的激励功能和负向的监督约束功能。同时,外部压力可以通过市场机制转化为企业的经济利益,从而成为企业承担社会责任的内部动力。正是长期利润的内部动力和诸多外部压力的共同作用,企业才能主动履行其应担负的社会责任。

1.3.1.5　企业社会责任在我国的实践

20世纪90年代以来,我国学术界开始重视对企业社会责任的研究,特别是90年代末以后,掀起了企业社会责任研究的热潮。我国的企业社会责任研究大体上可以分为三个阶段:

第一阶段是起步阶段(20世纪90年代初)。最早以企业社会责任为名的著作是1990年袁家方主编的《企业社会责任》。该书主要从纳税、自然资源、能源、环保、消费者等几个方面分析企业的社会责任,并将企业社会责任定义为"企业在争取自身的生存与发展的同时,面对社会需要和各种社会问题,为维护国家、社会和人类的根本利益,必须承担的义务"。该书为我国企业社会责任研究起到了奠基性的作用。但是作者过于强调企业社会责任中的法律层面,对企业社会责任的理解有些狭隘。这一阶段关于企业社会责任的研究基本上比较琐碎,著作比较少。张彦宁在《中国企业管理年鉴》中将企业社会责任含义表述为"企业为所处社会的全面和长远利益而必须关心、全力履行的责任和义务,表现为企业对社会的适应和发展的参与"。

第二阶段是初步发展阶段(20 世纪 90 年代中后期)。这一阶段的研究可以分为两个方面:一方面是从公司治理的角度提出的利益相关者理论;另一方面是从法学的角度研究企业社会责任。前者以杨瑞龙等的研究为代表。杨瑞龙等对批评新古典企业理论没有"直面现实",认为企业是利益相关者的利益联结,因此企业的责任并非为股东负责,而是为所有利益相关者负责。但是杨瑞龙等的研究过于侧重共同治理的研究,忽视了在企业社会责任上的拓展。后者以刘俊海为代表,刘俊海在其专著《公司的社会责任》中将企业社会责任定义为"公司不仅仅以最大限度地为股东营利或赚钱作为自己存在的唯一目的,而应当最大限度地增进股东利益之外的其他社会利益"。刘俊海指出:"公司应当最大限度地增进股东利益之外的其他所有社会利益。这种社会利益包括雇员(职工)利益、消费者利益、中小竞争者利益、当地社区利益、环境利益、社会弱者利益及整个社会公共利益等内容,既包括自然人的人权,尤其是《经济、社会和文化权利国际公约》中规定的社会、经济、文化权利,也包括自然人之外的法人和非法人组织的权利和利益。其中,与公司存在和运营密切相关的股东之外的利害关系人是公司承担社会责任的主要对象。"

第三阶段是快速发展阶段(2000 年以来)。这一阶段企业社会责任的研究出现了一批有影响力的成果。比如,卢代富的《企业社会责任的经济学与法学分析》、谭深等的《跨国公司的社会责任与中国社会》、环境与发展研究所的《企业社会责任在中国》、陈宏辉的《企业利益相关者的利益要求:理论与实证》,等等。这一阶段的研究有以下三个特点:一是出现了实证研究;二是国外研究文献的引进;三是出现了 SA 8000 的专题研究。周祖城认为:"企业社会责任是指企业应该承担的,以利益相关者为对象,包含经济责任、法律责任和道德责任在内的一种综合责任。"卢代富指出,企业社会责任是创设于企业经济责任之外、独立于企业经济责任并与经济责任相对应的另一类企业责任,应是"企业在谋求股东利润最大化之外所应负有的维护和增进社会利益的义务"。林毅夫认为:"企业追求利润是天经地义的,但是由于外部性与信息不对称问题的存在,企业行为常常会自觉不自觉地超出自身应有的边界,对社会、员工等利益相关者产生不利的影响。为了社会的繁荣与和谐,要提倡企业加强社会责任感,并使企业的外部影响内部化。企业作为社会公民的一种,和其他类型的公民一样都对社会负有伦理道德义务,一方面在为社会创造财富,另一方面社会财富也更多地集中在这些成功的企业当中,它应该有责任帮助社会的弱势群体。"惠宁、霍丽认为:"企业承担社会责任与企业创造利润并不矛盾,且承担必要的社会责任,有利于树立良好的企业形象,从长远来看,更有利于企业经济效益的提高。"

1.3.2　关于水权基本理论的研究综述

1.3.2.1　水权的概念

1. 国外对水权的界定

如同其他资源一样,当水资源比较丰富时,较少有人关注其相应的各种权力问题,但当这种关键资源在世界上很多地方变得越来越稀缺,竞争越来越激烈时,在水资源管理方面文献中,水权问题受到了越来越多的重视,但是,这些文献大部分都是从较为狭窄的视角来研究水权问题,形式化的或仅是法令性的水权。因为水资源是一种流动的和动态的资源,所以水权也是流动的和动态的,并非是一成不变的。Benda - Beckmann 和 Meinzen - Dick 都认为,为更好地理解水权,我们必须有超出常规的正式法规,思考许多水资源的理论基础。

鉴于水资源至关重要的自然属性,在国外,州法律、项目规划、宗教精神与价值观以及地方规范等都有关于水权的界定。虽然正式的法律是最重要的,但它却往往无法与人们长期以来的固有的水权意识相协调,也无法与地区层面的水权管理方式相一致。

V. Ostrom 和 E. Ostrom 指出,水权法是一种财产法,它确立了人们使用、支配、处置可获得的水资源的权利。Goldfarb 则详细阐述到,私人只拥有水资源的使用权,这就是律师们所说的"用益物权"。从语义学上来说,水资源财产权并非指水资源本身,而是指使用水资源。换句话说,水权指受法律保护的水资源使用权。同时,Trelease 给出了判断用水权是否应予以允许的标准,即水资源财产权的行使须在能够应用这些水资源产生最大经济效益时,不与公共利益用水相冲突。Mather 和 John Russell 认为,一般而言,水权是指对水资源使用的权利,即在特定的地点和时间内,经济主体根据需要而使用水资源的权利。此外,ARMCANZ 和 Thomas 均注意到,水权不应该是一个绝对量,而应该考虑气候的不确定性下可获得水资源的份额。

也有部分国外学者从水权持有者能够对水权支配的程度来理解水权。Yamamoto 认为,当持有者能够使用、销售、购买或租赁他们享有的水量时,水权被认为是私有的。私人财产拥有者在授予的权利上有完全的决定权。当仅仅提供使用的权利,而不授权作出影响水分配的销售、买卖或租赁决定时,对任何水权持有者来说,水权是共有财产。当一个社会通过集体决定,无论是正式的还是非正式的,作出使用、销售、购买或租赁水的决定时,则水权成为一种社会财产或公共水权。Howe 认为,一个很好界定的具有排他性的水权体系,必须包括:可能被转移的水量、可能被消耗的水量、水传递时间的选择、传递的水质、转移到的地点以及利用的地点。一个高效的水权结构应具有普适性、排他性、可转移性和可执行性等特征。

2. 国内水权界定之争

在国内,存在着对水权内涵、权能的多元界定,崔素琴、何秉群总结有以下几种观点:①水权是独立于水资源所有权的一种权利,也是一项法律制度;②水权是水资源的所有权和使用权;③水权是依法对于地面水或地下水取得使用或收益之权;④水权是一种长期独占水资源使用权的权利;⑤水权包括所有权、使用权、经营权和转让权;⑥水权是指水资源稀缺条件下人们有关水资源的权利的总和,其最终归结为水资源的经营权和使用权;⑦水权就是水资源所有权和各种用水权利与义务的行为准则和规则,它通常包括水资源所有权、开发使用权、经营权以及与水有关的其他权益。

关于水权研究的著述分布的学科领域较为广泛,人文社科领域的研究已经涉及经济学研究、社会学研究等,在法学领域的水权研究也较为深入,这些著述中也对水权的概念进行了界定。

经济学论者以王亚华为例,其研究指出,水权是一种客观存在的权利义务关系,是指水资源在稀缺条件下,围绕一定数量水资源用益的财产权利。水权的客体是围绕一定数量水资源用益的一种财产权利,包括配置权、提取权和使用权三项权能。水权可以区分为广义水权和狭义水权,广义水权指所有涉水事务的相关活动的决策权,它反映各种决策实体在涉水事务中的权利义务关系;狭义水权专指水资源产权,是与水资源用益相关的决策权,它反映各种决策实体在水资源用益(例如分配和利用)中相互的权利义务关系。社会学论者以李强等为例,其研究认为,由于水资源属于国家所有,水权只能是在所有权的基础上派生出来的使用权、处分权等不完全权属。法学者的研究认为,水资源所有权、水权以及水所有权是三个不同位阶的概念,不能混淆。首先,水权不同于水资源所有权,在我国水资源所有权归属于国家,水资源所有权不能作为交易的对象。其次,水所有权或水体所有权可为一般的民事主体享有,属于交易的客体。再次,水权是从水资源所有权中派生而出的,具有水资源所有权中的使用权和收益权两项权能,是准物权。水权不包含经营权,水权和经营权分属不同的领域,使用权、让渡权和交易权是水权部分效力的表现。水权人行使水权便得到水所有权。

不同学科论者由于学科视角、研究方法的不同,在对水权的界定上差异较大,甚至在某一学科领域内也是众说纷纭。综合各学科,对于水权界定,主要有如下几种学说。

(1)单一权说。邢鸿飞、徐金海认为,由于我国水资源所有权属于国家,水权在我国目前的立法以及实践中应该是指取水权,它包括取得水体权、取水转让权以及受益权等权能。水利部《关于水权转让的若干意见》将水权转让界定为"水资源使用权转让"。盛洪认为,水权是水资源的使用权,即水资源使用者在法律规定范围内对所使用的水资源的占有、使用、收益和处分的权利,是一种用益物权。刘斌等认为水权是一种长期独占水资源使用权的权利,是水资源所有权与使用权分离的结果,是一项建立在水资源国家或公众所有的基础上的他物权,是在法律约束下形成的、受一定条件限制的用益权(即依照法律、合同等的规定对他人的物的使用和收益的权利)。石玉波认为,水权也称为水资源产权,是水资源所有权、水资源使用权、水产品与服务经营权等与水资源有关的一组权利的总称,是调节个人、地区与部门之间水资源开发利用活动的一套规范。水资源所有权是水资源分配和水资源利用的基础,由于水资源的流动性和稀缺性,世界上大多数国家实行的是水资源国家所有的所有权制度。因此,水权可以认为是一种长期独占水资源使用权的权利,同时也可以认为是一项财产权。黄河、王丽霞认为,在我国和水资源属于国家所有的其他一些国家里,水权主要指依法对于地表水、地下水所取得的使用权及相关的转让权、收益权等。取得水权的用水与一般用水的区别在于,水权得到法律的确认和保护,并明确规定拥有水权者具有法定权利和义务。当水权受到侵害时,国家应依法排除侵害或使拥有水权者得到相应补偿。

(2)双权说。胡鞍钢、王亚华认为,水权可以简单划分为水资源的所有权和使用权,通常所说的水权实际上指的是水资源的使用权,或者说是用水权。汪恕诚认为,水权最简单的说法是水资源的所有权和使用权,按照《中国人民共和国水法》(简称《水法》),水的所有权属于国家,研究的重点是水的使用权问题。

(3)复合权说。许长新提出,水权是指不同利益主体间的关系,是在水资源稀缺的情况下利益主体对水资源的各项权利的总和,是一组权利束。但是由于我国的法律制度规定,水资源的所有权归国家或集体所有,因此实际上我们目前谈论的水权并不是完整意义上的水权,只是其中的一个或者几个可以交易的部分。王亚华提出,水资源产权,是指在水资源稀缺条件下以水资源所有权为基础的围绕一定数量水资源用益的一组可以分割的权利束,包括占有权、使用权、取水权、配水量权、收益权、转让权和处置权,其核心是水资源所有权与使用权及其他相关权利的分离,本质上反映的是涉水利益主体之间的权利义务关系。崔建远认为,水权是权利人依法对地表水与地下水使用、受益的权利。水权由水资源所有权派生出来,是由汲水权、引水权、蓄水权、排水权、航运水权等组成的权利束,具有私权与公权的混合性质。同一般的用益物权相比,水权具有客体的特殊性、占有权能方面的特殊性、所有权和用益物权的排他性、公权性质的私权等方面的特点,人们称其为准物权。就总体而言,水权是一集合概念,标示着一束权利,系列内部存在着各种具体的水权,依据不同的标准,可以将水权划分为五种不同的类型。

3. 评析

虽然国内外对水权的界定众说纷纭,但可总结出各学者的公共逻辑思路。支持水权复合权说的学者多是从产权理论出发,思考水资源的产权问题,以及由水资源产权派生出一系列水资源的其他权利,而支持水权单一权说的学者多是基于水资源国家所有的事实,认为讨论水资源的使用权则更为实际,于是便有了水权单指使用权、取水权或是用益物权之说;水权的双权说是介于这两者之间,虽然将水权界定为水资源的所有权和使用权,但实际讨论的更多的还是水资源的使用权。

1.3.2.2　关于水权制度的研究进展

1. 实施水权制度的原因

首先,从产权理论角度来看,Demsetz 认为,产权的主要功能是内化外部性,帮助一个人形成与其他人进行交易时的预期。应清晰界定产权关系,并建立基本的交易机制,无辜受害和无偿受益要么被阻止,要么成为一种权利,从而使外部性内部化。Hung 和 Shaw 研究指出,资源产权不安全或不存在是包括水资源系统在内的大多数环境恶化和低效率使用资源导致市场失灵的主要原因。

其次,从水资源的节约与高效利用角度来看,实施每一种水制度都有多种原因,水是基本的生活要素。Lipton 和 Litchfield 认为缺少足够的新鲜水资源将使人们变得贫困,并阻碍人们去获取其他的一些机会;相反,实施有效的涉水管理措施是减轻贫困的重要工具。

Bryan Bruns 和 Ruth Meinzen – Dick 认为,实施水权制度可以帮助减少贫困,提高经济部门的生产力并保护自然环境。Fisher 强调,为避免因争夺水资源而产生利益冲突,就需要明确利益界限,对水财产所有权作出合适的制度安排,明确水资源的归属和使用范围;否则,就会受到被侵害人的抵制或法律的惩罚。彭祥、胡和平运用博弈论中的经典分析案例,结合流域水资源配置特点,对不同水权模式下参与人的用水行为作出合理解释。分析表明:在公共水权模式下,个体理性以及水资源负外部性的存在,容易使水资源利用产生“公地悲剧”的结果。同时证明,在缺乏排他性水权或水权制度设计不尽完善的情况下,流域水资源不仅可能被过度利用,而且全流域社会福利将不能达到最优。上游用水主体因具备先动优势而恣意用水,由此给下游用水主体带来利益损害。在个体理性的作用下,试图通过全局优化实现流域水资源配置的帕雷托改进是无法实现的。李雪松提出,实际上,水资源产权的研究就是为了解决类似经济学中常用的"公地悲剧"问题,并提出"公水悲剧"问题这一说法。他认为,清晰界定产权是保障水资源安全的重要经济学方法。按照水资源资产化、资产产权化、产权资本化的模式,实现水权像资本一样按规律流动,保证水资源有序高效的配置。

2. 水权制度

1) 河岸所有权制度

河岸所有权是指土地所有人根据与其土地相毗邻的河岸自然地享有水权。河岸所有权的水权理论是关于对水资源权利和责任的一系列原则,最初源于英国的普通法和1804年法国的拿破仑法典,后在美国的东部地区得到发展,成为国际上现行水法的基础理论之一。澳大利亚最初实行的也是河岸所有权制度,将水权与土地紧密结合在一起。目前,河岸所有权仍是英国、法国、加拿大以及美国东部等水资源丰富的国家和地区水法规与水管理政策的基础。

尽管各国的河岸所有权制度略有不同,但都遵循如下两条原则:一是持续水流理论。即凡是拥有持续不断的水流穿过或沿一边经过的土地所有者自然拥有了沿岸所有水权,只要水权所有者对水资源的使用不会影响下游的持续水流,那么对水量的使用就没有限制。二是合理用水理论。根据持续水流理论,对水权所有者使用水的限制主要取决于是否影响下游的持续水流,而合理用水理论在持续水流理论的基础上更强调用水的合理性,即所有水权拥有者的用水权利是平等的,任何人对水资源的使用不能损害其他水权所有者的用水权利。

实践证明,河岸所有权制度仅仅适用于水资源丰富的国家和地区,对于水资源短缺的干旱和半干旱地区,河岸所有权制度存在着种种问题。即使在水资源丰富的地区,传统的河岸所有权制度已经不能适应新的情况。例如,河岸所有权的限制,使与河流不相邻的工业和城市的用水也受到了限制,造成水资源的浪费。于是,伴随着美国对干旱的西部地区的开发,产生了第二种基本的水权理论——优先占用权理论。

2) 优先占用权制度

在美国,地下水权制度在各州之间相差很大,Smith 总结了 4 种流行的法律流派:

第一,习惯法或绝对所有权支持土地之下的水资源属土地所有者所有;

第二,美国的一些法规将地下水资源所有限定为在所属土地上合理并高效利用的用途;

第三,相应权利赋予土地所有者平等获取合理数量地下水的权利;

第四,优先占用权赋予先占用水资源者继续获得水资源使用权,如密西西比州一样,科罗拉多和堪萨斯州采用有限占用权法界定地下水资源。

优先占用权通常被规定为"先占用,先获权"。当没有足够的水资源供给所有水权持有者时,级别最低的水权持有者必须停止取水,以保证优先占用者的用水权。简单地说,就是各个水权持有者并不是平等地减少用水。当然,如果不用水权,那么它也将过期作废,同时该学派还反对水资源的不经济的、浪费性的、低效的利用。持续的水资源使用需要保护水资源的占用权,Smith甚至写到,水资源占用方面的法令是为保护使用权政策的实施。在Smith看来,水资源优先占用制度中的使用权条款是19世纪发展起来的,旨在鼓励提高水资源使用的经济效率和效益。早期水资源的使用包括用以促进经济发展的灌溉用水、矿业用水、制造业用水以及库存水。同时,家庭用水和农场用水也同样被认为是水的使用,并且在一些州上述两种用途具有优先权。最近一些年,水的使用概念已经超出了纯粹的生产目的,在一些州,水的使用定义增加以下用途:河流的生态水流、野生动植物生存用水、休闲娱乐用水以及美化环境用水。因此,Matthews提到,水的使用是一个"大的概念"。

3)公共水权制度

公共水权理论及法律制度源于苏联的水管理理论和实践,我国目前实行的也是公共水权制度。一般认为,公共水权理论包括三个基本原则:一是所有权与使用权分离,即水资源属国家所有,但个人和单位可以拥有水资源的使用权;二是水资源的开发和利用必须服从国家的经济计划和发展规划;三是水资源配置和水量的分配一般是通过行政手段进行的。实行公共水权制度的国家和地区多属大陆法系,公共水权的理论和原则具体体现在颁布的成文水法中。例如,苏联1970年颁布的《水法原则》以及我国的《水法》,都属于这种情况。

公共水权理论强调全流域的计划配水,因此存在着对私人和经济主体的水权,特别是水使用权、水使用量权、水使用顺序权难以清晰界定或忽视清晰界定水权的问题和倾向。如果所在国处于干旱和半干旱地区,水资源严重短缺的话,水权界定不明确可能导致严重的水纠纷,包括行业之间争水(如工业和农业争水),也包括全流域各个行政区之间的争水。除此之外,单一的行政配水管理方式也会引发水资源管理中的寻租行为,导致经济资源的浪费和腐败现象的产生。

4)可交易水权制度

可交易水权理论可以追溯到Coase关于市场效率的思想。1960年Coase等发表了《论社会成本》一文,其中关于市场效率的思想后来被概括成"科斯定理",即如果交易成本为零,只要初始产权的界定是清楚的,即使这种界定在经济上是低效率的,通过市场的产权交易也可以校正这种低效率并达到资源的有效配置。将"科斯定理"应用到水资源的管理中,就形成了可交易水权制度,即通过市场的水权交易提高水资源的利用效率和配置效率。Stephen Beare和Anna Heaney亦认为:一个有效率的水市场是将水资源用于最高的使用价值。

3.评析

水权制度是产权经济理论渗透到水资源管理领域的典型产物,也是运用经济手段实现资源优化配置的典型产物。从水权制度的实践来看,不同的历史阶段和不同的水资源条件下,上述几种水权制度对水资源管理和经济增长都曾起到积极作用,然而,单就上述某一水权制度来说,都没有考虑到经济发展、产业结构变化对水权尤其是生产水权的分配影响问题,由此可能会带来经济发展中水资源低效配置的问题。因此,水权制度不能脱离经济系统的发展而孤立研究,应考虑产业结构不断优化过程中对水权分配的调整问题。

1.3.2.3　关于水权交易的研究进展

1. 水权交易

Howitt 等写到,历史的发展、财政问题、供水的操作过程给水资源分配、成本分配和水资源问题的自然解决措施带来了无数的冲突。针对这些问题,水权交易的方式被提出。Roger 认为水权交易机制是以纠正政府失灵和市场失灵为目的、给相关利益主体提供一种激励或约束的机制,是面向水资源可持续发展、用于调节人与人之间的利益关系的一种水权交易的社会机制。Hamilton 等表示,可交易水权制度的建立可进一步鼓励节水技术的采用及用水效率的提高,从而开辟"新水源"的获得渠道。

姚树荣、张杰总结了水权交易的作用:

(1)激励水权持有者节约用水,通过出卖水权获得经济补偿。

(2)促使水资源从效率低的使用部门流向效率高的使用部门,提高水资源的使用效益。

(3)调剂水资源余缺,促进水资源在用水部门之间的合理分配,弥补政府水权初始界定的失效。

(4)保护生态环境,因为在水权交易中水质越好,通常交易价格也越高,这种"按质论价"的市场机制,会在一定程度上鼓励水权持有者采取有效的措施对其水资源加以保护,以免水质变坏。

陈勇从建立我国水权制度的立法问题角度对水权交易中的各主体进行了功能划分,他认为,水行政主管部门主要负责初始水权的分配、水权交易规则的制定及水权市场的监督管理,水权的二次分配和水资源开发则交由各类水公司、水企业运作管理。此外,他还强调水权转让应在平等的民事主体间进行,政府不宜直接参与其中。

2. 水权价格

影响水权价格的因素很多。在美国西部,永久水权的转让价格变化很大,每英亩英尺水权从几百到几千美元不等。区域之间价格水平的变化,一般归因于水的用途和制度约束的不同;同一区域内价格水平的变化,一般归因于水商品的异质性,如水权的优先程度和供给可靠性、区域内转移能力、交易和信息成本等。另外,即使是同质的水权(指具有相同的优先权、供给可靠性、制度要求、供水位置和市场条件),其价格随时期的不同也有很大的变化。Michelsen 研究认为,人们的理性预期是同质水权价格变化的主要原因。

3. 交易成本

水权交易难免影响其他用水者的福利,水权交易中一个重要议题是保护第三方利益问题。Ditwiler 和 Young 都认为,依靠司法程序保护第三方利益已经成为美国很多地区水权交易的一个严重障碍。然而,司法系统中对水权转换的约束程度在各州之间不同。因此,由此带来的交易成本也不同。据 Colby 与 Hearne、Easter 估计,交易成本占水价值的比例从 2% 至 20% 不等。

罗慧等认为,交易成本是决定水权交易能否成功、水权交易市场效率的最重要的因素。如果实际交易成本很高,使交易难以成交,会导致不完全竞争的价格。由于水资源的外部性较强,这种交易成本一般较高,这是一种不产生任何效益的成本,抵消了水资源利用的一部分效率。为此,建议建立一个统一的水务管理体制,对流域的防洪、除涝、供水、节水、区域水资源保护、污水处理和利用、地下水回灌实现统一规划、统一配置、统一调度、统一管理,实现水务管理一体化,以保证一旦进行跨区域邻近水资源水权交易,可以大大减少交易环节、降低交易成本。

4. 评析

水权交易的一个重要前提是水权的清晰界定,由于当前多数国家都规定水资源的所有权归国家所有,那么水权交易就只能是水的使用权的交易过程。因此,水的使用权一级级的分配,实现水资源所有权的国家所有到使用权的具体用水户所有是水权交易的制度前提。然而,分散的用水户不便于在市场中寻找需求者和供应者。因此,恰当的水权交易的组织结构设置和政府的价格管制应是水权交易和水市场研究的重点。然而,现有文献对上述两方面的研究都不是特别深入,尤其对于我国缺水地区的水权交易,政府在其中应该扮演什么样的角色,都应是水权交易和水市场研究首先要解决的问题。

1.3.2.4　关于水权使用者社会责任理论的研究

1. 水权使用者的概念

对于水权使用者的概念还没有一个比较明确的定义,许长新等认为,水权使用者是指没有水权的所有权但拥有水权使用权以及经营、转让权的部门、企业或个人。在我国现有体制下存在着二级水权使用者,我国《宪法》和《水法》都明确规定:水资源属国家所有,国家是水资源所用权的拥有者。权力是由国家所选择的代理人来行使的,国家总是自觉或不自觉地将水资源的经营权委托给地方政府或地方水资源管理部门,此时地方政府或地方水资源管理部门就成为一级水权使用者。在水资源开发利用全过程中,地方政府或地方水资源管理部门通过一定的方式,将水资源的使用权转移给终端的企业、组织和个人,形成二级水权使用者。

王晓东、刘文认为,水权使用者是在民法下的自然人、组织与企业,不包括政府。政府代表国家行使水资源的所有权、分配权、管理权,但是不直接进行水资源的使用,而自然人多指城镇居民,他们出于生活目的的用水,对水权使用不起关键作用,因此主要的水权使用者应是将水权用于生产的企业与组织。

2. 水权使用者的社会责任

我国对于水权使用者社会责任方面的研究较少,主要是对于水资源使用与保护的研究,邓禾、黄锡生认为,基于行政手段和民事手段的局限性,杜绝水资源的污染和破坏活动,依靠刑法手段保护水资源成为社会发展的必然,必须加大追究水资源犯罪危险犯的刑事责任的力度,在水资源犯罪案件中确立无过错责任原则,增设有关举证责任倒置的条款。吴国平将水资源的保护责任分为政府责任与市场主体责任,其中政府责任尤为重要,包括政策制定、立法、监督管理、基础工作、水体的综合治理等方面。企业等单位组织是水资源开发利用的主体,通过利用水资源取得了收益,他们也是产生水资源污染、破坏等问题的主要参与者。企业应为使用水资源支付一定的费用,同时也应为消除其对水资源造成的影响,维护其他组织和公民安全用水的权利支付相应的费用。公民既是水资源开发利用的受益者,同时其不合理的行为也会对水资源造成影响,如浪费水资源、污染水资源的行为等,因此在水资源保护中也负有一定的责任。任顺平认为,在水事管理领域,民事责任是指公民、法人或其他组织在开发、利用与保护水资源的活动中,侵犯了水事法律规范赋予他人合法的水资源开发、利用与保护权利而依法承担的法律责任。承担民事责任的方式,包括停止侵害、排除妨碍、消除危险;补救性的民事责任,包括返还财产、恢复原状、赔偿损失;其他民事责任,包括支付违约金、消除影响、恢复名誉等。

3. 评析

虽然对于水资源利用中的责任已有过相关的研究,但从上面的研究进展可以看出,对我国水权使用者责任的研究才刚刚起步,对水权使用者的定义还十分模糊,而对于水权使用者的责任还未真正提出,主要相关的研究集中在水资源保护中利益相关者各自应承担的责任,并且大都是定性的分析,缺少定量的研究。因此,有必要系统地对水权领域,特别是水权使用者的社会责任进行研究,进行定量的模型分析,这样才能对水权中的"责任"有着更加准确的认识,提高水资源利用的效率,减少水资源的污染与浪费。

1.4　相关概念界定

1.4.1　水权

水权是产权理论在水资源领域的反映,一种财产权,一种兼具公益与私益两种性质的权利。本书中的水权是指包括水资源的所有权、使用权、经营权、处置权和收益权等与水资源开发利用有关的一组权利的总称。

1.4.2　水权使用者

本书所涉及的水权使用者指的不是"自然人",而是指在水权分配后,拥有最终水权的企业或法人等民事主体。这里需要强调的是,水权使用者是依法取得水权的用户,并且这些用户只包括民事主体,至于国家机构、事业单位和供水企业等所享有规划、管理等各项权利的部门,应当由特别法来规定,不应当属于水权使用者的范畴。

因为水资源是最基础的生产资料,基本上所有的生产活动(除一些信息产业、高科技产业外)都与水资源的使用相关,从这个角度来看,几乎所有的企业都是水权使用者,这样的定义过于宽泛,不利于体现水资源特殊性的研究。本书对水权使用者的研究,聚焦于在水权分配后拥有最终水资源使用权的大型用水企业或以水资源为主要生产资料的企业。研究这些以水资源为基础生产资料的企业在水权交易后,使用水资源的同时,都应履行哪些社会责任。

1.4.3　社会责任

"责任"在汉语中是多含义的,按照《汉语大辞典》的解释,"责任"的含义有三个方面:一是使人承担某种职务和职责;二是指分内应做的事;三是由于做不好分内应做的事,因而应该承担的过失。按照法学意义上的解释,"责任"一词包含两方面的含义:一是关系责任,指一方主体基于他方主体的某种关系而负有的责任,这种责任实际上就是义务;

二是方式责任,指负有关系责任(即义务)的主体不履行其关系责任所应承担的否定性后果。本书所论述的社会责任是指一定的社会历史条件下社会成员对社会发展及其他成员的生存与发展应负的责任。

1.5　研究内容及技术路线

1.5.1　研究内容

本书在对国内外相关文献进行回顾与综述的基础上,界定了水权使用者社会责任的内涵,建立了水权使用者社会责任框架,并通过水权使用者履行社会责任的成本—收益分析,得出了水权使用者的履行社会责任动力因素。通过结构方程模型进行实证分析,得出了各动力因素间的作用关系。最终建立了水权使用者履行社会责任的动力机制。

本书共分 8 章,主要结构安排和内容如下。

第 1 章:绪论。主要介绍本书的研究背景、研究意义、国内外文献综述和本书相关概念的界定,最后介绍本书的结构安排和可能的创新点。

第 2 章:水权使用者的水权获取与交易。从我国当前水权分配制度和交易制度出发,阐述我国水权使用者的水权从获取、交易直至终止的整个过程,为后续章节中水权使用者的社会责任研究作铺垫。

第 3 章:水权使用者社会责任及其架构。界定了水权使用者社会责任的内涵,阐述了水权使用者履行社会责任的理论基础,最后分析了水权使用者社会责任的框架。

第 4 章:水权使用者履行社会责任的成本—收益分析。分别对水权使用者履行社会责任的成本与收益进行分析,并通过水权使用者履行社会责任的成本—收益均衡,得到水权使用者履行社会责任的边界条件。

第 5 章:水权使用者履行社会责任的动力因素与模型研究。分析了水权使用者履行社会责任的动力因素,构建了水权使用者履行社会责任的基本假设与概念模型,最后对问卷设计、抽样设计和样本数据收集进行了分析整理。

第 6 章:样本数据的实证分析。对样本数据进行了统计分析,对测量数据进行了信度与效度分析,并对 SEM 模型进行了验证与假设检验,得出了相应的结论。

第 7 章:水权使用者履行社会责任的动力机制设计。在分析水权使用者履行社会责任方式的基础上,对水权使用者被动履行社会责任模式与主动履行社会责任模型进行了阐述。

第 8 章:结论与展望。对全书进行简要的总结,提出本书研究的不足与需要进一步研究的领域。

1.5.2　技术路线

本书为了构建一个系统的水权使用者社会责任理论分析框架,以目前我国在水权交易中暴露出的水权使用者权责不平衡问题为切入点,紧紧围绕水权使用者社会责任三大核心问题,即水权使用者该承担什么社会责任、什么促使水权使用者承担社会责任和如何监管水权使用者履行社会责任,展开系统的研究工作。首先研究水权使用者社会责任的内容,围绕水权使用者的法律责任、经济责任、生态责任与道德责任展开论述,在此基础上通过成本—收益分析,得出水权使用者履行社会责任的边界条件,并运用结构方程模型,在样本数据的基础上进行水权使用者履行社会责任动力因素的关联分析,最后建立水权使用者履行社会责任的动力机制,并提出相应的政策建议。图 1-1 为本书研究的技术路线。

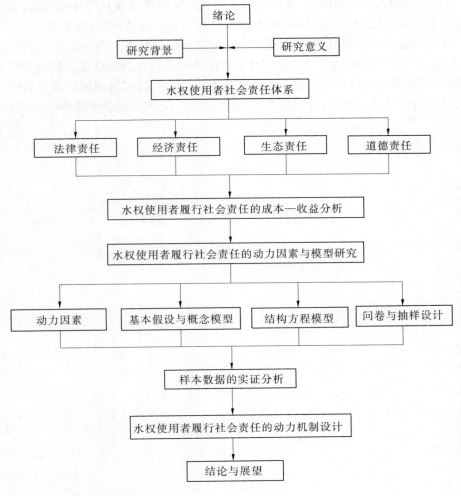

图 1-1　本书研究的技术路线

1.6　可能的创新点

(1)由我国水权交易中水权使用者责任缺失的现状出发,从管理学、经济学以及伦理学多个视角,对水权使用者以及水权使用者的社会责任进行了阐述,建立了包括法律责任、经济责任、生态责任以及道德责任在内的我国水权使用者社会责任体系。在此基础上分五个阶段,对水权使用者履行社会责任的成本—收益进行分析,得出了水权使用者履行社会责任的边界条件。

(2)对水权使用者履行社会责任的动力因素进行了分析,指出利益相关者推动、水权使用者自身要求、外部环境、声誉、竞争力以及可持续发展能力都会促使水权使用者履行社会责任。在此基础上,构建水权使用者履行社会责任的结构方程模型,提出 9 个基本假设。运用实证分析的方法,通过问卷调查与样本数据分析,对基本假设进行了验证。结果表明,水权利益相关者推动因素、水权使用者自身要求因素以及外部环境因素,促使水权使用者履行社会责任,水权使用者履行社会责任也提高自身的声誉、竞争力。而声誉的提升进一步促使竞争力的提升,最终导致水权使用者可持续发展能力的提升。

(3)从外部压力与内部驱动的角度对水权使用者履行社会责任动力机制进行了深入分析,设计了现阶段水权使用者被动履行社会责任的动力模式与理想阶段水权使用者主动履行社会责任的动力模式,并提出合理的政策建议,以保障水权使用者社会责任的有效履行。

第 2 章　水权使用者的水权获取与交易

2.1　区域层面的水权分配

2.1.1　区域水权的"三生"分配

2.1.1.1　区域水权"三生"分配的原则

1. 优先保障基本生活用水原则

《水法》第二十一条规定：开发、利用水资源，应当首先满足城乡居民生活用水，并兼顾农业、工业、生态环境用水以及航运等需要。基本生活用水包括城镇生活用水和农村生活用水，但由于农村与城镇经济发展的差异，二者的用水定额相差较大，所以基本生活用水水权配置总量计算公式为：

$$基本生活用水水权配置总量 = 农村人口数量 \times 农村生活用水定额 + 城镇人口数量 \times 城镇生活用水定额$$

2. 重视生态环境用水原则

区域水权分配中，在优先保障生活用水的前提下，要兼顾生态用水和生产用水，其中，区域生态环境用水主要包括林地、草地、水生物和城市绿地的生态需水，可划分为二级：一级为生态环境保护需水，即现状生态环境保护最低需水，必须确保；二级为生态环境恢复需水，即生态环境恢复到适宜水平所需用水，可根据来水丰裕程度适当分配。在干旱和半干旱地区开发、利用水资源，应当充分考虑生态环境用水需要。

3. 留有区域经济发展充足的生产用水原则

生产用水水权是"三生"水权中总量最大、流动性最强，是水权体系中最活跃、最能体现水资源与经济发展关系的部分。水资源是经济生产链中的一种关键投入要素，尽管经济学界很少将水资源要素从资本、劳动力和土地要素中独立出来讨论，然而，水资源短缺成为经济发展的一大瓶颈已是不争的事实。因此，在区域水权的分配中，应为区域经济发展留有充足的生产用水，保障区域整体经济目标的顺利实现。

4. 政府预留水权原则

为了给今后的经济发展留有余地，保证生态与环境用水，在紧急情况下如救灾、抗旱、公共安全事故等突发事件的用水，政府应该预留一部分必要的公用水权。

2.1.1.2　区域水权的"三生"分配模型

区域水权"三生"分配系统如图 2-1 所示，区域可用水权来自于当地地表水、地下水和过境水，区域水权分配首先要实现在"三生"间的分配，其中，"三生"用水分别指生活用水、生态用水和生产用水，其相应的水权类型分别属于基本水权、公共水权和竞争性水权。根据《水法》及其他相关法律法规的规定，分配的优先顺序应是：基本水权 > 公共水权 >

竞争性水权,即生活用水 > 生态用水 > 生产用水。

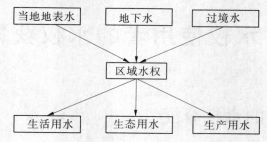

图 2-1　区域水权"三生"分配系统

1. 设置决策变量和正负偏差变量

设置决策变量为:生活用水量 X_1、生态用水量 X_2、生产用水量 X_3;设置正负偏差向量为 d_i^+ 和 d_i^-, d_i^+ 表示第 $i(i=1,2,3)$ 个约束超额量,d_i^- 表示第 i 个约束不足量,且 $d_i^+ \cdot d_i^- = 0$。

2. 确定优先因子

对区域水权优先性的分析,可以设定优先级别,如表 2-1 所示。在考虑优先级别时,对不同地区应结合国民经济与社会发展规划,以及流域综合规划与有关专项规划情况,设定该地区的优先级别。

表 2-1　区域"三生"用水优先级别的设定

优先级别 p_1	区域生活用水不低于目标值
优先级别 p_2	区域生态用水不低于目标值
优先级别 p_3	区域生产用水不低于目标值

3. 确定约束条件

1) 绝对约束

绝对约束是指区域生活、生态、生产用水总量要等于区域水权总量。

$$\sum_{i=1}^{3} X_i = X \tag{2-1}$$

式中　$X_i(i=1,2,3)$ 分别表示区域生活、生态、生产用水量。

2) 第一目标约束

区域生活用水不低于相应的目标值:

$$X_1 + d_1^- - d_1^+ = S_1 \tag{2-2}$$

式中　S_1——区域生活用水目标值;

　　　d_1^-——生活用水未达到 S_1 的负偏差量;

　　　d_1^+——生活用水超过 S_1 的正偏差量。

为尽可能达到预定目标值,目标函数中应有 $\min(d_1^-)$。

同理,可得到第二、三目标约束方程。

$$X_2 + d_2{}^- - d_2{}^+ = S_2 \tag{2-3}$$

$$X_3 a + d_3{}^- - d_3{}^+ = G \tag{2-4}$$

式中　S_2——区域生态用水目标值；

　　　G——区域国内生产总值的目标值；

　　　a——区域每立方米水资源的产值。

4. 区域水权"三生"分配的目标规划模型

区域水权按生活、生态、生产用水进行分配的目标规划模型为：

$$\min Z_i = p_1 d_1{}^- + p_2 d_2{}^- + p_3 d_3{}^-$$

$$\begin{cases} \sum_{i=1}^{3} X_i = X \\ X_1 + d_1{}^- - d_1{}^+ = S_1 \\ X_2 + d_2{}^- - d_2{}^+ = S_2 \\ X_3 a + d_3{}^- - d_3{}^+ = G \\ X_i \geqslant 0 \quad (i = 1,2,3) \\ d_i{}^+, d_i{}^- \geqslant 0 \quad (i = 1,2,3) \\ d_i{}^+ \cdot d_i{}^- = 0 \quad (i = 1,2,3) \end{cases} \tag{2-5}$$

模型(2-5)可利用 LinDo 目标规划软件包求解。

2.1.2　区域水权的"三产"分配

2.1.2.1　区域生产用水水权分配的原则

区域水资源总量减去基本用水水量(生活用水、生态用水)就是生产用水水量，即可用来配置的水资源总量。

(1)尊重历史和现状原则。水权初始配置是隐性利益的显性化或者再分配。要充分考虑过去逐渐形成的不成文的利益分配格局，以免造成不必要的恐慌和纠纷，应设法降低管理成本，增加水权初始配置的可操作性。

(2)遵从国家主体功能区划原则。国务院办公厅于 2006 年 10 月 20 日发出通知，要求开展全国主体功能区划规划编制工作。编制全国主体功能区划规划，是指根据资源环境承载能力、现有开发密度和发展潜力，统筹考虑未来中国人口分布、经济布局、国土利用和城镇化格局，将国土空间划分为优化开发、重点开发、限制开发和禁止开发四类主体功能区，并按照主体功能定位调整完善区域政策和绩效评价，规范空间开发秩序，形成合理的空间开发结构，实现人口、经济、资源环境以及城乡、区域协调发展。该举措有利于维护自然生态系统和建设资源节约型、环境友好型社会，对促进我国经济社会全面协调可持续发展具有重要意义。区域生产用水水权分配应配合国家主体功能区划的实施，实现区域水资源与经济系统的协调发展。

(3)兼顾公平和效率原则。各部门(如工业部门和农业部门)之间用水效益差别很大，为体现公平和维护经济结构的稳定，应保持目前的分配比例，然后再逐渐调整。对同一部门水权配置应引入竞争机制，采用高效率的配置模式。

2.1.2.2　区域生产用水利用状况的投入产出分析

资源禀赋与产业发展问题是经济学研究中的一个热点话题。水资源是一种不可替代的战略资源和生产的控制性要素,但由于传统的经济分析很少将水资源作为一种独立资源进行专门讨论,因而没有形成反映水资源与产业结构相互影响的系统理论。缺乏经济理论的指导,现实经济发展中产业结构与水资源禀赋条件不相匹配的现象就很难避免了。产业结构是经济运行作用于资源系统(包括水资源)的主要形式,产业系统又是一个相互关联的有机系统,一种产业规模的变动都会带来其他产业的连锁反应,从而这种变动对资源需求的影响是多层次的,也是多方向的,因此较难分析,这就需要建立一种产业系统与某一种资源的统一核算账户加以精确计量。

水资源投入产出分析技术实现了水资源系统与产业经济系统的综合核算,通过水资源投入产出分析能够全面、详细地把握国民经济各产业部门的用水情况,同时,基于投入产出技术的产业关联分析可以定量描述各产业部门在经济系统中的地位与作用。上述产业用水分析和产业关联分析为区域用水结构优化提供了决策支持,因此水资源投入产出分析是区域水权分配的基础性工作和有效手段。

水资源投入产出表是在经济投入产出表的基础上编制的,即在经济投入产出表中增加各产业的用水数据,我国及各省区已基本形成了每5年编制一次投入产出表制度,此外,由于5年时间的跨度较大,国家和有的省区还会在这期间编制一次延长表。产业部门间的经济投入产出表已经具备,因此水资源的投入产出分析具有很强的可操作性,并且,水资源投入产出不仅适用于全国的用水分析,也可以用于区域用水分析与结构优化。

1. 水资源投入产出分析方法

投入产出分析方法是由美国经济学家列昂剔夫提出的,它反映了经济体系中各部门间产品的生产与分配、投入与产出之间的技术经济联系。投入产出法首先把各生产部门的投入和产出,纵横交错地编制成投入产出表,如表2-2所示,然后,根据投入产出表的平衡关系建立投入产出数学模型;最后,借助投入产出模型进行计划平衡、经济预测、经济分析等工作。

投入产出表的主栏是投入栏,投入栏包括中间投入和初始投入。在中间投入中列出$1,2,3,\cdots,n$个经济部门,在初始投入中主要有固定资产折旧、劳动报酬、社会纯收入。投入栏全面反映了物质投入和劳动投入。表的宾栏是产出栏,包括中间产品与最终产品,产出栏表现经济部门的产品分配使用的去向。

主、宾两栏均包括两个主要栏目,它们交叉生成了表的四个象限(或称部分),各象限的经济含义如下。

第Ⅰ象限是一个由n个经济部门交错形成的棋盘式表,它与实物表很相近,只是各元素X_{ij}用货币形态计量。每个X_{ij}都有着双重的含义,从行向看,它说明i产品用于j部门的数量;从列向看,表示j部门在生产中对i产品的消耗量。它与实物表一样,反映了经济部门之间投入与产出的数量关系。但与实物表不同,它除表现生产技术特点外,还受到价格变动因素的影响,表现出经济部门间的比例关系。因此,该象限反映了国民经济部门之间的技术经济联系,是该表的中枢部位。

第Ⅱ象限是第Ⅰ象限在横行方向的延伸,它对应的主栏与第Ⅰ象限相同,宾栏为最终产品。它反映了各经济部门的产品有多少数量可供最终使用,或用于固定资产大修、更新改造积累,或用做消费与出口。如不考虑大修,第 II 象限的总量则是国民收入使用额,从行向看反映了国民收入经初次分配和再分配之后形成的最终使用情况,可从主要方面表现积累与消费间的比例关系;从列向看说明了国民收入各项的实物构成。

表 2-2　价值型投入产出表　　　　　　　　　　(单位:万元)

产出 投入		中间产品					最终产品 固定资产大修、更新 改造积累、消费与出口	总产出
		剖门 1	…	…	…	部门 n		
中间投入	部门 1	X_{11}	…	…	…	X_{1n}	Y_1	X_1
	⋮	⋮	…	X_{ij}	…	⋮	⋮	
	部门 n	X_{n1}	…	…	…	X_{nn}	Y_n	X_n
初始投入	固定资产折旧	D_1	…	…	…	D_n		
	劳动报酬	V_1	…	…	…	V_n		
	社会纯收入	M_1	…	…	…	M_n		
总投入		X_1	…	…	…	X_n		

第 III 象限是第 I 象限在纵列方向的延伸。它的宾栏是 n 个经济部门,主栏对应的是初始投入,主要包括固定资产折旧、劳动报酬和社会纯收入。其中固定资产折旧是一个特殊的项目,在产品的价值形成过程中,它与第 I 象限的中间投入(物质产品与劳务消耗)共同构成转移价值,它又与劳动报酬、社会纯收入一起组成初始投入,而后两者应属于新创造价值。因此,该象限除反映折旧部门构成外,主要表现生产部门的净产出,即国民收入的生产额,反映国民收入的初次分配。主栏三项合起来也可称为部门的增加值或最终产值。

第 IV 象限是第 II 象限与第 III 象限共同延伸而形成的,它的主栏是初始投入(增加值),宾栏是最终产品。本象限要表现将第 III 象限经济部门生产的最终产值通过资金运动变为第 II 象限的最终产品的转换过程,本应反映国民收入再分配的情况(折旧除外),但由于资金运动和再分配过程极其复杂,难以用限定的栏目充分、完整地表现它们,故通常将此象限省略。

通过价值型投入产出表结构的分析,可得出价值型投入产出表中的数量关系。由于价值表中的数据统一采用货币计量单位,表中行向和列向均可以加总,这是它区别于实物型投入产出表的重要特点。水平方向表现经济部门的产品分配使用的去向,各种用项之和等于总产出,其数量关系是:

中间产品 + 最终产品 = 总产出

纵列方向表示产品生产中的各种投入要素,这些要素的价值量之和即为总投入,其数

量关系是:

$$中间投入 + 初始投入 = 总投入$$

由此可知,价值型投入产出表不仅可以从行向反映各经济部门的产品分配使用、实物运动的去向,而且还能够从列向表现各部门生产投入及价值形成过程。它可以从双向考察和分析国民(区域)经济系统。

长期以来,水资源很少被看做一种独立的经济生产要素,水的价值没有得到充分的承认。水资源管理部门与经济计划部门之间孤立决策,缺乏有效的沟通,往往在较低的价格水平下为水资源使用者提供无限水资源,水资源没有得到高效配置,致使不同用水者、不同用水目的之间的冲突不断上演。例如,受传统重农思想的影响,水资源通常以一种低效率的和经济上非生产性的方式分配到农业部门,如果这些水资源的一小部分通过部门间分配流向工业和其他产业,经济收益将得到提高。因此,部门间水资源有效分配是水资源—经济系统可持续发展的关键措施,水资源问题不应从宏观经济问题中孤立出来讨论,应将水资源纳入经济计划中,寻求区域水资源和经济系统的协调发展。

水资源是区域经济生产过程的一种关键投入要素,有必要将水资源纳入区域经济系统进行综合分析。为全面、准确阐明区域水资源—经济系统的相互关系,构建区域水资源投入产出表是一种有效的途径。

1)区域水资源投入产出表的构建

(1)产业部门的划分。

考虑到产业部门用水的显著性及数据的可获得性,并遵循产业部门划分的完整性原则,这里将产业划分为农业、工业、建筑业、交通运输邮电业、批发零售贸易餐饮业和其他服务业。同时,水资源供给和水资源处理部门将从上述产业部门中独立出来。

(2)计量主体及计量单位。

水的消费和利用通常分为三类:第一类是就地利用,主要是维持土壤湿度,发展雨浇农业;第二类是在流动中利用,即河道内用水,主要是航运、渔业和水力发电,这种形式主要是消费而不是消耗;第三类是引出水体以外利用,这种河道外用水主要是人类活动对水的直接和间接需求,包括农业、工业和生活用水等。出于统计的方便和数据的可获得性,这里水资源投入产出表只考虑有目的地从河湖引出水体投入到经济系统中的利用方式,不考虑农业中的雨水供应、蒸发、植物蒸腾等排出方式以及航运、渔业和水力发电等流动中水资源利用方式。同时,区域水资源投入产出表中农业、工业、建筑业、交通运输邮电业、批发零售贸易餐饮业和其他服务业部门之间的消耗关系采用货币单位,上述产业部门消耗的水资源采用水的自然度量单位——亿 m^3。因此,区域水资源投入产出表为实物—价值的混合型投入产出表。

混合型投入产出表具有结构清晰、一目了然的优点,然而由于计量单位不统一,投入产出表列向不能求和,因而不能反映各产业部门产品的价值形成过程。为准确、深入度量各产业部门的用水情况,需将混合型区域水资源投入产出表转化为价值型区域水资源投入产出表。鉴于价值型投入产出表是按生产者价格编制的,可分别采用农业、工业、服务业供水成本加合理利润将投入的以实物单位计量的水资源转换为以货币单位计量,从而得到价值型区域水资源投入产出表。

（3）区域水资源投入产出表的结构。

价值型区域水资源投入产出表的结构如表 2-3 所示。

表 2-3　价值型区域水资源投入产出表 　　　　　　　（单位：万元）

投入＼产出		中间产品							最终产品	总产出
		农业	工业	建筑业	交通运输邮电业	批发零售贸易餐饮业	其他服务业	水的生产与供应业	固定资产大修、更新改造积累、消费与出口	
中间投入	农业	X_{11}	X_{12}	X_{13}	X_{14}	X_{15}	X_{16}	X_{17}	Y_1	X_1
	工业	X_{21}	X_{22}	X_{23}	X_{24}	X_{25}	X_{26}	X_{27}	Y_2	X_2
	建筑业	X_{31}	X_{32}	X_{33}	X_{34}	X_{35}	X_{36}	X_{37}	Y_3	X_3
	交通运输邮电业	X_{41}	X_{42}	X_{43}	X_{44}	X_{45}	X_{46}	X_{47}	Y_4	X_4
	批发零售贸易餐饮业	X_{51}	X_{52}	X_{53}	X_{54}	X_{55}	X_{56}	X_{57}	Y_5	X_5
	其他服务业	X_{61}	X_{62}	X_{63}	X_{64}	X_{65}	X_{66}	X_{67}	Y_6	X_6
	水的生产与供应业	X_{71}	X_{72}	X_{73}	X_{74}				Y_7	X_7
初始投入	固定资产折旧	D_1	D_2	D_3	D_4					
	劳动报酬	V_1	V_2	V_3	V_4					
	社会纯收入	M_1	M_2	M_3	M_4					
总投入		X_1	X_2	X_3	X_4					

（4）区域水资源投入产出表中的数据来源。

区域水资源投入产出表中各部门用水量确定依据如下：农业部门的数据取自该区域《统计年鉴》以及《水资源公报》的统计数据。工业部门的用水量来自《环境年鉴》及《水资源公报》。建筑业、交通运输邮电业、批发零售贸易餐饮业和其他服务业的用水量确定，主要是依据区域一般投入产出表中水的生产与供应业对应的流量除以该行业的生产价格而得。

区域水资源投入产出表中各产业部门之间的流量及消耗系数取自区域一般投入产出表。

2）区域水资源投入产出表中的主要均衡关系

区域水资源投入产出表具有完整而严密的均衡体系，只有了解其中的主要均衡关系，才能理解、利用区域水资源投入产出表，并进行经济分析，从而为区域水权高效分配提供依据。根据水资源总量平衡，水资源投入产出表主要有如下平衡关系。

（1）行平衡关系。

行平衡是指农业、工业、服务业本期分配使用的产品和服务的产值与其本期总产值平衡。即

$$\sum_{j=1}^{7} X_{ij} + Y_i = X_i \quad (i = 1,2,3,4,5,6,7) \tag{2-6}$$

式中　X_{ij}——第 i 部门对第 j 部门的投入量；

$\sum\limits_{j=1}^{7} X_{ij}$——第 i 部门中间投入之和；

Y_i——第 i 部门提供的最终使用额；

X_i——第 i 部门的总产品。

（2）列平衡关系。

列平衡是指列各部门产品价值与总投入的平衡。即

$$\sum_{i=1}^{7} X_{ij} + D_j + V_j + M_j = X_j \quad (j = 1,2,3,4,5,6,7) \tag{2-7}$$

式中　$\sum\limits_{i=1}^{7} X_{ij}$——第 j 部门中间使用合计；

D_j——第 j 部门固定资产折旧；

V_j——第 j 部门劳动报酬；

M_j——第 j 部门社会纯收入；

X_j——第 j 部门的总投入。

（3）总量平衡关系。

总量平衡关系是指总投入（即总产值之和）与总产出（即总产品之和）相等。

$$X_i = X_j \quad (i = 1,2,3,4,5,6,7; \quad j = 1,2,3,4,5,6,7) \tag{2-8}$$

2. 区域产业用水的投入产出分析

区域水资源投入产出表较为直观地体现了水资源在区域产业部门之间的利用情况，并且分别从列向和行向描述了其中的平衡关系。区域水资源投入产出表可以为分析区域水资源的利用服务，进而为区域水权分配提供决策参考，具体可以从区域水资源利用结构、区域产业用水效益等方面来分析。

1）区域生产用水利用结构分析

区域生产用水利用结构指各产业部门利用水资源占区域生产用水总量的比例，即区域生产用水在各产业部门的分配情况。利用区域水资源投入产出表，区域生产用水利用结构可由如下公式计算得出：

$$p_j = \frac{W_{7j}}{\sum\limits_{j=1}^{7} W_{7j}} \tag{2-9}$$

易知　　　　　　　　　　$\sum\limits_{j=1}^{7} p_j = 1$

式中　p_j——j 部门利用水资源占区域生产用水总量的比例；

W_{7j}——j 部门的用水量，即用实物单位表示的 X_{7j}。也就是说，价值 X_{7j} 对应的水资源量。

2）区域产业用水效益

区域产业用水效益表示产业利用单位水资源所创造的产值，是衡量该产业年度水资源利用效率的指标，通常用 $1~\mathrm{m}^3$ 水所创造的产值表示。区域产业用水效益主要与该产业的生产力水平相关。

产业用水效益计算公式为：

$$f_j = \frac{X_j}{W_{7j}} \quad (j = 1,2,3,4,5,6,7) \tag{2-10}$$

式中　f_j——j 部门用水效益，元/m^3；

　　　其他符号意义同前。

3）产业直接用水系数

产业直接用水系数，也经常被称为用水定额，是使用最为广泛的一种用水系数。它表示产业生产单位货物或服务所使用的自然形态的水的数量，反映各部门在生产本部门货物或服务过程中的直接用水强度，具有直观、物理意义明确的特点。

直接用水系数的分子为用水量，分母为总产出。所以，对 j 部门而言，其直接用水系数 w_j 可根据如下公式得到：

$$w_j = \frac{W_{7j}}{X_j} \quad (j = 1,2,3,4,5,6,7) \tag{2-11}$$

式中　w_j——j 部门的直接用水系数，m^3/元，可见，$f_j \cdot w_j = 1$。

4）产业完全用水系数

在区域经济各部门之间，除有用产业直接消耗系数反映的直接联系外，还有间接联系。同样，产业直接用水系数只反映了生产活动与用水的直接关系，但实际上任何部门在生产货物和服务时，不仅要使用水，还需要一定数量各部门生产的货物和服务作为中间投入，而这些货物和服务在其生产过程中也都需要使用水。这一部分水资源的使用虽然发生于其他部门，但我们将这一部分用水作为本部门的间接用水。直接用水和间接用水合计即为完全用水。

完全用水系数的计算公式为：

$$\overline{w}_j = w_j + \sum_{i=1,i\neq j}^{7} b_{ij} w_i \quad (j = 1,2,3,4,5,6,7) \tag{2-12}$$

式中　$\overline{w}_j$——j 部门的完全用水系数，m^3/元；

　　　b_{ij}——j 部门对 i 部门的完全消耗系数，它是指 j 部门每提供一个单位最终产品时，对 i 部门产品和服务的直接与全部间接消耗之和。

其他符号意义同前。

3. 区域产业用水与产业关联度综合分析

1）影响力系数分析

从经济意义上看，影响力系数反映某一产业部门影响其他产业部门的程度，又称为产业带动系数，也就是表示某产业部门增加一个单位最终需求时，对国民经济各产业部门所产生的生产需求拉动的相对水平及程度。

影响力系数 e_j 可由投入产出逆矩阵系数 $(I-A)^{-1} = C = C_{ij}$ 计算出来。根据列昂剔夫逆阵系数表的经济含义，可以用某一产业纵列上的完全消耗系数的平均值表示该产业对其他产业施加影响的平均程度，并用全部产业纵列完全消耗系数的平均值再平均后所取得的数据，表示全部产业的平均波及效应。由此可得产业影响力的计算公式：

$$e_j = \frac{\sum\limits_{i=1}^{n} b_{ij}}{\frac{1}{n}\sum\limits_{i=1}^{n}\sum\limits_{j=1}^{n} b_{ij}} \qquad (2\text{-}13)$$

式中　　b_{ij}——列昂剔夫逆矩阵的第 i 行、第 j 列之值。

　　影响力系数的大小从一定程度上反映了某一个产业部门的发展对国民经济可能产生的带动作用的大小。影响力系数越大,该产业部门对其他产业部门的拉动作用就越大。当某一部门 $e_j > 1$ 时,表示该产业部门的生产对其他产业部门所产生的波及影响程度高于社会平均水平;当 $e_j = 1$ 时,说明波及影响程度等于社会平均水平;当 $e_j < 1$ 时,说明波及影响程度低于社会平均水平。增加对影响力系数大的产业部门的投资,会引起对其他产业部门需求量的增加。在市场不景气条件下,如果这些部门的需求能够得到较大的刺激,无疑有利于促进经济的增长。

　　2)感应度系数分析

　　与影响力系数类似,感应度系数 e_i 也是反映产业关联程度的一个重要指标。感应度系数又称为产业推动系数,表示某个产业部门受其他产业部门的影响程度,即其他产业部门发展对该产业部门的诱发程度;它反映国民经济各个产业部门增加一个单位最终使用时,某一产业部门由此而受到的需求感应程度,也就是需要该产业部门为其他产业部门的生产而提供的产出量。其计算公式为列昂剔夫逆矩阵的 i 行和除以列昂剔夫逆矩阵行和的平均值,即

$$e_i = \frac{\sum\limits_{j=1}^{n} b_{ij}}{\frac{1}{n}\sum\limits_{i=1}^{n}\sum\limits_{j=1}^{n} b_{ij}} \qquad (2\text{-}14)$$

　　当 $e_i > 1$ 时,表示该产业部门所受到的感应程度高于社会平均感应水平,也说明该产业部门的发展受其他产业部门的影响较大;当 $e_i = 1$ 时,表示受到的感应程度等于社会平均水平;当 $e_i < 1$ 时,表示受到的感应程度低于社会平均水平。感应度系数越大的产业部门在国民经济中不可缺少的程度也就越高,即其他部门对它的依赖程度越高,该产业部门对整个国民经济的制约作用越大。如果经济增长过猛,该产业部门不能满足其他产业部门的生产需求,将成为制约经济发展的瓶颈。因此,感应度系数从某种程度上反映了某一产业部门对国民经济可持续发展和保证整个产业结构升级所起的作用的大小。

　　3)考虑产业关联度的区域产业用水诊断

　　从上面的分析可知,产业关联测度系数反映了产业在国家或地区经济发展中的作用大小,其中影响力系数较大的(通常指 $e_j > 1$)产业部门对经济发展的拉动作用较大,是国家或地区经济发展的"发动机";同样,感应度系数较大的(通常指 $e_i > 1$)产业部门对经济发展的推动作用较大,为国家或地区其他产业部门的发展源源不断地提供原材料或半成品,是国家或地区经济发展的"助推器"。对于上述两种产业应作为重点产业予以发展。而对于影响力系数和感应度系数均较小(通常指 e_j、e_i 均小于 1)的产业部门应限制其发展规模。

应用上述产业关联诊断区域用水现状的合理性,并为以后区域水权分配提供参考,可综合比较如表 2-4 所示几个方面的参数。

表 2-4　区域产业用水与产业关联度综合分析表

产业	区域产业用水系数				产业关联测度系数	
	用水结构	用水效益	直接用水系数	完全用水系数	影响力系数	感应度系数
农业	p_a	f_a	w_a	$\overline{w}_a$	e_{ja}	e_{ia}
工业	p_d	f_d	w_d	$\overline{w}_d$	e_{jd}	e_{id}
服务业	p_s	f_s	w_s	$\overline{w}_s$	e_{js}	e_{is}

通过上述比较,可将产业用水与产业关联度主要划分为如下 4 种类型:

(1)具有较高的影响力或感应度、用水效益高、用水结构比例低的产业部门,此类产业部门不仅经济作用明显,而且水资源利用方式较为集约,因此应适当提高该产业规模。

(2)具有较高的影响力或感应度、用水效益高但用水结构比例已经较大的产业部门,应维持目前生产规模。

(3)具有较高的影响力或感应度、用水效益低且用水结构比例较大的产业部门,应限制其生产规模,可通过虚拟水贸易战略,从区外进口该产业部门的产品,从而代替区内生产。

(4)影响力和感应度均较低的产业,尤其是这类产业中用水效益低、用水结构比例大的产业部门,应削减其生产规模。

2.1.2.3　用水结构优化下的区域"三产"用水水权分配

1. 产业结构演化规律

从三大产业的内在变动来看,产业结构的演进是沿着以农业为主导到工业为主导,再到服务业为主导的方向发展的。

在农业内部,产业结构从技术水平低下的粗放型农业向技术要求较高的集约型农业,再向生物、环境、生化、生态等技术含量较高的绿色农业、生态农业发展;种植型农业向畜牧型农业、野外型农业向工厂型农业方向发展。

在工业内部,产业结构的演进朝着轻纺工业—基础型重化工业—加工型重化工业方向发展。从资源结构变动情况来看,产业结构沿着劳动密集型产业—资本密集型产业—知识(包括技术)密集型产业方向演进。从市场导向角度来看,产业结构朝着封闭型—进口替代型—出口导向型—市场全球化方向演进。

在服务业内部,产业结构沿着传统型服务业—多元化服务业—现代型服务业—信息产业—知识产业的方向演进。

甚至根据一些经济学家的经验估计,区域产业结构比例(农业∶工业∶服务业)演化过程可粗略地估计为由最初的 3∶1∶1—2∶2∶1—2∶2∶2—1∶3∶2,最终达到 1∶2∶3 的均衡稳定状态,虽然这只是一种经验估计,然而它却能大致说明区域产业结构的调整方向。

2. 产业结构调整系数

区域生产用水水权应在现状用水分配的基础上,考虑区域产业结构的调整,不断修正区域生产用水水权分配比例。这里引入区域产业结构调整系数的概念。

在区域产业结构调整的趋势中,各产业在三大产业中的结构比例都将发生不断的变化,我们把各产业在三大产业中结构比例变动的比例称做该产业结构调整系数,用 σ_i 表示,其中 $i=1,2,3$ 分别表示农业、工业和服务业。根据区域产业结构调整规划,结合调整规划年限可得出区域年均产业结构调整系数$\overline{\sigma_i}$。

3. 产业结构优化下的区域"三产"用水水权分配方案

在区域生产用水水权分配中,对现状分配模式"推倒重来"的分配模式在实践中缺乏可靠性。因为这样可能会造成现有的生产力布局失衡,给区域的工农业及服务业的生产带来混乱。为避免这种情况发生,区域生产用水水权分配的指导思想应是,在充分尊重现状分水模式的情况下,借用区域年均产业结构调整系数对水权分配比例进行逐年调整。这里,不考虑节水因素对区域生产用水水权分配的影响,各产业通过节水将富余水权进行交易是产业部门的节水动机。

因此,区域生产用水水权分配公式如下。

1) 区域农业水权分配量

区域农业水权分配量计算公式为:

$$WRA_t = WRP_t \cdot p_1 (1 - \overline{\sigma_1})^t \tag{2-15}$$

式中　WRA_t——第 t 年区域农业水权分配量;

WRP_t——第 t 年区域生产用水水权总量;

p_1——基准年区域农业用水占生产用水总量的结构比例,由式(2-9)给出;

$\overline{\sigma_1}$——区域农业年均产业结构调整系数。

2) 区域工业水权分配量

区域工业水权分配量计算公式为:

$$WRI_t = WRP_t \cdot p_2 (1 + \overline{\sigma_2})^t \tag{2-16}$$

式中　WRI_t——第 t 年区域工业水权分配量;

p_2——基准年区域工业用水占生产用水总量的结构比例,由式(2-9)给出;

$\overline{\sigma_2}$——区域工业年均产业结构调整系数;

其他符号含义同前。

3) 区域服务业水权分配量

区域服务业水权分配量计算公式为:

$$WRS_t = WRP_t \cdot p_3 (1 + \overline{\sigma_3})^t \tag{2-17}$$

式中　WRS_t——第 t 年区域服务业水权分配量;

p_3——基准年区域服务业用水占生产用水总量的结构比例,由式(2-9)给出;

$\overline{\sigma_3}$——区域服务业年均产业结构调整系数;

其他符号含义同前。

2.2　水权使用者的水权及其获取

2.2.1　水权使用者的权利构成和效力

2.2.1.1　水权使用者的构成

《水法》第六条规定:国家鼓励单位和个人依法开发、利用水资源,并保护其合法权益。开发、利用水资源的单位和个人有依法保护水资源的义务。由此可推知,《水法》中规定的享有取水权的主体为单位和个人。然而,《水法》中使用的单位和个人两概念的外延不太明确,为了便于对水权使用者概念的理解和应用,有对其外延加以规范的必要。

王利明教授认为,"取水权是指公民、法人或者其他组织依照法律规定,开采、使用地下水、地上水以满足生产、生活需要的权利"。就使用"公民"一词,王利明教授指出,取水权是特许物权,是经过行政特别许可而开发、利用自然资源的权利,取得取水权必须申请行政许可,而行政许可法为公法,外国人和无国籍人不享有申请行政许可的权利,所以使用"公民"而不使用"自然人"。

我们认为,取水权应属于私权,具体来讲属于民事权利,应该由民事主体享有,而通常意义上的民事主体包括自然人、法人和其他组织。这里的自然人应包括外国人和无国籍人,虽然外国人和无国籍人不能申请行政许可,但却未必不能取得取水权。从实践来讲,"各大城市均引入外资进入城市供水系统,外国公司是有可能取得取水权的"。从理论上来讲,根据国际私法上的同等原则,外国人可以和本国人享有同等的权利,当然也有可能成为取水权的主体。因此,将取水权的主体规定为自然人、法人或其他组织应该更为合适,这也符合前文对于水权概念的界定。将水权使用者外延界定的较为广泛,"是由任何人的生活和任何生产活动都离不开水的客观需求所决定的"。

关于取水权的主体还需要讨论另外一个问题,那就是流域管理机构是否享有取水权。《水法》第十二条第三款规定:国务院水行政主管部门在国家确定的重要江河、湖泊设立的流域管理机构(以下简称流域管理机构),在所管辖的范围内行使法律、行政法规规定的和国务院水行政主管部门授予的水资源管理和监督职责。《水法》第十七条第一款规定:跨省、自治区、直辖市的其他江河、湖泊的流域综合规划和区域综合规划,由有关流域管理机构会同江河、湖泊所在地的省、自治区、直辖市人民政府水行政主管部门和有关部门编制,分别经有关省、自治区、直辖市人民政府审查提出意见后,报国务院水行政主管部门审核;国务院水行政主管部门征求国务院有关部门意见后,报国务院或者其授权的部门批准。

上述规定明确赋予流域管理机构多方面的权限,这些机构地位之重要可想而知。但这是否意味着流域管理机构享有取水权呢? 就此问题,有专家主张"我国存在七大流域区,每个流域的管理机构都应拥有水权,即流域水权"。也有学者设想"每个省份都应享有区域水权"。对此观点,作者不大赞同,因为如果流域管理机构自己用水的话,很显然,它们不需要如此巨大水量的取水权,水权的制度设计者似乎也没有此目的。如果赋予流域管理机构取水权是为了让流域管理机构把取水权转让给实际用水人,那么会有人为地使取水权取得程序复杂化之嫌,因为用水人取得取水权要么依习惯,要么依行政许可,而没有必要先将取水权赋予流域管理机构,再由流域管理机构转让给实际的用水人。对于此问题,最为合理的思路是,流域管理机构、省、市均不享有水权,只作水管理者。他们获得了代为行使水资源所有权的授权,具有许可用水人使用收益水的行政权限,理所当然地有权将水权授予实际用水人,根本不需要通过转让水权的方式达到这一结果。

2.2.1.2　水权使用者的权利客体

权利客体是指法律关系主体享有的权利所指向、影响及作用的对象,同时也是法律关系主体之间联系的中介。法律关系主体通过权利客体这个中介,结成权利义务关系,不同的客体,导致形成不同的权利义务关系。基于物权法原理,物权的客体应该为一定的物,而作为物权客体的物必须满足五项条件:须为权利客体,学者称为非人格性;须为有体物;须为人力所能支配;须有确定界限或范围;须独立为一体。

取水权作为用益物权的一种,其客体是一种特殊的物——水资源。蔡守秋教授认为,水资源有广义和狭义之解。从广义上说,地球水圈中各个环节各种形态的水都可以称为水资源。狭义的水资源是指可以供人类经常取用的水量,即大陆上由大气降水补给的各种地表水(指河流、冰川、湖泊、沼泽等)和地下水。由《水法》第二条第二款规定:"本法所称水资源,包括地表水和地下水"可见,我国采用的是狭义上的水资源概念。

关于水权使用者的权利客体,理论界存在"局部水资源说"与"一定之水说"的分歧。"局部水资源说"认为,水资源所有权的客体是法律上界定的水资源,包括地表水和地下水,而水权的客体应是时空上和总量上更为具体的水资源。这种具体化是在取水权设立时通过登记等形式,以取水时间、取水地点、取水方式、取水总量、取水流量过程限制等条件加以界定完成的。"一定之水说"则认为,取水权的客体就是水资源,包括地表水与地下水。它存在于地下土壤、地下径流、池塘、河流、湖泊之中。在此情况下,取水权的客体与水资源的客体其实是等同的。崔建远教授赞成"一定之水说",他认为"水资源,无论是按权威的界定,还是依据我国现行法的规定,均为一抽象的、总括的概念,指全部的地表水和地下水的总和"。多数学者与之持相同观点。作者认为,"局部水资源说"与"一定之水说"其实并无实质上的矛盾,只是从两个不同层面对取水权客体加以界定而已。"一定之水说"是从抽象层面对取水权客体进行界定,在这一层面上,取水权的客体是抽象的、概括的,这时的水资源是指全部的地表水和地下水的总和。而"局部水资源说"则是从具体层面对取水权客体进行界定。因为某一具体的取水权人所享有的取水权肯定也是存在客体的,这一点毫无疑问,此种意义上的客体也就是"局部水资源说"所指的客体,即由取水时间、取水地点等条件所限定了的具体化了的水资源。

与其他自然资源相比,水资源具有较强的特殊性,"在现有技术条件下,很难界定水圈中某部分水属于某人所有,即使规定,也无法保证这部分水不被别人使用"。由此涉及取水权客体的特定性问题。按照传统的界定特定物的标准来衡量,取水权的客体是不特定的,在取水权设定时直至行使前,取水权的客体和水资源所有权的客体是融为一体的,在物理上是无法独立识别的。但是这样理解会使取水权这一权利失去存在和受保护的基础,也与当前的法律规定和实践相悖。事实上,"以往理解物权客体的特定性,基本上是聚焦于客体自始至终保持不变这点上,简言之,将特定性等同于同一性。

实际上,这仅仅反映了所有权和一般用益物权对其客体在存续上须保持同一性的要求。其错误在于:

其一,它不适当地舍弃了物权客体特定性在空间上的要求。

其二,它将所有权和一般用益物权对其客体特定性的要求武断地上升为全部物权的要求。这种以偏赅全地界定客体特定性的思路应予改变。

作者也认为,判断一项权利的客体是否具有特定性,不应只关注其客体是否自始至终保持不变这一点。权利客体的特定性可以从以下三个方面加以判断:其一,权利客体存续上是否表现为同一性。其二,权利的行使是否固定在特定地域。其三,权利的行使是否固定在特定期限。只要三者之中有一项是肯定的,就可以说权利的客体具有特定性。"之所以如此宽泛地解释客体的特定性,是因为物权客体的特定性并非物权的初始要求,它来自于物权人支配客体的需要,更终极地说来自于实现物权目的的要求"。所以,"界定物权客体的特定性,主要应从支配客体的要求与物权目的实现需要的方面着眼"。照此理解可以说,"水权支配的水资源、水面、水流等仍然是特定物。只是这些特定物要借助水所依附的土地空间如河床、湖泊的空间位置来确定"。所以,一定期限内的、一定地域或范围内的水资源应该可以成为取水权的客体。另外,作者认为,取水权的客体是否特定还可以通过一定的标准加以检验。那就是在无取水权人作用于取水权客体,即某部分水资源时,看其行为是否构成对取水权人的侵权,如果构成侵权,则该部分水资源就是特定的,如果不构成侵权,则该部分水资源便是不特定的。在此标准之下,一定地域或一定期限内的水资源都具有特定性,这一点不难理解。

2.2.1.3　水权使用者的权利内容

"水权的内容,即水权人依法享有的权利和应当承担的义务"。由此可推知,取水权的内容应该是指取水权人所享有的权利和承担的义务。

取水权人享有的权利主要包括以下几个方面。

1. 按照取水许可证规定的时间、地点、期限和数量取水的权利

这是取水权人所享有的最为重要的权利,也是实现取水权的保障。依据该项权利,取水权人有权在取水许可证规定的范围内,利用取水工程或取水设施直接从江河、湖泊或者地下取用水资源,用以满足生产、生活的需要。

2. 为取水需要而建设相应的取水工程或取水设施的权利

《取水许可和水资源费征收管理条例》第二十一条规定:"取水申请经审批机关批准,申请人方可兴建取水工程或者设施。需由国家审批、核准的建设项目,未取得取水申请批准文件的,项目主管部门不得审批、核准该建设项目。"第二十三条第一款规定:"取水工程或者设施竣工后,申请人应当按照国务院水行政主管部门的规定,向取水审批机关报送取水工程或者设施试运行情况等相关材料;经验收合格的,由审批机关核发取水许可证。"由此可知,取水许可申请人为取水需要有权兴建取水工程或者设施,拥有取水工程或设施是取得取水权的前提,取水许可申请人只有在建造取水工程或设施之后才能取得取水许可证。"但尽管如此,取水权人在行使取水权的过程中,仍享有继续建造或修缮取水工程或设施的权利"。在这种意义上,建设相应的取水工程或取水设施虽然是取水权人享有的权利,但也可以说是一种义务。这里所说的取水工程或设施,主要是指水闸、水坝、渠道、人工河道、水泵、水井以及水电站等。

3. 取水权权利处分权

处分权是权利的重要权能之一,取水权也不例外,取水权人对其取得的取水权依法享有处分的权利。《取水许可和水资源费征收管理条例》第二十七条规定:“依法获得取水权的单位或者个人,通过调整产品和产业结构、改革工艺、节水等措施节约水资源的,在取水许可的有效期和取水限额内,经原审批机关批准,可以依法有偿转让其节约的水资源,并到原审批机关办理取水权变更手续。”可见,取水权人虽然拥有权利处分权,但其权利处分权受到严格的限制。一方面,取水权不能出租、抵押;另一方面,取水权不能全部转让,只能部分转让,即只能转让节约的水资源。同时,取水权的转让还需经原批准机关批准。

4. 物权请求权

就权利性质而言,取水权属于用益物权,因此取水权人享有物权请求权。当取水权受到他人侵害时,取水权人享有返还请求权、妨害排除请求权、妨害防止请求权等物权请求权。

权利和义务总是相对而存在的,在享有相关权利的同时,取水权人也须承担一定的义务。取水权人承担的义务主要包括以下方面。

1) 缴纳水资源费的义务

《水法》第七条规定:“国家对水资源依法实行取水许可制度和有偿使用制度。但是,农村集体经济组织及其成员使用本集体经济组织的水塘、水库中的水的除外。”由此可知,除个别情况外,取水权人应当按照相关规定缴纳水资源费。水资源费由取水权审批机关负责征收,其中,流域管理机构审批的,水资源费由取水口所在地省、自治区、直辖市人民政府水行政主管部门代为征收。水资源费缴纳的数额根据取水口所在地水资源费征收标准和实际取水量确定,水力发电用水和火力发电冷却用水可以根据取水口所在地水资源费征收标准和实际发电量确定缴纳数额。取水权审批机关在确定水资源费缴纳数额后,应当向取水权人送达水资源费缴纳通知单,取水权人应当自收到缴纳通知单之日起 7 日内办理缴纳手续。直接从江河、湖泊或者地下取用水资源从事农业生产的,对符合规定限额的农业生产用水限额的取水,不缴纳水资源费,对超过省、自治区、直辖市规定的农业生产用水限额部分的水资源,由取水权人根据取水口所在地水资源费征收标准和实际取水量缴纳水资源费。为了公共利益的需要,按照国家批准的跨行政区域水量分配方案实施的临时应急调水,由调入区域的取水权人根据所在地水资源费征收标准和实际取水量缴纳水资源费。取水权人因特殊困难不能按期缴纳水资源费的,可以自收到水资源费缴纳通知单之日起 7 日内,向发出缴纳通知单的水行政主管部门申请缓缴。发出缴纳通知单的水行政主管部门应当自收到缓缴申请之日起 5 个工作日内作出书面决定并通知申请人。期满未作出决定的,视为同意。水资源费的缓缴期限最长不得超过 90 日。

2) 用水应当计量,并按照取水许可证的规定取水、用水

取水权人应当按照国家技术标准安装计量设施,保证计量设施的正常运行,并按照规

定填报取水统计表。取水权人未安装计量设施的,水行政主管部门应责令其限期安装,并按照日最大取水能力计算的取水量和水资源费征收标准计征水资源费,同时可以处一定的罚款。计量设施不合格或者运行不正常的,水行政主管部门应责令取水权人限期更换或修复。逾期不更换或不修复的,按照日最大取水能力计算的取水量和水资源费征收标准计征水资源费,并可以处一定的罚款。此外,取水权人应当按照取水许可证所规定的取水期限、取水量和取水用途、取水地点等取水,不得超计划或者超定额取水;否则,对超计划或者超定额部分累进收取水资源费。

3) 充分发挥水资源的综合效益的义务

取水权人开发利用水资源,应当服从防洪的总体安排,遵守兴利与除害相结合的原则,兼顾上下游、左右岸各地之间的利益,从而更加充分地发挥水资源的综合效益。开发利用水资源,还应当首先满足城乡居民用水,并统筹兼顾农业、工业用水和航运需要。

4) 节约用水、保护水资源义务

取水权人,特别是水源不足地区的取水权人,应当采取节约用水的方式取水和用水,还应当采取有效措施,保护自然植被。取水权人在取水之余应该尽量多地种树种草以涵养水源,达到防止水土流失、改善生态环境的目的。

2.2.1.4　水权使用者的水权效力

"物权的效力,是指物权人在物权关系中可以为一定行为的法力。"物权的效力可以分为多种,王泽鉴教授认为:"物权因法律赋予直接支配、排他性,而产生不同的效力,其为个别物权所特有的,属于个别物权再行论述。关于其共同效力,分排他效力、优先效力、追及效力及物上请求权。"

1. 取水权的排他效力

物权的排他效力,是指内容相同的物权之间具有相互排斥性,即在同一物上不容同一性质或同一内容的两种以上物权并存。通常认为取水权不具有排他效力,因为水资源具有特殊性,在通常情况下,作为取水权客体的水资源与作为水资源所有权客体的水资源是融为一体的,这一点使取水权排他效力的存在缺乏实际意义,也不具有可操作性。此外,在取水权场合,权利人行使权利之前往往并不现实占有水资源,这就为数个取水权并存提供了可能性,在这种情况下,其他主体也可以依法获得对该部分水资源的取水权。

2. 取水权的追及效力

物权的追及效力,"又称物权的'追及性'或'追及权'效力,指物权成立后,其标的物不论辗转至何人之手,物权的权利人均可追及标的物之所在,而直接支配其物"。多数学者认为,取水权没有追及效力。因为取水权的客体——水资源具有流动性,取水权的主体在多数场合对其客体不具有占有性的支配状态,加之水资源一旦使用便无法追回,因此通常意义上讲取水权不存在追及效力。

3. 取水权的优先效力

"物权的优先效力,又称物权优先权,其基本含义是指权利效力的强弱,即同一标的物上同时存在数个利益相互矛盾、冲突的权利时,具有较强效力的权利排斥或先于效力较弱权利的实现。"取水权作为物权的一种,其具有优先效力。取水权的优先效力可以从以下几个方面来理解。

1）因用水目的不同而产生的优先效力

按照用水目的的不同,可以将用水分为生态用水、农业用水、生活用水、工业用水、航运用水和市政用水等不同类型,不同类型的用水,其用水顺序也不相同。《水法》对因用水目的的不同而产生的用水先后顺序作了规定,《水法》第二十一条规定:"开发、利用水资源,应当首先满足城乡居民生活用水,并兼顾农业、工业、生态环境用水以及航运等需要。在干旱和半干旱地区开发、利用水资源,应当充分考虑生态环境用水需要。"可见,《水法》规定的用水优先位序依次为:家庭用水、农业用水(灌溉用水)、工业用水、生态环境用水以及航运等用水。其中关于"在干旱和半干旱地区开发、利用水资源,应当充分考虑生态环境用水需要"的规定,意味着环境取水权的地位有所提高。

当然,《水法》对不同类型的取水权间的优先位序的规定并不代表各取水权间的优先位序是一成不变的。随着社会人口的不断增加、经济的不断发展以及城市化进程的加快,各方面的用水需求将不断增加,水资源供需矛盾将进一步加剧。在这种情况下,不同地方的取水权优先位序没必要整齐划一、完全一致。一个地方取水权优先位序的安排应该由当地的具体情况而定,例如,甘肃省敦煌市严重干旱缺水,自然条件很差,但有难得的旅游资源。在这种情况下,供水的重点就应该转到自身的优势项目——旅游上来,最大程度地满足旅游功能的需要,如提供宾馆用水,保证瓜果蔬菜种植需水等,使农民依靠旅游业富起来,而不是引水种棉花,继续发展与自身条件不相适应的传统农业。再如,北京的密云水库在过去主要是供农业用水,但随着经济社会发展的需要,现在已经全部转为城市供水,即由灌溉取水权转变为家庭取水权和市政取水权。

2）因取水权取得的先后顺序而产生的优先效力

按照传统民法理论,"优先效力,是以物权成立时间的先后为标准,确定物权效力的差异。成立在先的物权优先于成立在后的物权。同一标的物,有两个以上相同内容或性质的物权存在时,适用'成立在先,权利在先'的原则。"但在取水权领域,这一传统民法理论在适用上有所局限。因为在水资源充足的情况下,所有的用水人在取得取水权后,都可以通过取用水资源,使自己的权利得以实现,优先效力此时没有发挥作用的余地。而在水资源不足的情况下,应该首先确定在不同类型的取水权之间何者优先,这一点前文已有所述。在确定了不同类型的取水权各自顺序的基础上,在同一类型的数个取水权之间,才可以依照"成立在先,权利在先"原则确定取水顺序。

3）因取水权取得方式的不同而产生的优先效力

多数学者认为,我国目前的取水权取得方式可以分为两种,其一是依行政许可取得取水权,其二是非依行政许可取得取水权。

《水法》第四十八条第一款规定:直接从江河、湖泊或者地下取用水资源的单位和个人,应当按照国家取水许可制度和水资源有偿使用制度的规定,向水行政主管部门或者流域管理机构申请领取取水许可证,并缴纳水资源费,取得取水权。但是,家庭生活和零星散养、圈养畜禽饮用等少量取水的除外。

《取水许可和水资源费征收管理条例》第四条规定:下列情形不需要申请领取取水许可证:

　　(一)农村集体经济组织及其成员使用本集体经济组织的水塘、水库中的水的;

　　(二)家庭生活和零星散养、圈养畜禽饮用等少量取水的;

　　(三)为保障矿井等地下工程施工安全和生产安全必须进行临时应急取(排)水的;

　　(四)为消除对公共安全或者公共利益的危害临时应急取水的;

　　(五)为农业抗旱和维护生态与环境必须临时应急取水的。

　　前款第(二)项规定的少量取水的限额,由省、自治区、直辖市人民政府规定;第(三)项、第(四)项规定的取水,应当及时报县级以上地方人民政府水行政主管部门或者流域管理机构备案;第(五)项规定的取水,应当经县级以上人民政府水行政主管部门或者流域管理机构同意。

　　作者认为,当非依行政许可取得的取水权与依行政许可取得的取水权二者发生冲突时,如果后者的用水是基于社会公共利益,则其效力优先于前者,因为个人权利不得对抗社会公共利益。而如果后者的用水非基于社会公共利益,则前者的效力优先于后者,因为非依行政许可取得的取水权大多与居民的日常生活息息相关,应该优先得到保护。

　　总体而言,我国水资源丰富,但其地区分布极不均匀,受降水分布的影响,水资源储量呈北少南多的局面。而土地资源的分布与水资源的分布恰恰相反,水土资源分布极不匹配。以上因素决定了在我国取水权优先权安排的过程中,应当结合各流域、各地取水权问题研究地区水资源的实际情况、经济发展状况以及生态环境状况,灵活掌握,同时也应该兼顾到各地人民长期以来形成的用水习惯。

　　4. 取水权的物上请求权效力

　　物上请求权是指物权人对物的支配因受到他人妨碍而出现缺陷时,为恢复其对物的圆满支配状态而产生的请求权。物上请求权包括物的返还请求权、排除妨碍请求权、消除危险请求权。其中,物的返还请求权是指,物权人对于无权占有或者侵夺其物者,请求返还该物的权利。排除妨碍请求权是指,物权的圆满状态被占有以外的方法所妨害时,物权人请求行为人除去妨害的权利。消除危险请求权是指,当存在妨害物权的危险时,物权人请求造成危险状态的人予以消除的权利。就物的返还请求权而言,因取水权不具有排他性,并且水资源具有流动性特点,取水权人很难证明他人所取之水原为自己应取之水,所以通常认为,取水权不具有物的返还请求权效力。

　　我国《水法》第二十八条规定:"任何单位和个人引水、截(蓄)水、排水,不得损害公共利益和他人的合法权益。"第七十六条规定:"引水、截(蓄)水、排水,损害公共利益或者他人合法权益的,依法承担民事责任。"这些规定为取水权人行使排除妨碍请求权提供了法律依据。此外,《水法》第三十一条第二款规定:"开采矿藏或者建设地下工程,因疏干排水导致地下水水位下降、水源枯竭或者地面塌陷,采矿单位或者建设单位应当采取补救措施;对他人生活和生产造成损失的,依法给予补偿。"该款在形式上虽然只规定了"采取补救措施"和"给予补偿"两种责任形式,但事实上,这里讲的"采取补救措施"中的措施应该包括排除妨碍和消除危险等在内,在这种情况下,取水权应当具有排除妨碍请求权和消除危险请求权效力。

2.2.2　水权使用者的权利获取

2.2.2.1　水权取得制度

作为一种特殊的用益物权,取水权在设定和取得程序上具有许多特殊性。国外通常是通过颁布相关法律对取水权的取得条件和程序作出具体规定,但不同国家之间的规定不尽相同,在英国,除政府所规定的获得使用水的权利外,任何人不得从经管水当局管辖范围内的任何水源提水、取水。但如果使用人已经持有经管水当局批准的许可证,并且按照许可证上的条款进行提水、取水,或提取地表水是用于农业甚至灌溉绿化地,则不需要事前取得许可证便可使用。在澳大利亚,州政府对河道内的水和所有地下水拥有使用和控制的权力,农户对河道外的水有使用的权利,同时有从流经其土地的河道内为家庭生活和家禽饮用而取水的权利。其他取水、用水都需申请。

概括来讲,世界各国的取水权取得制度,主要分为三种:河岸权制度(也有称岸边权制度)、先占制度、许可用水制度。

河岸权制度是指依河岸地所有权或使用权来确定取水权归属的制度,其代表国家有美国、英国、澳大利亚等。依河岸权制度取得取水权只需要具备两项条件:存在河流和用水人对河岸地享有所有权或使用权。而无论当时该河流中是否蓄存着水,也不论水量的大或小。依河岸权制度取得取水权不需要履行申请程序,并且该取水权不会因为权利人不利用水资源而丧失,也不会因利用水资源的时间先后而产生优先权。但依河岸权取得的取水权在用水量上要受到其他河岸权人的限制,任何河岸权人都无权损害其他河岸权人的利益。在河流水资源丰富时,各河岸权人均可以无限量取水,而在水资源短缺时,各河岸权人的取水量则应按比例合理分配。

先占制度是指按照占用水资源的时间先后来确定取水权的取得和取水权之间的优先位序的制度,先占制度以美国为代表。该制度产生和存在的必要性在于,没有毗邻水资源的土地同样需要用水,但是仅仅依照河岸权制度却难以达到目的。而先占制度不以土地毗邻水资源为取水权取得的条件,依先占制度取得取水权只需具备实际有益用水这一条件,这一点与河岸权制度有所不同。并且,依先占制度而取得的取水权必须获得取水许可并登记,否则在数个取水权并存的情况下,便难以确定取水权之间的优先位序,同时也缺乏公示标志。

许可用水制度是指用水人向国家水行政机关提出取水申请,经水行政机关审查批准颁发取水许可证以取得取水权的制度,许可用水制度以俄罗斯和中国为代表。我国目前采用的取水权取得制度分为两种:依行政许可取得取水权制度和非依行政许可取得取水权制度。非依行政许可取得取水权是指,符合我国《水法》及《取水许可和水资源费征收管理条例》相关规定的取水,不需要申请取水许可证即可获得取水权。这类取水包括农村集体经济组织及其成员使用本集体经济组织的水塘、水库中的水的;为家庭生活和零星散养、圈养畜禽饮用等少量取水的;为保障矿井等地下工程施工安全和生产安全必须进行临时应急取(排)水的;为消除对公共安全或者公共利益的危害临时应急取水的;为农业抗旱和维护生态与环境必须临时应急取水的等。这类取水权的取得主要是基于取水习惯和相关法律规定,并兼顾社会公共利益的考虑。如果这些取水权中有基于土地使用权或者水工程所有权而取得的话,此时该种取水权的取得便与基于河岸权制度取得取水权相类似了。而关于依行政许可取得取水权,《中华人民共和国行政许可法》第十二条规定:下列事项可以设定行政许可:……有限自然资源开发利用、公共资源配置以及直接关系公共利益的特定行业的市场准入等,需要赋予特定权利的事项。该条规定了有限自然资源开发利用可以设定行政许可,这可以说为依行政许可取得取水权提供了法律基础,因为取水权便是对国家水资源的开发和利用。在其他法律法规中也有相关规定,《水法》第七条规定:国家对水资源依法实行取水许可制度和有偿使用制度。由以上规定可知,在我国,除因用水习惯和法律特殊规定外,用水人要想取得取水权必须申请取水许可证,同时也反映出,在我国的取水权取得制度中,取水许可制度居于核心地位,大量的取水权都要基于取水许可产生,可以说,取水许可制度系取水权诞生的摇篮。

2.2.2.2　取水权取得程序

前有所述,我国目前的取水权取得制度包括非依行政许可取得取水权制度和依行政许可取得取水权制度。非依行政许可取水权的取得通常基于用水习惯和法律特殊规定,来源于用水事实。在此讨论取水权取得程序,仅指依行政许可取得的取水权而言。取水权取得过程应该分为两个阶段来理解,一是取水许可证的取得阶段,二是取水权出让合同的签订阶段。根据《取水许可和水资源费征收管理条例》及其他相关法律法规规定,取水许可证的取得程序包括取水许可申请的提出、受理、审查、决定四步。

1. 取水许可申请的提出

提出取水许可申请是取得取水权的第一步。这其中最为重要的问题是要明确取水许可申请的申请主体和受理主体。依据取水权的概念和性质,自然人、法人和其他组织都可以作为取水许可的申请主体。但在不同情况下,提出取水许可申请的主体会有所不同。

而取水许可申请的受理主体则比较复杂,根据《水法》和《取水许可和水资源费征收管理条例》相关规定,流域管理机构和水行政主管部门为取水许可申请的受理主体,二者在各自的权限范围内审批、颁发取水许可证。其中流域管理机构还有权在其所管辖的范围内行使法律、行政法规规定的国务院水行政主管部门授予的水资源统一管理和监督职责,而县级以上地方人民政府水行政主管部门则按照规定的权限,负责本行政区域内水资源的统一管理和监督工作。在此,需要注意的是,部分取水由国务院水行政主管部门或者其授权的流域管理机构审批取水许可申请并发放取水许可证,这些取水包括:长江、黄河、淮河、海河、滦河、珠江、松花江、辽河、金沙江、汉江的干流,国际河流,国境边界河流以及其他跨省、自治区、直辖市河流等指定河段限额以上的取水;省际边界河流、湖泊限额以上的取水;跨省、自治区、直辖市行政区域限额以上的取水;由国务院批准的大型建设项目的取水(但国务院水行政主管部门已经授权其他有关部门负责审批取水许可申请、发放取水许可证的除外)。

此外,在建设项目需要取用城市规划区内的地下水的情况下,在建设项目经批准后,取水许可申请应当先经城市建设行政主管部门审核同意并签署意见,然后再由水行政取水权问题研究主管部门审批。在这种情况下,水行政主管部门也可以授权城市建设行政主管部门或者其他有关部门对取水许可申请进行审批。水行政主管部门在审批大中型建设项目的地下水取水许可申请、供水水源的地下水取水许可申请时,须经地质矿产行政主管部门审核同意并签署意见后方可审批。水行政主管部门对上述地下水的取水许可申请可以授权地质矿产行政主管部门、城市建设行政主管部门或者其他有关部门审批。关于申请人应当提交的材料种类和申请书应当包括的事项等问题,相关法律法规中有较为详细的规定,在此不再赘述。

2. 取水许可申请的受理

取水许可申请的受理是指流域管理机构或者水行政主管部门对申请人的取水许可申请进行形式审查后表示接受。审查机关主要审查取水许可申请是否具备书面形式,意思表示是否清楚等。"如果申请材料在形式上存在一定缺陷,流域管理机构或者水行政主管部门应当退回申请人的申请并告知其理由。"如果申请材料在形式上符合要求,相关机构和部门应当受理申请。

3. 取水许可申请的审查

流域管理机构或者水行政主管部门在受理取水申请后,应当在规定期限内对申请材料进行审查,以确定申请人是否具备取得取水权的法定条件。审查时应当根据取水许可总量控制和核定用水量,并应当综合考虑取水可能对水资源的节约、保护和经济社会发展带来的影响,来决定是否批准取水许可申请。

4. 取水许可申请的决定

经过审查,对符合取水许可条件的申请人,流域管理机构、水行政主管部门或者其授权发放取水许可证的部门应当作出准予取水许可的决定,并向申请人颁发取水许可证书。地下水取水许可申请必须在经水行政主管部门或者其授权的有关部门批准后,取水单位方可凿井,井成后经过测定核定取水量,然后由水行政主管部门或者其他有关部门发给取水许可证。取水许可申请不符合法定条件的,流域管理机构、水行政主管部门或者其授权发放取水许可证的部门可以作出不予许可的决定,通知申请人并说明理由。还要强调的是,相关机构或部门在批准取水申请前,如果认为该取水涉及社会公共利益需要听证的,应当向社会公告并举行听证会。如果取水涉及申请人与他人之间的重大利害关系的,审批机关在作出是否批准取水申请的决定前,还应当告知申请人和利害关系人,申请人、利害关系人要求听证的,审批机关应当组织听证。

申请人在取得取水许可证后,还必须与国家相关部门和机构签订取水权出让合同,方能取得取水权,在合同签订过程中申请人和国家相关部门或机构可以就具体的取水水域、水价、取水期限等问题进行协商。

在签订取水权出让合同后申请人即取得取水权,取得取水权后申请人还需要向相关机构进行登记,只有通过登记才能将取水权的取得对外进行公示,以使第三人知悉该权利的设定或移转。根据取用水资源类型的不同,取水权取得的登记机关也不同,取用地表水的需要向流域管理机构申请登记,取用地下水的需要向本地的水资源管理机构申请登记。就登记机关的权限而言,国家水资源行政主管机关在许可登记过程中,有权审查合同主体、合同内容、使用途径及其对水体正常功能的影响,等等。对不符合水资源规划、总量分配和生态保护要求等强制性规定的合同不予登记或者变更撤销其已登记之水权。对经审查合格的合同,则予以登记,公告并发给其水权证,赋予其依照合同约定享有开发利用水资源的权利和资格。取水权一经登记便产生公信力。

取水权取得登记在效力上应采取登记对抗主义,即取水权一经取得便已生效,只是如果其不经登记的话,不发生对抗第三人的法律效力。

2.3　水权使用者的水权交易

从理论上讲,广义的权利转让是指权利在不同主体之间的移动、转移或流动。从广义上理解,取水权转让应该包括出让和转让两个方面,而从狭义上理解则只包括取水权的转让部分。所谓取水权出让,是指水资源使用者通过向国家支付一定的出让金而在一定期限内取得取水权,也可以称之为取水权的原始取得。所谓取水权转让,是指基于一定的事由,取水权人将其享有的取水权转让给他人,受让人因此而取得取水权。本书探讨的主要是狭义上的取水权转让。此种意义上的取水权可以基于行政行为而移转,如政府征购、征用等,也可以基于民事行为而移转,如不同主体间通过签订转让合同转让取水权,后者为取水权转让的常态。

西方国家大多承认取水权的可让与性,并且多具有较为完备的取水权转让制度。澳大利亚将取水权视为一种资产,只需通过公开注册和独立交易,取水权便可以转让。在俄罗斯,取水权的转让须先取得处分许可证,处分许可证是取水权转让的根据,转让双方取得处分许可证的条件是,水体使用人必须实施有助于水体状况改善的措施,如加固堤岸、净化水、恢复或再生水生物资源等。在日本,取水权的转让必须经过主管机关同意,而美国在取水权转让上采取的态度最为开放,无论依据哪一种制度取得的取水权,都允许其出租、出卖或交换。

2.3.1　我国关于水权交易的相关规定

目前,我国的取水权转让制度还很不完善,在制度建设上可以说刚刚起步,无论从理论上还是在实践中都存在许多问题需要解决,实践中正对取水权转让的问题进行研究和探讨。在我国 1988 年《水法》及 2002 年新修订的《水法》中,都没有就取水权转让问题作出规定。对此,有关部门的解释是:取水权转让问题比较复杂,目前各方面条件尚不成熟,水资源分配是采用许可证方式行政审批,而转让则是市场经济体制,在目前分配还没有采用竞价等市场化方法前,很容易产生问题。为了鼓励节水,可以考虑对完成节约用水指标的给予奖励,但最好不要在《水法》中规定对取水权的转让制度,可以在实践中摸索。

有些学者认为现行法允许非基于取水许可而获得的取水权的转让,对此观点作者不大赞同,因为该部分取水权是基于取水习惯或法律规定而免费取得的,如果允许取水权人转让取水权,实质上是允许其以国家资源谋取私利,似乎不妥。另外,这部分取水权所占比重很小,它们所提供的水量与取水权人的用水需求量大体相当,被转让的余地非常小。这种禁止取水权转让的做法与我国的社会状况和实际需求严重脱节,这一点遭到了理论界和实务界的强烈批评。我国当前的经济体制已经基本实现了从计划经济到市场经济的转型,而行政机关仍是统筹取水权制度设计与执行的唯一机构,但其管理往往并不能够达到经济上的最佳效率状态。当前水旱灾害频发、水土流失严重、水污染加剧、水资源短缺已成为制约我国经济社会发展的重要因素。解决我国水资源短缺的矛盾,最根本的办法是充分发挥市场机制对资源配置的基础性作用,促进水资源的合理配置,以提高水资源的利用效率和效益。因此,在实践中急需建立可交易的取水权制度,以突破取水权取得主要依行政许可一种方式的局面,最终使市场成为配置水资源的基本手段之一。可以说,已经获得取水权的自然人、法人或者其他组织通过技术革新或结构调整而节约的剩余取水权如果能够通过市场交易的方式转让的话,则既有利于提高水资源的利用率,又能够在很大程度上解决水资源分配不均的矛盾。取水权的转让在实践中是需要的,也是可行的,实践中进出口配额早就可以有偿转让了,而《中华人民共和国森林法》规定:林木采伐许可证可与森林、林木、林地使用权同时转让。既然在国有森林资源中可以实现的事,为什么不能在国有水资源中实现呢? 答案显然是肯定的,我们完全可以效仿《中华人民共和国森林法》,顺应客观要求作出取水权可以依法转让的规定。

可喜的是,水利部于2005年1月颁布的《关于水权转让的若干意见》中明确指出:"鼓励探索,积极稳妥地推进水权转让。水权转让涉及法律、经济、社会、环境、水利等多学科领域,各地应积极组织多学科攻关,解决理论问题。要积极开展试点工作,认真总结水权转让的经验,加快建立完善的水权转让制度。"并对取水权转让的原则、转让费、转让年限等事项作出了规定,这可以说是从政策上对取水权的转让进行了肯定。但总体而言,《关于水权转让的若干意见》中的规定多是原则性的,在实践中的可操作性不强,实践中需进一步细化和完善。在进一步完善、发展取水权转让制度时,作者认为,需要妥善考虑取水权转让过程中可能产生的外部性问题。对取水权转让而言,外部性影响起初还主要是转让区域水量减少的外部影响,因此在一定限度内,该外部性尚不明显。此时,水资源的经济价值与生态价值产生的冲突还比较少,甚至可以说,由于水资源利用效率的提高,水资源的经济价值与生态价值还可能呈现"双赢"。因此,在取水权转让的初期阶段,值得考虑的问题主要是如何通过妥当的制度设计,提高用水效率并释放出水资源的经济价值。然而,今后随着取水权转让的推进,其外部性影响将越来越明显,而且除水量减少的外部性影响外,还将可能包括水环境容量减少而带来的各种外部性影响,由此问题将可能变得更为复杂、棘手。

2.3.2　水权交易合同

取水权可以基于政府征购、征用等行政行为而移转,但这种情况并不多见。在实践中应用范围比较广泛的是基于民事行为而发生的取水权移转。具体而言,取水权的转让,主要是取水权让与人与取水权受让人双方通过签订取水权转让合同的方式进行的。取水权转让合同是指取水权让与人与受让人之间达成的,让与人将取水权移转给受让人,受让人支付一定价款的协议。前文已述及,非因取水许可获得的取水权不得转让,所以这里的让与人仅指因取水许可取得取水权的权利人。

现行《中华人民共和国合同法》(简称《合同法》)没有关于取水权转让合同的规定,但其一百二十四条规定:本法分则或者其他法律没有明文规定的合同,适用本法总则的规定,并可以参照本法分则或者其他法律最相类似的规定。因此,取水权转让合同完全可以适用《合同法》总则的规定,并可参照其分则规定。从《合同法》的角度来理解,取水权转让合同应为双务、有偿合同,并且转让合同一经转让双方当事人意思表示一致即可成立,而不需要完成交付。在形式上,转让合同应该采取书面形式,这主要是考虑到取水权与人们的日常生活息息相关,以及其所涉及的利益关系非常广泛之故。所以,取水权转让合同还是诺成合同、要式合同。取水权转让合同的内容可以包括以下条款:合同的双方当事人、取水权转让价格、取水权期限、违约责任、解决争议的办法等。取水权转让要求转让方享有取水权,依《合同法》规定,在无取水权人与他人订立取水权转让合同的情况下,将构成无权处分,此时的合同应为效力待定合同。真正的权利人对此合同可以予以追认,一经追认,合同自始有效,权利人拒绝追认的,合同自始无效。

　　由于取水权的行使往往会对环境产生较大的影响,并间接影响到社会公共利益,所以出于对社会公共利益的保护,在取水权转让合同中,还可以订立保护社会公共利益的环境条款,并将相关的社会公众以第三人的身份写进取水权转让合同,以此来对抗合同的相对性。合同双方当事人在订立、履行、变更或解除合同的过程中,必须履行保护环境的法定义务,在取水权转让合同危害到社会公共的利益时,第三人可以依据环境条款享有独立的诉权。

2.3.3　水权交易的限制

　　作为一种重要的自然资源使用权,取水权的转让关系到多方面的利益,因此取水权的转让并不是绝对自由的,必须对其进行必要的限制。取水权转让的限制主要包括以下几个方面。

2.3.3.1　取水权的转让必须遵循水权转让基本原则

　　取水权为水权的一种,水权转让的基本原则同样适用于取水权。依据《关于水权转让的若干意见》,水权转让的基本原则包括水资源可持续利用原则,政府调控和市场机制相结合原则,公平和效率相结合原则,产权明晰原则,公平、公正、公开原则,有偿转让和合理补偿原则等,取水权在转让过程中必须遵循以上原则。

2.3.3.2　转让的取水权必须具有可让与性

　　不是任何取水权都可以转让,取水权必须具有可让与性。《关于水权转让的若干意见》中规定:在地下水限采区的地下水取水户不得将水权转让。为生态环境分配的水权不得转让。对公共利益、生态环境或第三者利益可能造成重大影响的不得转让。不具有可让与性的取水权还包括非依取水许可取得的取水权和依取水权的性质不得转让的取水权,"如无偿取得或低价取得的福利水权或社会公共事业的水权"。以不能转让的取水权作为标的订立合同的,合同的效力将会受到影响。

2.3.3.3　受让人适格

　　在取水权转让中,受让人也必须符合相关法律的规定,《关于水权转让的若干意见》中对于取水权受让人作出了明确的限制,其中规定,取水总量超过本流域或本行政区域水资源可利用量的,除国家有特殊规定的,取水权不得向本流域或本行政区域以外的用水户转让,取水权也不得向国家限制发展的产业用水户转让,这两种用水户无法通过取水权转让的方式取得取水权。另外,取水权的转让,非经法定程序批准,让与人和受让人不得改变原有水功能区的类型。目前,我国的水功能区划分为两级体系,一级水功能区分为保护区、保留区、开发利用区和缓冲区四类,二级水功能区分为饮用水源区、工业用水区、农业用水区、渔业用水区、景观娱乐区、过渡区、排污控制区等七类。取水权让与人不得改变水功能区转让取水权,受让人也不得改变水功能区行使取水权,例如不得将保护区的水资源转为工业用水等。

　　和取水权的取得一样,取水权转让也需要进行登记。在登记机构上,同一流域或行政区划内的取水权转让应该由地区水资源管理机构或流域管理机构进行登记。跨流域或跨行政区划的取水权转让,应该由各管理机构的共同上级管理机构进行登记。

2.3.4　我国水权交易的实践案例

2.3.4.1　古代水权交易

【案例1】　清代陕西关中龙洞灌渠的水权买卖

　　从唐代到清代,国家都明文禁止水权交易,但实际上明清时期地方灌区已经存在水权交易。《清峪河和龙洞渠记事》"利夫"条中记载了渭北引清、引治和龙洞渠几个灌区水权单独买卖的情况,摘录如下:

　　源澄渠旧规,买水带地,书立买约时,必须书明水随地形。割食画字时,定请渠长同场过香……不请渠长同场过香者,即系私相授受,渠长即认为卖主正利夫,而买主即以无水论。故龙洞渠有当水之规,木涨渠有卖地不带水之例,而源澄渠亦有卖地带水香者(水香即水程,明清时有些灌区以点香时间为水程单位),仍有卖地不带水香者,亦有不请渠长同场过香者。故割食画字时有请渠长同场过香者,乃是水随地形,买地必定带水。不请渠长过香者,必是单独买地,而不带买水程。故带水不带水之价额,多少必不同。

　　《清峪河和龙洞渠记事》还列举了许多个例子来说明水权可单独买卖和水权价值在当时已经可以估计的情况。据刘屏山记录,他的同学家有"无水之地",并且可以买水而为自己灌溉之用。在龙洞灌渠:"地自为地,而水自为水,故买卖地时,水与地分,故水可以随意当价……地可单独卖,水亦可以单独卖。"刘屏山并且指出水权可脱离地权而单独买卖的情况在关中各灌区"大体如此"。

　　从有限的史料提供的信息来看,清代关中地区的灌溉水权转让曾经达到相当高级的形式,水权与地权完全分离,交易是长期权利的转让,交易价格通过市场确定,市场交易发生的范围很大,可以推断交易比较活跃。中国古代的正式水管理制度禁止水权交易,这种背景下清代关中地区灌溉水市场达到很高水平,说明水市场的出现和发展有其内在的规律性。众所周知,清代初期之后,中国的人口数量开始空前增长,使土地和水资源的相对价格发生巨大变化,本来附属于地权的水权价值迅速提高。如果水权不能转让,用水少的旱地将面临较大的机会成本,而某些水量不足的土地又面临利润损失,通过自愿的交易可以提高交易者双方的福利水平。可见,如果水资源稀缺程度较高,对资源优化配置的需求会加大,水权与地权分离进入市场的动力会加大。清代民间土地买卖的活跃,进一步推动了水权与地权的分离。

　　仅仅是水资源稀缺程度提高,远不足以解释一个发达的水市场,至少还有以下三个重要的条件,对于案例1中水交易的盛行不可或缺:

　　(1)经过一千多年的技术变迁,量水技术的发展已经使得水权可以准确计量;

　　(2)"水册制"的出现和长期延续,使得水权具有了长期稳定的性质;

（3）清代乡里制度发达，乡规民约在维系水市场体系中发挥了重要作用。

上述三个方面相互联系，其共同作用是大大降低了水权界定和水权交易的成本，应用市场机制再分配水权成本较低，而收益较高。案例1的试点改革，引进的正是上述几个方面，但是如果要达到大大降低市场运行成本的效果，还需要一个长期发展和完善的过程。

用户的异质性越大，运用行政方式分配水权的成本越高，市场方式分配水权的成本越低。案例1中水市场的发达，与土地用户的异质性也有很大关系。一般而言，土地用户的异质性来源，包括用户拥有土地数量的差异、用户自身特征的差异性（如财富）、土地质量的差异性、种植结构或方式的差异性等。鉴于案例1中水市场的活跃，清代关中地区农户的异质性应当很强，并且与当地土地买卖和地权兼并应有很大关系。反观当代中国社会，农户比较平均地持有土地，土地不能交易，农户的经济分化程度小，特定区域的种植结构和方式相近，这些特征决定了农户的异质性是很低的，因而引入市场的收益相对是低的。但是市场经济改革过程中，农户的异质性趋向提高，比如种植结构的差异，又使得引入市场的动力趋向增加。由此可以解释，一方面中国当代灌溉水市场还很初级，另一方面随着时间推移水市场的发育程度趋向提高。

案例1中发达的灌溉水市场，是自然演化或者诱致性变迁的结果。中国的灌溉水权分配机制，经历了长达千年的技术进步和制度变迁，发展至明清才出现大量的水权交易。由于清代水市场是长期诱致性变迁的结果，因而水市场运作有很好的"制度兼容性"。这也是禁止水权交易的法律框架下能够出现发达水市场的重要原因。反观案例1，由于是强制性变迁，新引入的制度安排与原有的制度框架有"不兼容性"，短时期内难以有效运作，并且难以大幅度降低水市场的成本，使得大部分地区水市场一时还难以形成，即使是出现水权转让事件的洪水河灌区，制度的冲突也相当显著。

2.3.4.2　地方层次的水权交易

水权分配在地方层次上是区域分水问题。《水法》规定，区域分水的依据包括流域规划、水中长期供求规划和跨行政区域的水量分配方案，并且对区域用水实行总量控制。区域的初始水权分配可以认为是行政方式，区域用水随着时间推移由上级加以调整，水权再分配也可以认为是行政方式。区域分水与社团分水面临着相似的困境，就是随着市场经济改革，地方与社团一样，越来越成为具有独立利益的主体。如果区域间制订了分水方案，并且付诸实施，地方就会形成独立的权利意识，这种意识越强，上级利用行政方式调整水权的难度就越大，于是水权的再分配机制就会产生引入市场的动力。为了考察地方层次水权转让的性质，首先来看曾经引起强烈反响的中国首例水权转让交易（即案例2）。

【案例2】　浙江省东阳—义乌之间的水权转让

新华社杭州2001年2月15日电　我国第一笔水权交易日前在浙江成交。位于浙中盆地的义乌市出资2亿元向毗邻的东阳市买下了近5 000万 m^3 水资源的永久使用权。水利部有关专家称，两市政府签订的这笔水权交易协议，开创了中国水权制度改革的先河。

"共饮一江水"的东阳和义乌同居金华江上下游，但水资源的丰歉却大相径庭。在金华江流域内，东阳的水资源最为丰富，人均水资源量达到2 126 m^3，除满足自身正常用水外，每年还要向金华江白白流掉3 000多万 m^3。而义乌总人口为东阳的80%，人均水资源量却只及东阳的一半。近年来,随着商业流通的日趋红火,义乌的城市规模迅速扩大,市区常住人口接近 35 万人。在城市化进程中,水资源不足成了越来越严重的制约因素。

近年来,义乌市委市政府多次召集水利专家论证,寻找良策。专家们的目光一致转移到了东阳市。东阳不仅水量丰富,境内还拥有两座大型水库,其中仅一座横锦水库的总库容就相当于义乌全市大小水库加山塘总库容的 186%,还因处在源头,库区没有什么污染而水质优良,加之两市不仅毗邻,市中心相距不过十多千米,因此如果能引进东阳水,那真是一件美事了。精明的东阳人也在打水的主意。他们算了一笔账,如果将富余的 1/3 水转让,另 2/3 作为未来发展的储备,这不仅不会影响全市的灌溉和城镇供水,还可以用转让金加快全市的水利设施改造步伐,把基础建设提高到一个新的水平。2000 年底,两市签订了用水权转让协议。协议的主要内容是,义乌市一次性出资 2 亿元购买东阳市横锦水库每年 4 999.9 万 m^3 水的使用权;转让用水权后水库原所有权不变,水库运行、工程维护仍由东阳负责,义乌按当年实际供水量 0.1 元/m^3 支付综合管理费。从横锦水库到义乌的引水管道工程由义乌市规划设计和投资建设。

义乌市市委书记厉志海说,通过购买水权这种方式解除缺水这个瓶颈,也就是为义乌的可持续发展创造了条件。从表面上看我们花费了 2 亿元,但如果自己建水库,再加 2 亿元也是不够的。东阳市市委书记汤勇说,转让给义乌的水是"盘活"了富余的弃水。东阳实施节水工程后增加的富余水成本相当于 1 元/m^3,转让给共饮一江水的毗邻市后回报却是 4 元/m^3,既让义乌解脱了水困,自己又充分利用了水资源的价值。

根据实地调研,东阳和义乌虽然同处一条江的上下游,但由于径流量丰富,还没有制订分水方案,两个城市之间的水资源尚处于开放利用状态。义乌之所以缺水,主要是河道水质污染,河道提水主要供农业灌溉等。义乌亟待扩大城市供水,于是跨区域调用横锦水库的优质水成为技术经济最佳的选择。要做到这一点,在现行的制度框架下,它需要向上级反映自己的情况,并建议上级调拨毗邻的水资源相对丰富的东阳境内的水,然后由上级出面协调两市之间的调水事宜。以往几乎所有的调水工程都是以这样的行政协调方式加以解决的。但是义乌为什么没有这么做呢?主要原因在于利用行政方式调整水权的成本过高,而收益又很低。

传统的跨区域调水方式最大的吸引力在于,调水工程由中央财政或者上级财政投资,地方几乎是无条件受益。但这种依靠行政协调的方式往往耗时耗力,周期较长,特别是由于对调出方缺少利益补偿,调水各方较难达成一致。而在水权交易发生地的浙江省,国家财政投资的前提并不具备。浙江省地方的水利工程以地方投入为主,省级和国家补贴非常少,大体上上级财政补贴只占水库总投资的 10% 左右。义乌市的经济发展水平较高,购买水权的投资只占自身财政能力和投资能力很小比例。义乌如果选择伸手向上级"一等二靠三要"的话,一来费时,协调周期很长,义乌城市供水等不及,二来费力,上级补贴的钱很少,得不偿失。于是义乌"明智"地选择了自主解决,主动与东阳通过市场方式实现了水权的流转。

由此可见,在东阳—义乌水权交易事件中,义乌之所以没有选择向上级要水,而是选择了购买水权,乃是买水的收益远大于要水的成本。义乌市买水的成本是失去上级微不足道的财政补贴(约 2 000 万元),且获得补贴的机会成本还很高,买水的收益则是及时解决了制约城市发展的瓶颈问题。对于东阳市来说,指令划拨境内水资源对自身几乎没有收益,而卖水则可以盘活水利资产,收益丰厚。由于交易双方选择新规则都有利可图,因此制度变迁不可避免。

通过以上分析可以发现,东阳—义乌水权交易具有相当特殊的经济、社会和地理背景。两个城市交易的前提并不是基于分水方案的权利,而是事实上被一方占有的权利。对于一般的流域上下游地区之间,在不存在分水方案的情况下,类似的情况将导致水事纠纷。东阳和义乌表面上处于一条江的上下游,但实际上由于特殊的原因类同于跨流域关系,因而这个例子并没有一般的代表性。下面让我们再看"漳河上游跨省有偿调水"的例子(案例3)。

【案例3】　漳河上游跨省有偿调水

2001 年 5 月至 6 月中旬,海河水利委员会漳河上游管理局组织上游山西长治境内五座水库向漳河下游河南与河北重要灌区进行有偿应急供水,以 0.025 元/m^3 的协议价格,共调水 5 000 万 m^3,有效缓解了下游灌区夏粮播种用水困难,缓解了漳河下游河南、河北相邻地区近年来尖锐的用水矛盾,预防了边界地区水事纠纷的发生。

漳河发源于山西,流经河北、河南两省边界,随着流域内经济社会发展,近年来,该流域水资源供需矛盾一直比较突出,尤其每年枯水季节是灌溉用水的高峰期,沿河两岸为争夺水源经常发生水事纠纷甚至械斗,影响当地的社会稳定和经济发展,并引起了中央领导的高度重视。近年来,朱镕基总理等中央领导同志曾多次对漳河水事纠纷的处理工作作出重要批示。

去冬今春以来,华北地区持续干旱少雨,直接从漳河引水的河南林州市红旗渠、天桥渠、安阳县跃进渠灌区及河北涉县白芟渠灌区发生严重旱灾,夏秋作物无法下种,漳河基流还不足 3 m^3/s,两岸用水矛盾非常突出。为缓解灌区用水困难,避免两岸在春灌夏播之际发生水事纠纷,海河水利委员会漳河上游管理局制订了周密的调水计划,对上游山西境内各大、中型水库的蓄水情况和下游河北、河南各大灌区的需求情况进行了多次调查,并与三省有关各方进行了多次协商,终于使上下游、左右岸三省各有关单位就跨省际调水形成了共识,并分别签订了供需合同。

为保证调水成功,海河水利委员会漳河上游管理局协调山西省各水库放水的时间与流量,合理安排下游红旗渠、天桥渠、跃进渠、白芟渠的引水时段与引水量,组织人员严格控制各引水闸口,按合同分配水量。长治市认为利用上游汛限水位以上的水量,通过统一调度向下游有偿供水,可以优化水资源配置,能够促进水管单位的良性循环,这次调水是一次有益的尝试。下游以前饱尝缺水与水事纠纷之苦的林州、安阳、涉县认为,这次花钱"买"水既保了平安,又促进了当地经济发展,钱花得值。在引水灌溉季节好几年见不到这么多水的沿漳百姓,更是拍手叫好,认为调来的是救急水、及时水,纷纷称赞水资源统一管理与有偿调度的好处。

据调查,漳河上游山西省境内有大、中型水库十几座,兴利库容近 4 亿 m^3,用经济手段对流域内水资源进行优化配置,将对缓解水资源的供需矛盾、解决漳河水事纠纷产生积极有效的作用。

案例3还有特殊的背景需要补充。从 20 世纪 50 年代起,漳河两岸的河南和河北水事纠纷不断。1989年国务院42号文件制订了分水方案,海河水利委员会据此设置了治导线,建设了分水工程。但是当时制订分水方案时河道基流为10 m^3/s,随着自然条件变化和经济社会发展,这一基流远得不到保障。在这种情况下,即使建成了分水工程,也面临着无水可分的窘境,左右岸在枯水季节的争抢水矛盾依然突出。

根据目前掌握的资料,漳河上游在山西、河南和河北之间没有制订跨省分水方案。山西境内漳河上游水库中的水,类似于东阳市横锦水库中的水,是在跨界河流开放利用条件下被上游事实上占有的。在漳河这种水资源利用格局下,下游农业关键时期缺乏灌溉用水,采用购买水权满足需求是有利可图的,而上游水库下泄超汛限以上的水可以获得一定收入,这是实施有偿调水的基础。流域机构开展的大量协调工作,充当了中介人的角色,降低了上下游的交易成本,终于促成了此次跨省调水。

由此可见,案例3也是相当特殊的,有偿调水不是基于区域间的分水方案,而是基于"事实上被上游占有的权利"。案例3可以和黄河2002年的应急调水作一个对比。2002年黄河遇到全流域大旱,山东省遭遇了严重的夏秋连旱。黄河水利委员会根据黄河分水方案,对沿黄各省的用水进行了相应压缩,山东的农业灌溉用水面临很大困难,为此山东向中央请求从上游调水,并获批准。黄河水利委员会实施了从上游的龙羊峡向下游调水的计划,山东最终无偿获得了秋灌用水,但实施这样的计划也压缩了内蒙古和宁夏的部分用水指标。

同样是下游干旱缺水,2002年黄河采用行政方式调整了上下游水权,漳河则引入了一定的市场机制。但是与漳河相比,黄河已经形成了完整的省区分水方案,各省区的用水权利相对明确,利用行政方式调整水权直接触动地方利益,行政方式的使用成本是比较高的。在2002年黄河应急调水的例子中,行政方式调整水权的代价是利益受损地区的不满。如果在水权调整过程中,能够像漳河那样引入一定的市场机制,给予受损者一定的利益补偿,则能够产生各方都满意的结果。

分水方案一方面明确了各地区用水权利,另一方面也增加了利用行政方式调整水权的成本。这说明水权明晰程度越高,行政方式再分配水权的成本越高,引入市场机制再分配水权的动力越大。一般而言,行政方式调整水权是以权利一定程度的"模糊"为前提的。但是在案例2和案例3中我们发现,即使在没有制订分水方案的河流,利用行政方式调整水权的成本也是很高的。这暗示着市场经济改革导致了日益独立的地方利益,"事实上占有的权利"被视为地方利益的一部分,这导致了即使在水权"模糊"的情况下,使用行政方式再分配水权的成本也是很高的。

2.3.4.3 社团层次的水权转让

我国《水法》规定,对于直接从江河、湖泊或者地下取用水资源的单位和个人,应当按照国家取水许可制度和水资源有偿使用制度的规定,向水行政主管部门或者流域管理机构申请领取取水许可证,并缴纳水资源费,取得取水权。根据对黄河水利委员会2000年颁发的395套取水许可证的统计发现,农村集体经济组织、灌区或水利工程管理组织、企业和事业单位等社团组织占绝大多数,而个人作为取水单位的只有20套,这是由水资源的开发利用通常以社团为基本行动单元决定的。因此,社团层次的水权,可以认为是与取水权相对应的,取水许可证是社团持有水权的凭证。

　　我国于 1988 年颁布执行的《水法》中规定了取水许可制度。1994 年黄河水利委员会在水利部授权下开展黄河取水许可工作,1999 年进行了换证工作,新的取水许可证有效期自 2000 年 1 月 1 日至 2004 年 12 月 31 日。此外,黄河水利委员会还根据有关规定开展黄河取水许可证的年审工作。可以认为,黄河流域已经建立了完整的取水许可管理体系。现在我们考察在这套制度框架下水权的再分配机制的特征。

　　目前,社团层次的水权再分配机制是行政方式。根据取水许可制度实施的有关规定,取水许可证有效期为 5 年。1999 年黄河的取水许可换证工作,对之前各类取水许可证的许可取水量进行了重新核定。核定水量的原则是根据黄河可供水量分配方案,坚持按省(区)平衡,总量只减不增,对原批转的许可证水量、近 5 年来的生产发展与实际用水量、取水户(或地区)的节水措施等进行全面评估的基础上,重新核定取水许可量。

　　在现有的再分配机制中,新的建设项目如何取得新增用水呢? 1999 年水利部《关于加强黄河取水许可管理的通知》要求:严把新增取水项目的审查关,严格控制取水许可证发放。在严重缺水地区,对耗水大的建设项目取水申请一般不予审批。新增的取水应是各地区实施节水措施后节余的水量或用户充分发掘节水潜力后所必需的取水。可见,取得新增用水的方法是向水行政管理部门"要水",在某地区取水总量没有达到上限的情况下,新增的用水需求还可以继续得到满足,但是对于取水总量达到上限的地区,新增的用水需要从已有的取水节余中取得。但是对于促进已有取水加强节约用水,看来主要是水行政管理部门的责任,管理部门可以要求取水户节水,但是取水户并不必然有节水的激励。如果不能找到节余的用水指标,新增用水如何解决呢? 在内蒙古自治区我们找到了这样的例子(案例 4)。

【案例 4】　黄河流域工业企业购买农业水权

　　2000 年左右,内蒙古大唐托克多发电有限责任公司(简称托电公司,是国有控股大型发电企业)决定上马二期工程(4×600 MW 机组)。经过技术经济评价,采用水冷却系统的成本大大低于空气冷却系统的成本,但是采取"水冷"需要解决电厂用水问题。经过与地方政府协商,托电公司准备采取投资农业节水置换水权的办法解决新增用水问题。

　　根据托电公司 2001 年 9 月 21 日向内蒙古自治区计委提交的报告(托电〔2001〕23号),托电公司承诺投资 8 950 万元实施内蒙古五大灌区节水改造工程,换取内蒙古 58.6亿 m^3 黄河用水指标中的 0.5 亿 m^3 用水指标。托电公司承诺投资改造的五大灌区节水改造工程,包括黄河南岸灌区、河套灌区、民族团结灌区、镫口扬水灌区和麻地壕灌区,通过变原来的漫灌为渠系化灌溉可改善灌溉面积 190 多万亩(1 亩 =1/15 hm^2),大幅度压缩农田灌溉用水,可节约用水 0.551 5 m^3/亩。

　　据了解,类似于托电公司的情况在黄河流域不止一例。内蒙古的达拉赫电厂的新增发电机组的用水,宁夏新上马的达齐电站的用水,也都采用购买农业水权的办法加以解决。

　　在 1987 年黄河的分水方案中,内蒙古的耗水指标为 58.6 亿 m^3,但此后各个年份内蒙古的实际用水量均超过分水指标。1999 年黄河水利委员会强化各省区取水总量控制之后,对于耗水量已达到或超过黄河可供水量分配指标的省区,原则上不再审批新增取水量的新改扩建取水工程。案例 4 中的托电公司上马的二期工程中,由于"空冷"投资成本较高,企业决定采用"水冷",自愿拿出一部分投资置换农业用水指标。这是总量约束强化之后解决新增用水的自然选择。托电公司的做法带有一定普遍性,内蒙古达拉赫电厂新增用水也采用了同样方式。宁夏由于近年来耗水量也已经达到分水指标,也出现了相同的趋势,新上马的达齐电站也采用置换灌区水权的办法解决新增用水。案例4实际上暗含着黄河流域取水许可证赋予社团的水权,权利的排他性已经有了很大提高,这实际上与市场经济改革密切关联。在计划经济时代,全国一盘棋,政府可以根据需要调整自然资源的分配,市场经济的推进造就了无数具有独立利益的团体,利用行政方式调配自然资源越来越困难。新增用水社团为了取得新的用水指标,一种方式是利用行政方式"要水",另一种方式是向已有的取水社团"买水"。要水的成本是周期长、不确定性强,买水的成本是付出的直接投资较大,当要水的成本远远大于买水的成本时,要求新增用水的社团就会有动力从市场上买水。案例4说明当区域用水达到总量控制指标后,新增用水通过"要水"方式解决成本是很高的,而引入市场方式的动力则是很强的。其主要原因在于,在现有制度框架下,总量控制对取水社团有较强的约束机制,但是提供的激励机制显然不足,取水社团没有动力节约水量以满足新增用水。

从案例4的情况来看,社团层次的水权转让目前表现为补偿机制,通过政府的调控间接实施,而不是社团之间一对一的权利交易。这一方面是因为目前的取水权有效期较短,权利的不确定性较高,还没有取水权转让的规定;另一方面,现有的取水社团大都是国有事业单位,还没有成为真正意义上的市场主体。现有社团层次的水权交易中,权利的购买者是市场化改革带来的独立核算的企业,是真正的市场主体,而权利的受让者则是非独立的市场主体。这里面隐含的意义是,社团层次水市场的发展受到社团特征的制约,随着持有取水权的独立市场主体增多,水权转让的市场化程度将提高。

2.3.4.4　更高级的水市场形式:水银行

上述4个案例有共同的特征,都是同级决策实体之间的权利转让,有些案例是水权的短期租赁,有些案例是水权的长期出让,这是水市场比较初级的形式,类似于普通商品的现货交易。水资源复杂的自然属性和社会属性,决定了这种初级市场形式面临着较高的交易成本,制约了水权流转的大量发生。这可以解释为什么目前水权转让的事件很少,而且每一个案例都是在特殊背景下发生的。

水市场发展的关键是降低使用市场方式的成本,这既需要技术基础设施,例如输供水网络、调度系统、计量设施,也需要基础制度,例如分水方案、市场规则、用水户协会。在水权分配体系中,上级决策实体是界定下级实体行为的制度供给者,自然也是水市场的规则制定者、秩序维护者和信息提供者。为了能够有效降低下一级水市场运行的成本,上级决策实体可以发挥更重要的作用。

水银行是一种通过上级决策实体的调控,有效降低交易成本的市场形式。水银行相当于一个虚拟水库,大量的用户将富余的水存入其中,待需要之时提取,它的作用类似于金融银行,吸收存款,发放贷款,优化资源的配置。水资源由于流动性强,水文波动性大,供给和需求之间常常有很大的时空差距,使用一对一式的现货交易形式成本很高,通过建立水市场可以大大降低交易成本。在西方国家的水市场实践中,水银行是一种较多被采用的形式。例如,1981～1982年,美国加利福尼亚州遭遇大旱,出现了严重的水短缺,地方政府建立了水银行,作为唯一的买主收购用户节约水量,调节水资源的供求平衡。水银行的建立以明晰的水权为前提,如果水权能够明晰,水银行将自然成为重要的水市场形式。我国水权的明晰程度普遍较低,因而目前还没有水银行发生的具体例子。但是随着近年来水权改革的推进,已经出现了一些筹划中的水银行的例子(案例5)。

【案例5】　黄河下游筹划中的水银行试点

黄河水量调度管理是一个庞大的系统工程,目前水量调度管理的手段单一,无序引水问题仍然存在,部分地区用水浪费现象严重,实现黄河水资源的可持续利用必须综合采用行政、经济、工程、技术、法律等手段,逐步解决黄河水资源日趋严重的供需矛盾,使有限的水资源发挥最大效益。

在经济措施方面,拟配合有关部门制定超计划用水加价收费管理办法,并充分发挥经济杠杆作用,逐步建立黄河供水市场,推行订单调水,形成适应市场经济体制的科学、合理且行之有效的水价制度及其补偿、转让机制。

培育建立黄河水市场的主要措施包括:

(1)按成本或微利收取引黄工程的水费;

(2)征收黄河水资源费;

(3)允许实行浮动价格,在计划供水指标内收取固定水价,超出指标加价收费,也可按市场调节,随行就市;

(4)在黄河下游进行黄河水银行试点,河南、山东供水指标内水若用不完可存入小浪底水库水银行,待需要时再申请使用,也可进行交易转让。

黄河流域1987年就有了省际分配方案,1998年之后黄河水利委员会被授权全河统一调度,建立了分水方案的实施机制,使得各个省份的水权排他性逐步增强。在这种背景下,黄河管理部门在黄河下游进行水银行试点。事实上,由于黄河水利委员会目前能够统一调度黄河干流的大型水库,如果能够进一步完善取水监测体系,水银行试点可以从下游扩展到全流域。黄河流域分水涉及的省份众多,分水指标利用的不平衡程度很大,通过水银行的方式,实现水量指标在各省(区)之间的流转,不但潜力很大,而且具有可操作性,对黄河流域水资源的优化配置将发挥重要作用。

2.3.4.5　增量初始水权的市场化分配

以上案例中的水市场,在水权分配体系中,都是水权的再分配机制的变化。本部分还没有提到水权的初始分配机制,但是前面的部分已经讨论,初始分配机制通常倾向于选择行政方式。这是因为水资源的分配首要关注的是安全、公平和社会的可接受性,这正是政府所要发挥的作用,而市场通常难以实现。这可以解释为什么水权分配体系中的初始分配机制都采用行政方式。但是这并不意味着初始分配机制完全排斥市场方式,在有些情况下,初始分配机制中要求引入市场方式,我们来看一下南水北调工程规划的新思路(案例6)。

【案例6】　南水北调工程的水权分配

水利部汪恕诚部长2000年10月22日在中国水利学会2000年年会上发表了重要讲话,围绕"水权和水市场——谈实现水资源优化配置的经济手段"作了论述,其中针对南水北调中如何引入"水权和水市场"新思路发表了以下看法。

南水北调的论证方案有三个特点。第一个特点是从水资源配置的角度来研究南水北调的必要性。第二个特点是南水北调工程规模比较大，投资比较多，因此无论是东线、中线还是西线，都要搞分期实施，不是一次性达到规模。这样做的第一个好处是投资可以省一点，第二个好处是随着经济的发展、需水量的增加，不断增加规模，适应性好一点。总的叫"先通后畅"。第三个特点是用"水权"的理论来建设和经营管理南水北调。在计划经济情况下的调水工程，缺水量指标往往很高，漫天要价。而通水以后，又反过来喊水贵、用不起，导致工程建成后总是达不到设计规模。这种资源浪费现象非常明显。总结国内几乎所有的调水工程，都不同程度地存在这个问题。以中线为例，现在各个城市都在要水，就按每个城市的要水量按比例确定相应的股权，实际上确定股权就意味着花钱去买南水北调的水权，你要得多，股权就大，资本金就得多拿，掏钱买水权或者掏钱买股权。资金从哪儿来？可以把现在的水价逐步提高到南水北调通水以后的水价。这样做起码有三个好处：一是现在涨水价有利于节水；二是可以比较合理地确定分水指标和资本金；三是南水北调工程通水以后，水价可以平稳过渡。这样，国家给政策，允许现在水涨价，涨价的钱拿来作为资本金注入南水北调工程。总理听了汇报以后，肯定了建立南水北调基金的设想。这是一个非常重要的决策。这样很可能就走出一条水利的新路子来，形成一个国家宏观调控、公司市场运作、用水户参与管理的新体制。通水以后，实行两部制水价，即容量水价和计量水价。什么叫容量水价？就是买了水权，用和不用都要交钱。计量水价就是用多少水交多少钱。在这种体制下，才有可能把水充分利用起来，真正发挥南水北调工程的效益。东线在江苏省内已经形成水系，水系不仅仅用于调水，还是排水通道，洪水来了还可以排洪，还有航运，水系是很复杂的，江苏可以自己组建一个有限责任公司。往北进入山东后，仍然搞一个由国家控股的，三个省，包括天津市入股的东线供水有限责任公司。江苏供水公司和东线供水公司是买卖水关系，按协议或合同供水。这种体制实行国家宏观调控下的市场运作。

南水北调规划的上述思路，让沿线城市根据要水量按比例分摊部分资本金，就是在初始水权分配中引入了市场机制。这一改革针对传统调水工程缺乏效率的弊端，可以降低分配机制的使用成本。传统的跨流域调水工程几乎都是由国家财政投钱，地方几乎是无条件受益。这种方式使工程过水能力设计规模过大，导致工程建成后造成沉重的国家财政负担和水资源的浪费，这种浪费随着水资源稀缺程度的提高，间接加剧了水短缺和污染，从而不能被容忍。将水权与投资相挂钩的优点在于，可以使决策实体更客观地反映自身需求，提高资金和水资源的利用效率。

案例6的一个重要特征是通过工程投资获得的"增量水权"，这使得它的分配不同于天然水资源的分配，水权必然要求与工程投资相联系，也就是水权的初始分配机制要求市场方式。实际上，在古代社会，有许多的小型渠道工程由群众集资兴建，水权相应归属集体组织，还有一些小型水利工程是"商办"，水权也相应归私人所有。计划经济时代国家是投资主体，水权的初始分配相应是行政方式。市场经济改革导致产权主体的多元化，相应水利工程的投资主体日益多样化，使得与工程投资相联系的"增量水权"的初始分配机制发生变化，要求越来越多地引入市场方式。

2.3.5　我国水权交易实践中存在的问题

我国目前区域水权交易刚刚起步,还存在一些问题。就已经发生的交易,其争论的焦点是水权所有权主体问题,区域水权转让的主体和客体是否合乎现行法律法规的规定,以及水权转让行为是否合法的问题。

(1)区域政府是否拥有水权。我国《水法》第三条明确规定:水资源属于国家所有。水资源的所有权由国务院代表国家行使。农村集体经济组织的水塘和由农村集体经济组织修建管理的水库中的水,归各该农村集体经济组织使用。这一规定肯定了国家的所有权主体地位。在法律法规没有明确初始水权的情况下,东阳—义乌水权交易缺乏法律依据,其稳定性是否可靠值得怀疑。

(2)区域政府作为水权转让主体是否合适。市场主体是指参与市场交易的组织和个人,水权交易市场的主体是指参与水权流转、租赁等交易活动的组织和个人。有学者认为,政府作为水资源的监督和管理者,是水权交易市场的管理者,应负责制订水权交易市场规则,而不能既当裁判员,又当运动员,实际参与水权的转让与受让活动。水权转让应在平等民事主体之间进行,如供水公司和用水户。

(3)我国还没有建立区域水权交易制度。交易制度的核心就是需要建立一套明确的交易规则和交易程序。通过制定交易规则,为买卖双方进行交易时提供行为准则,同时建立起水权交易监管模式,从而通过水权市场来优化配置水资源。目前关于水权交易方面的政策法规还是空白。

(4)水价水平较低。我国现行水价包括了三个部分,即资源水价、工程水价和环境水价。水资源价格是水价体系中最重要、最活跃的组成部分,这是由水资源的有用性和稀缺性决定的,反映了水资源的价值。然而,我国各地水资源费标准不仅绝对水平低,而且在水价中所占的比例也偏低,比价关系不合理。目前自来水行业供水价格与制水成本倒挂,过低的水价无法反映水资源的稀缺程度,其直接后果就是资源的浪费。

2.4　水权使用者的水权终止

取水权的存续有一定的期限,超过相关期限而不申请延续或者发生法律法规规定的其他事由的,取水权归于消灭。取水权的消灭原因可以归结为以下三种。

2.4.1　因存续期限届满未申请延续而消灭

2006 年施行的《取水许可和水资源费征收管理条例》第二十五条规定:"取水许可证有效期限一般为 5 年,最长不超过 10 年。有效期届满,需要延续的,取水单位或者个人应当在有效期届满 45 日前向原审批机关提出申请,原审批机关应当在有效期届满前,作出是否延续的决定。"依据规定,在取水权存续期限届满而取水权人未申请延续或申请延续未获批准时,取水权消灭。

2.4.2　因注销或吊销取水许可证而消灭

取水许可证是取水权取得和存续的必备要件,在取水权人不按照相关规定行使取水权时,水行政主管部门或者授权发放取水许可证的部门有权注销或吊销其取水许可证。在取水许可证被注销或吊销的情况下,取水权自然消灭。取水许可证主要因以下几种情形注销或吊销:

(1)取水权人连续停止取水满2年的,由原审批机关注销取水许可证。但是由于不可抗力或者进行重大技术改造等原因造成停止取水满2年的,经原审批机关同意,可以保留取水许可证。美国的《华盛顿州水法典》也有类似规定,这是在水资源普遍短缺的情况下为了合理分配有限的水资源而采取的必要措施。

(2)取水权人拒不执行水行政主管部门作出的取水量限制决定,或者未经批准擅自转让取水权,逾期拒不改正或者情节严重的,吊销取水许可证。

(3)取水权人不按照规定报送年度取水情况、拒绝接受监督检查或者弄虚作假、退水水质达不到规定要求,情节严重的,吊销其取水许可证。

(4)取水权人未安装计量设施情节严重的,或者计量设施不合格、运行不正常,逾期又不更换、不修复,情节严重的,吊销其取水许可证。

2.4.3　因取水权被征收或转让而消灭

取水权征收是指国家依照法律规定,为了公共利益的需要,在对取水权人给以相应补偿的情况下,征收取水权的行为。取水权作为一种重要的自然资源使用权之一,其取得和实施关乎多方面的利益,取水权的客体水资源具有公用物品的性质。为应付突发性社会危机、自然灾害或者为配合国家的产业政策、经济政策调整的需要,在一定限度内,国家可以进行取水权征收。一经征收,原取水权人享有的取水权即归于消灭。取水权还可能因为转让而消灭,取水权转让的相关问题前文已有所述,在此不再赘述。取水权消灭后,取水权人应当办理取水权注销登记手续并交回取水许可证,由水行政主管部门或其他相关部门予以注销。

第 3 章　水权使用者社会责任及其架构

3.1　水权使用者社会责任的内涵

为使水权交易有效实施,提高水权交易效率、优化配置水资源,就要求水权使用者在充分行使自身权利的同时,承担起与权利相对应的责任。责任和权利是对应统一的。没有无责任的权利,也没有无权利的责任。拥有一定的权利,就必须尽到相应的责任;尽到一定的责任,才能享有相应的权利。水权使用者的社会责任就是水权使用者在行使自身权利时,必须承担的义务,必须完成的使命。因此,水权使用者的社会责任就是,以水资源为基础生产资料的大型用水企业在获得水资源使用权的同时,必须履行的对经济发展、生态保护以及所有界定清晰的利益相关者的责任。研究的重点既包括水权使用者作为企业在创造利润、对股东承担法律责任的同时,承担对员工、消费者、社区的责任,同时更聚焦于水权使用者不同于一般企业,与水资源利用和生态环境保护直接相关的责任。

3.2　水权使用者履行社会责任的现实需要

3.2.1　水资源安全的需要——以太湖蓝藻事件为例

2007 年 5 月,在高温的条件下,太湖无锡流域暴发大面积蓝藻,供给全市市民的饮用水水源也迅速被蓝藻污染。现场虽然进行了打捞,无奈蓝藻暴发太严重而无法控制。遭到蓝藻污染的、散发浓浓腥臭味的水进入了自来水厂,然后通过管道流进了千家万户。一时间,无锡人守着太湖,却要靠抢购纯净水维持生活需要,太湖成为全国人民关注的焦点。专家指出,太湖水质不断恶化的趋势虽然和近年来异常的高温、少雨天气,以及太湖水位的降低有关,但最根本的原因还是排入太湖的污染物远远大于太湖的环境容量。与“十五”计划水质目标相比,21 条主要环太湖河流出入湖断面水质达标率为 61.9% ,45 条主要河流交界断面水质达标率仅为 53.3% 。按照污染物来源,目前太湖的外部污染源主要有工业污染、农业面源污染和城市生活污染三大类。其中,工业污染主要集中在纺织印染业、化工原料及化学制品制造业、食品制造业等领域。虽然近年来太湖流域实施达标排放,但由于经济高速发展,污染排放量迅速增加。随着产业转移加快,一些技术含量低、污染严重的工业企业转移到了监管相对薄弱的农村,大量工业污染沿着河网进入太湖,使太湖工业污染控制更加困难。无锡水环境事件并不是孤立的事件。国家环境保护总局的调查显示,自 2005 年底松花江污染事件以来,我国共发生过 140 多起水污染事故,平均每两三天便发生一起与水有关的污染事故。在国家环境保护总局发布的 2006 年全国十大环境事件中,有 7 起与水环境污染有关,其中有 4 起直接影响到附近居民的饮水安全。一次

次的饮水危机不断提醒我们:水资源安全重于泰山,只有切实保护环境,才能保护人类
自己。

3.2.1.1　太湖蓝藻危机的产生与发展

太湖流域位于江苏、浙江、上海三省(市)交界处,是长江三角洲的核心区域,面积达
3.65 万 km²,水面积占总面积的 17.5%。这里人口稠密,约占全国总人口的 3%,人口密
度达 910 人/km² 左右。流域内 GDP 占全国的 12%,人均 GDP 是全国的 3.5 倍,是全国
经济最发达的地区之一。太湖流域在江苏范围内涉及苏州、无锡、常州、镇江 4 个市及所
辖的 10 个县(市),人口占江苏省的 20.6%,GDP 占 46.2%,财政收入占 44.3%,在江苏
省乃至全国发展大局中占有举足轻重的地位。

长江流域每年排放的污水,1/3 都聚集在太湖流域。蓝藻水华最早出现在无锡市的
五里湖,其后暴发的规模和频率不断增加。在 20 世纪 70 年代初,太湖湖区仅在湖岸有少
量蓝藻漂浮,80 年代中期蓝藻开始蔓延到湖中,80 年代中后期每年暴发 2~3 次,分布范
围扩大至太湖的梅渠湖湾,90 年代藻类已经是积聚成堆。

蓝藻是一种最原始、最古老的藻类植物。在一些营养丰富的水体中,蓝藻大量繁殖会
在水面形成一层蓝绿色而有腥臭味的浮沫,称为水华。由于蓝藻中含有大量的胶质膜,会
隔绝外界营养物,占据水体空间,致使水中大量的动植物死亡,这样的水质也很难得到净
化。太湖流域周围的蓝藻如此猖獗,主要是因为其周围的工业、城市、农业排放的大量污
水汇集到河湖中,给湖泊带来大量的含氮、磷、碳的营养物质,给蓝藻的大量繁殖提供了土
壤。对上游地区河湖的保护不够以及梅梁湾、直湖港、武进港节制闸的建设使太湖失去了
第一道天然保护屏障,导致进入湖区的污染物总量居高不下,总体水域呈现全面富营养化
态势。

目前,太湖的外部污染源主要有工业污染、农业面源污染和城市生活污染三大类。专
家通过调查指出,在水质最差的嘉兴河和大运河杭州段地区,主要污染指标都是氨氮和总
磷含量过高。"55% 的磷来自生活污染,大量生活污水未经妥善处理就排入河道和湖泊
之中,这样未经处理的污水占 80%。60% 的氮来自农业污染,其中养猪业污染尤其严
重"。在 20 世纪 90 年代后期,太湖加大了对工业污染的治理并取得了一定的效果,工业
污染指标下降了,但农业和生活污染指标仍然显著。这说明生活和农业的污染并未得到
应有的重视。而事实上,生活和农业污染的治理难度与治理的范围远远比工业污染大
得多。

太湖的水资源是太湖流域经济和社会发展的重要依托与物质基础。若太湖水质不能
转变,不仅苏锡常、杭嘉湖地区会受到影响,整个长三角地区的发展都会受到制约。专家
指出:一个国家或地区的人均 GDP 达到 2 000 美元以上,就有治理污染的经济基础。太湖
流域作为我国经济最发达的地区之一,人均 GDP 已达 3 000 美元左右,太湖流域完全有能
力依靠自己的力量解决好太湖水质问题。

太湖流域的工业化和城市化进程在 20 世纪 80 年代加速发展,随着长三角地区经济
的腾飞,太湖也为此付出了惨重的代价,正日益变成长三角地区的一个公共"污水盆"。
水资源的过度利用已经使太湖水入不敷出。据统计,太湖流域 80 年代后期的用水量已达
316 亿 m³,而流域平均水资源量多年来仅为 177 亿 m³,整个环太湖地区都不同程度地存

在"水质型缺水"问题,尤其是苏南地区。21 条主要环太湖河流出入湖断面水质达标率为 61.9%,45 条主要河流交界断面水质达标率仅为 53.3%。

20 世纪 90 年代,太湖流域被国家列为水污染防治重点地区。在《太湖流域水污染防治"九五"计划及 2010 年规划》中,政府提出了"三阶段"治理目标:确保 1998 年底全流域工业、生活污水达标排放;2000 年集中式饮用水水源地和出入湖主要河流水质达到地面水Ⅲ类水质标准,太湖水体变清;2010 年基本解决太湖富营养化问题,湖区生态系统转向良性循环。从 2000 年 7 月 14 日起,望虞河开闸,每天从长江引水 1 000 多万 m³ 进入太湖流域河网地区,这个工程被称为"引江济太"。

经过多年的蓝藻之害,人们开始反思江苏全面小康的发展模式和苏南模式。所谓苏南模式,就是通过发展乡镇集体经济和工业来促进小城镇经济发展的一种模式。它通过利用与大城市相毗邻的优越地理条件,将农村人口转移到城市中,以此来带动乡镇企业的发展和城市化进程。苏南的快速发展,迅速提高了人民生活质量,改善了城乡经济面貌,但也同时带来了资源消耗大、环境污染重等突出问题。为了快速致富,乡镇企业往往就地取材、就地排污,使用环境资源却不支付成本或支付远低于保护和恢复环境所需成本的费用,造成绝大部分排污企业没有承担对等的环境责任。江苏省环保厅的一份报告分析表示,市场机制失灵和政府决策失衡是太湖地区水环境问题的社会经济背景。而造成市场机制失灵和政府决策失衡的更大背景,是当地急于摆脱落后面貌,追赶发达国家,而不得不以牺牲部分环境为代价。太湖水污染表现在水上,根子在岸上,本质是发展方式粗放。

3.2.1.2　政府在太湖蓝藻危机中的行为分析

自 1991 年以来,国务院共召开了 4 次治淮治太(治太与治淮合并)会议。在中央会议精神的指导下,江苏省政府采取了严厉的整治措施,对太湖地区的化工、医药、冶金、印染、造纸、电镀等行业开展专项整治,在 2008 年底前淘汰 2 150 家小化工企业。省政府的目标是用 5 年时间,有效控制太湖湖体富营养化程度,再用 8 ~ 10 年时间,从根本上解决太湖水污染问题。为此,江苏省按照"调高调优调轻"的要求,大力发展高技术、高效益、低消耗、低污染的产业,提高服务业和高新技术产业在经济中的比重。严格市场准入制度,属于落后生产工艺的,排污超过总量控制标准的,超过排污控制指标的地区新增排污的都不予批准。禁止不符合产业政策和新增氮磷排放的项目。提高太湖流域的水污染防治标准,强制企业完善治污措施,降低排放强度,从总量上控制污染物排放。

地方政府以无锡市政府为例,在江苏省政府的方针指引下,除采取一系列应急措施加强治理蓝藻和自来水净化外,还建立了太湖环境治理的长效机制,如全面实行治理太湖的"6699"行动,包括六大应急对策、六大工作机制、九大清源工程和九大治污行动。构建环境资源价值化评估体系,建设环境赔偿机制。大力发展生态型农业,鼓励企业、工业园区发展循环经济。以强有力的措施来治理"三废",太湖周围地区的小型化工企业要坚决实施关停并转,争取实现污染少排放,甚至零排放。应该说,中央以及地方政府在近十年来采取的一系列治理措施使得太湖流域的污染恶化程度减缓,收到了一定的积极效果,但这些措施的出台并未从根本上解决太湖治理难的问题。

在对太湖蓝藻事件的分析中,我们可以看出不同利益主体在这场危机中的博弈关系,包括地方政府、地方环保部门、太湖流域管理局、企业、民间环保人士和公众六大类。

地方政府在太湖危机中的角色定位有别于中央政府,中央政府主要从全国环境保护的角度给地方政府下达治理指标,而地方政府除了贯彻中央的方针外,还会考虑地区的经济利益与地方政府自身的效用最大化。如"十一五"期间,苏州、无锡、常州、镇江、宁波五市与江苏省政府分别签订了《"十一五"太湖水污染治理目标责任书》。根据责任书规定,至"十一五"末,苏南五市列入国家和省考核范围的断面水质要全部达到考核目标,集中式饮用水水源地水质须全部达到地表水Ⅲ类标准。同时,责任书还要求各市大幅度削减总氮、总磷排放量,并对化学需氧量、氨氮的排放量分别提出了具体的减控指标。责任书还对五市的污水处理厂安装在线自动监控装置、建设除磷脱氮改造工程、整治关闭不能稳定达标排放的化工企业、提高城镇生活污水处理率等提出了具体的时间表。环太湖流域的苏州、无锡、常州、湖州工业体系中纺织业、医药、化工是当地经济非常重要的支柱产业,这些企业对太湖的污染也最直接、最严重。不治理,完不成中央政府的环境治理目标;治理,地方经济指标就很难再提高。因此,地方政府会权衡两者的利弊,作出最有利于自己的选择。

地方环保部门通常是受地方政府直接领导并对其负责的,这种隶属关系直接决定了环保部门在治污过程中的负责程度和努力程度。太湖流域的治理涉及多个区域和多个部门,管理体制上的条块分割使得各部门各自为政。环保部门的主要职责是监督水质水量,但是由于城市污水不在其管辖范围内,眼见大量污水排入湖中却无能为力;河道虽然属于水行政管理部门管理,但河道水政部门对于水污染的管理却缺乏法律支撑;渔业养殖是太湖流域水环境的重要污染源,却属于其他行业主管部门。20世纪80年代以后,成立了太湖流域管理局,专门负责协调太湖流域各环境保护职能部门的工作,局机关设在上海市。

太湖流域管理局是水利部在太湖流域和浙江省、福建省范围内的派出机构,国家授权其在上述范围内行使水行政管理职能,统一管理太湖流域的所有水资源。包括流域的综合开发与治理,重大水利工程的建设、规划、协调、监督、服务,太湖流域的水资源综合开发利用与保护。但太湖流域管理局的成立却并未从根本上解决太湖之患。太湖流域管理局、太湖渔业管理委员会都无法很好地协调太湖分属各行政区域的治理资源,流域管不了区域,太湖流域管理局所制定的流域规划在区域规划面前效力大减。

企业作为市场经济的主体,追求经济利益的最大化是企业所有行为的目标。主动的治理污染行为本身与企业的经济利益最大化特征相悖,当面对环境污染与政府强制治污时,企业首先考虑的仍然是自身利益的保护。企业会根据当地政府与环境保护部门的重视程度、方式等来决定采取何种应对措施。非法排污、超标排污是环境违法行为,这是每一个企业都应有的基本认识,但意识上的认可并不等同于行为上的统一。无锡太湖周围屡禁不止的企业排污行为,一方面受到地方保护主义的庇护,另一方面也应归责于企业逃避环境保护责任,对于治污减排普遍采取不作为的态度。

公众在这个利益关系网中扮演着双重角色,一方面作为"苏南模式"的巨大经济利益的受益者,另一方面作为严重环境污染的受害者。大规模中小企业的发展带动了整个苏南地区的飞跃,使人民生活发生了质的变化,物质上得到了极大的满足,而眼前的污染却使得民众怨声载道。民众通过网络等形式质疑地方政府的官方说法,痛斥地方政府的不作为。对经济利益的难以割舍和对污染的深恶痛绝充斥着公众的内心,这也很大程度上影响着政府决策的方向和力度。

公众环保意识的觉醒使得民间环保人士和环保社团逐渐涌现。他们较多地代表了普通公众的意愿与政府对话,通过自己的行为影响政府的决策,通过公开的言论来遏制企业的违法排污行为。在蓝藻危机中,"绿家园"、"公众与环境研究中心"、"地球村"、"天下溪"、"自然之友"等小有名气的民间环保组织就通过报纸、网站等渠道强烈呼吁政府直面太湖污染,通过互动平台为政府治污献计献策。

这六大主体之间的博弈过程是循环不断的。具体而言,首先是公众、民间环保人士等的社会舆论通过报纸、论坛等渠道报道出来,引起了当地政府的关注。当事态发展到一定程度时,当地政府的上一级主管部门,通常是省级政府就会提出治理的总体目标,然后与所辖各市的政府签订目标责任书,要求当地政府限期整改,确定年度治理目标和任务。紧接着,当地环保部门在当地政府的领导下,会同其他管理部门开始对企业排污行为进行突击检查,其他管理部门通常包括渔业部门、水利部门等。在这个过程中,民间环保组织与公众的积极参与对政府快速地采取行动产生了一定的积极影响。而公众作为政府环保政策的直接作用对象,既是污染的受害者,也是治污的受益者,对于环保政策的实施的认识与反应也会反馈给政策制定主体,从而进一步影响政府的决策行为。而企业作为政府决策的直接作用对象,在这个博弈过程中处于核心位置,他们的行为选择将对最终环保政策的效果产生不可忽视的影响。

在这个多阶段的关联博弈中,首先,省级政府对环保的重视程度将直接决定着下级政府对环保的重视程度。地方政府会揣摩上级政府的指示与用意,在环境治理与发展经济之间寻找一个最有利点。由于上级政府对下级官员的任期考核主要是考察其短期的综合业绩,其中经济增长指标占了很大的比重,因此政府在寻找这个有利点时会主动地优先考虑经济发展,选择一个能够使短期经济利益快速最大化的政策,而较大程度降低环境保护的政策偏好。地方政府这样的政策偏好自然使受地方政府领导的环保部门、水利部门和企业之间的博弈状态始终维持在一个较低的治理水平上。其次,现行的环境管理体制,把环保作为了政府的基本职责与任务,演变成政府的年度责任目标,政府对环境质量负有主要的不可推卸的责任和行政管理权力。但是在西方的实践里,环保本来就应该属于环保部门的职责与权限。环保目标在政府决策体系中的层层下达,势必削弱了目标对地方政府的约束力。基层政府作为最直接的管理部门,也是中央政府环保目标的最基础代理者,他们的努力程度和行为方式已是中央政府无法直接控制的,这无疑增加了地方政府对中央政府的环保代理层次和代理成本,也间接导致了环保和治污的低效率。在这种多层次委托代理关系中,一旦中央政府的直接控制力减弱,地方政府与企业寻租关系达成,那么中央政府制定的环保目标自然不能有效达成。

3.2.1.3　太湖蓝藻危机中水权使用者履行社会责任不足的原因

1.湖泊管理专项法律制度不健全,部分法律规定存在缺失

专门针对湖泊管理与保护的法律和制度不完善,部分法律存在缺失现象。太湖流域在长三角地区的地位十分特殊,功能性多样,同时也跨越了三个省份。而我国现行的水管理的法律通常只是针对某省内部的单一水域来制定的,没有考虑到太湖水域的特殊性与适用性。基本法律的缺失自然导致了相关配套法规的缺失。除此之外,部分已经实施的

太湖流域治理相关制度也没有充分落实与贯彻。比如说,现在在太湖流域广泛采用的排污许可证制度,它是 1989 年开始实施的中国环境保护新五项制度中的一项。如果运用得当,是可以起到很好的遏制污染的作用的。但是在实际运作过程中,由于部分地方官员的偏执与短见,排污许可证制度开始成为排污企业的保护伞。只要花钱取得排污许可证,企业就可以随意排放垃圾。部分政府官员也因此大开方便之门,为企业寻租提供途径。同时,在排污收费上也存在问题。排污收费的标准过低,仅为污染治理设施成本的 50% 左右,远远低于实际治理污染的费用。而这笔费用对于企业而言只是九牛一毛,很难对企业的自发控制污染起到激励效果。大部分的太湖流域企业仍然会选择缴纳排污费来购买排污权,而不会去主动地购买污水治理设备,减少排放。

2. 治理目标不尽合理,缺乏有效的经济措施相辅

政府制定的治理目标不尽合理,在治理过程中偏重于行政、政策措施,而缺乏有效的经济措施。在政府决策过程中,如果决策目标过高或者与实际执行能力不符合,都会导致政策的执行效果与预期目标的偏差。太湖水域治理也是如此。太湖流域相关省市政府在制定治污目标时,由于缺乏较全面的专业知识和信息,导致制定的目标过高,与当地政府的实际执行能力存在较大差距。比如太湖流域若要建设一个日处理 2 万 ~ 10 万 t 的污水处理厂,从立项到竣工验收至少要三年左右的时间,这还是在资金充足的前提下。而政府在投资建设污水处理厂的时候显然没有考虑到这一点,而是理想地认为能够很快解决现状。而由于政府掌握信息的不完全,使得政府对太湖流域农业污染的估计明显不足,政府政策也大力集中于工业治污方面,而忽视了农业治污的重要性。政府政策的执行手段多种多样,而目前太湖流域治理以监督、法规或示范指导为主,经济刺激手段使用较少,企业主很难也不愿意根据自己的实际情况选择减排的方式和强度。

3. 政府、企业、公众之间缺乏有效的信息沟通机制

政府、企业、公众之间缺乏有效的信息沟通,信息严重不对称。尤其是在跨界水污染的发生地区,企业与公众是跨界水污染的直接利益相关者,企业为了追求经济效益而隐瞒真相,公众受污染所害要求知道真相,这就产生了对立。相邻省市的政府间也为了保护各地区的自身利益而选择信息保护。随着社会各界环保自主管理意识的不断加强,要根治跨界地区水污染问题,就必须建立三方有效的信息沟通渠道,并用法律的形式予以确定。信息的公开是公众参与环保的前提条件,公众的参与一方面可以监督企业的排污行为,另一方面可以督促提高政府的治理水平。尤其是太湖流域的农业污染,最重要的原因就是当地农民的环保意识过差,缺乏普及的环境教育,更缺乏保护环境的直接动力。

4. 太湖流域普遍采用的"苏南模式"忽视了生态保护的重要性

太湖流域的环境污染罪魁祸首是"苏南模式"。这种模式是盲目地发展中小型企业,不惜以环境为代价来促进经济的快速增长。中小型企业大多缺乏治污能力,分布广泛,政府不易管理,企业主的环保意识也有待增强。发展企业带来的污染物排放已经远远超过了太湖的实际承受能力,即便是现在太湖流域所有企业都达到国家现行的排放标准,其排放总量也是超过了太湖流域的环境承载力的。这是一个阶段经济模式带来的恶果,也是太湖流域治理时间长、难度大的根本原因。

5. 社会化激励政策的缺位与公众对政府的依赖

在我国多年的环境管制实践中,一直都存在着政府直接控制的局面,有社会团体、公众等社会个体参与并实施的环境政策则为数不多,产生的影响力也较弱。现行的环境保护法律给政府赋予了很多进行环境管理的权利和义务,而对社会公众却很少赋予权利,尤其缺少对公众环保行为进行利益激励的相关政策。长久以来,政府主导型的环境保护所带来的社会化激励不足导致了我国的社会力量没有或很少起到环境监督的作用,也直接导致了公众在环境保护问题上对政府的过分依赖。这种依赖至少体现在两个方面:一是环保意识上的依赖。面对日益增多的环境问题,公众缺乏自觉地参与到环境问题的解决中的意识,在更多的时候是选择通过固有的一些制度化渠道向上反映。更有甚者,只是能忍则忍,坐等政府解决,环境保护几乎被看做完全是政府的职责,与公众无关。二是环保行动的依赖。人们对个人或者民间组织组织的环保活动缺乏信任,对社会团体和个人在改善环境中发挥的作用缺乏信心,在环境行动的选择上普遍愿意选择与政府合作,存在较为明显的政府依赖倾向。

从太湖蓝藻事件可以看出,随着工业化进程的加快,社会财富被极大地创造,而水资源系统在提供越来越多的水资源的同时,却接受越来越多的废物与污染,使其水资源生产力的衰退甚至崩溃成为可能。目前,随着我国大部分地区水资源开发利用程度达到与超过国际水资源开发利用的警戒线,特别是北方地区,其水资源开发利用简直是掠夺性的,水资源安全面临着极其严重的考验。现阶段,我国水资源量与水质面临全面衰退的境地,水资源安全环境严重恶化,其中水体功能退化或丧失、河道断流、湖泊萎缩、湿地退化、地下水超采致使地陷地裂等问题愈发严重。我国水资源安全的紧迫性要求水权使用者必须在用水的过程中,承担相应的社会责任,以保障水资源安全,实现水资源可持续利用与经济社会的可持续发展。

3.2.1.4　水权使用者履行生态责任的国际借鉴

1. 美国水权使用者履行生态责任实践

在良好的经济条件支持下,美国的环保行政管理体制主要包括三个方面:法律、资金和技术。美国有较为完善的环保法律体系,法规条文比较严密,各环保部门必须依法办事,严格遵照法定的程序,自由发挥的空间十分有限。环保部门的工作有充足的资金作保障,每一个项目的实施都坚持严格的预算决算制度,让环保资金用到实处。各环保部门职能清晰,并且通过报告或网站向社会公众说明各部门所负职责。各州环保署按照环境要素的种类分设污染控制部门。这种组织结构的优点是,部门设置与环境保护法律框架比较吻合,各部门可以围绕比较独立、专一的工作目标开展工作,互相之间的影响较小,在项目设立、资金预算、专业化程度以及内部协调上较为有利。此外,美国环境保护局有数个技术资料库,可以给企业等的污染防治提供技术支持。

美国的环境管理体制是发达国家中比较独特的一种体制。联邦一级权力主要集中在国家环境保护局和国家环境质量委员会,前者直属联邦政府,后者直接由总统领导。但是,美国整个环境保护职能并不全由国家环境保护局来承担,而是分散在各个政府部门。各种行业协会代表着部分行业和企业的利益,也参与到各种环境保护污染防治政策法规和标准的制定与实施中。在美国,环境保护管理主要由一些中介业务部门负责。除此之外,各州还设有空气、水污染控制委员会。这些委员会有权责令有关企业安装环保设备,有权处罚肇事者或获准下达司法禁令。

为充分发挥环境质量体制的管理能力,美国环境保护局将中央管理与地方管理相结合,统一管理与分散管理相结合,行业管理与专业管理相结合,专业管理与公众管理相结合。纵向而言,按不同的地区成立相应的各级地方管理机构,配合环境保护局工作和负责本地区的环境质量管理工作。横向而言,按工业部门专业性质成立地方各工业局环境质量管理机构、学会、协会等,保证和促进环保工作的顺利开展。纵横交叉形成一个完整的环境质量管理体制。

美国的环境质量管理机构是以地方行政管理机构为基础的。环境保护工作搞得好坏直接与他们的作用有关。为充分发挥他们的作用,美国环境保护局授予地方环境质量管理机构决策权力,如工厂建设批准权等。环境质量管理机构各部门的所有工作人员都参与到环境保护政策和各项规章制度的制定,以及年度预算等项目的运作中。在环境质量机构内部,实行严格的人员考核制度,如人事业绩考评和奖励制度等。

总体而言,美国的环境保护已经进入相对成熟的阶段。法规体系比较健全,管理机构比较完善,资金来源较为充足,公众对环保的关注度和支持度较高,环境标准较为严格,环境质量总体良好。

2. 法国水权使用者履行生态责任实践

以法国为例,法国的环保部门分为中央和市镇两级。中央有一个部门主要负责环境保护工作,另外的一些部门参与特殊领域的环保工作。环境部总体负责环境保护和运动场所、休息场所、游览地的保护。除此之外,还存在着三个在环保方面拥有一般权力的部际机构。高级环境委员会主要向政府提出有关环境政策的各种指导性准则。自然保护和环境保护部际行动委员会主要发起、协调、控制有关自然保护和环境保护的活动,以及协调各种影响性的活动。国家自然保护委员会负责制定有关国家公园保护的法律文件,负责所辖公园的保护和管理。此外,独立的、大区的或地方上的各机构都负有保护环境之责。有关各部还在各地区或地方上派有官员负责此项工作。各大区的长官和他们地区的慈善机构、政府部门、救济机构一起负责制定本区的环境保护政策,负责监督人们遵守关于水、空气、噪声、有害的废弃物和丢弃的小汽车堆放等法律。在各大区还有各部的官员以部的名义开展工作。对环境负责的部长在各大区有自己的代表,他们监督、发起和协调该区的环境保护工作和对此提出建议。从市镇一级来讲,主要由市长管理环境保护。市长在自己的权力范围内进行此项工作,如保护公共卫生、减少噪声危害、建立污水处理厂及垃圾焚烧厂等。

法国政府和地方政府根据本国或本行业的具体情况,自 1917 年以来,已颁布了大量的有关环境保护方面的法律法规,建立起较为完善的环境法体系。其中国家制定的主要法律有 20 余部,有效地遏制了各种污染物对环境的污染。环境行政管理是法国政府实施环境保护政策的重要措施之一,它包括环境许可和环境影响审查。自 1976 年以来,法国所有基础建设项目都必须进行环境影响审查。此后,对环境影响审查的要求越来越严格,1997 年初颁布的《空气和能源合理利用法》要求环境影响评价必须包括各种污染和危害的集体成分分析,以及项目营运的能耗估计等内容。这一新措施表明法国的环境影响评价已经走向更高层次。

在水资源保护上,法国在成立流域管理机构时便确定了用经济手段强化水管理的措施。为确保实行严格的环境管理,政府越来越借助于这种经济手段,包括排污收费、补助金、损失赔偿等。总而言之,法国环保工作主要着力于从以下几方面加强机构建设,如实行综合管理、强化经济手段、增加环保投入、促进科研开发、发展环保产业、鼓励环保宣传、提高参与意识、增加国际合作、开展环境外交。

3. 日本水权使用者履行生态责任的实践

日本从 20 世纪 50 年代开始,用短短十几年的时间就从"公害先进国"转变为"公害防治先进国"。1972 年,日本出台了《自然环境保护法》,这部法标志着日本政府及其民众从狭窄地、消极地解决和防治公害的观念中解放出来,从更宽广、更长远的观点着眼开展保护环境的工作。在该法的指导下,日本建立了完善的法治化的环境治理机制。

首先,日本基本形成了相对完善的环境立法体系。日本环境保护的有关法律是以环境基本法为基础框架构建起来的,具体包括以下几个方面:

(1)两个环境基本法,1967 年生效的《公害对策基本法》和 1972 年生效的《自然环境保护法》。

(2)污染(公害)法,包括大气污染、水质污染、噪声和恶臭、土壤污染,以及其他关于海洋、农药、化学物质等方面的法律。

(3)自然环境法,包括自然环境保护、自然公园、都市绿地保护和野生鸟类保护法等方面的法律。

(4)有关费用负担和救济等方面的法律,如《公害防治事业费企业负担法》、《关于公害造成健康受害者补偿法》、《公害纠纷处理法》等,这些法规对于保护有关财政费用的落实,并及时、公正地对公害受害者进行补偿奠定了坚实的法律基础。

(5)国际环境条约配套法律,日本近年来积极参加国际环境事务,根据国际环境条约,在保护臭氧、制止海洋污染等方面直接制定了一些国内环境法。

(6)行政立法,包括内阁制定的政令、省令、府令和规则等类型。

(7)地方自治团体的条例。

上述七个方面共同构成了完整的法律体系,为环境治理机制的设立和运行提供了良好的法律支撑。

其次,日本形成了行之有效的环境治理机制。

(1)确立基本环境计划制度。基本环境计划于 1994 年公布,其中确定了环境政策的长期目标,提出了地方政府、公司、公民在此计划期间应采取的行动,提出了社会各界的责任和政策实施的具体手段。

(2)确立了环境影响评价制度、公害防治计划、总量控制、公害防治协议、公害防治管理员制度、公害的健康受害补偿制度、公害纠纷处理制度等命令控制型制度。

总体而言,这两方面共同构成了完善的环境治理机制。在对社会各界提出环境保护长期目标要求的同时,用政府控制的制度规范社会各界的行为,最大限度地保证了社会各界遵守环境法规,进而保证了环境质量。

3.2.2　水资源分配的公平——以西南干旱为例

自 2009 年 8 月以来,西南五省陆续遭遇罕见旱灾,云南尤甚。来自气象部门的资料显示,云南全省 125 个气象站点出现重旱以上等级干旱的站有 114 个,其中 91 个站点达到特别干旱等级。在云南,3 月时受灾人数已超过 700 万人。不管是以前的旱灾,还是此次的西南大旱,都有一个显著的特征,那就是农业缺水。而此次西南大旱,达到了农民缺水的程度。因为水资源分配的逻辑,就是重城市、重工业,轻农业、轻农民。最近十多年来,城市缺水只有一种可能性,那就是水源地的严重污染。比如,吉林石化的爆炸导致松花江的污染,太湖蓝藻暴发导致的自来水恶臭,内蒙古赤峰市部分区因水井污染引发腹泻导致的缺水。和城市享受同等待遇的就是工业。工业生产过程中也需要消耗大量的水,然而即便是地下已经被抽出了大漏斗的河北地区,也未曾见到炼钢、发电等高耗水企业因缺水受到影响。

相对而言,农业同样是高耗水的产业,但面临的处境却截然不同。同样在缺水的河北,农民就不得不种植耗水量较少、市场价值也较低的作物。甚至于那些居住在水库边的农民,也无法随意使用近在咫尺的水源,因为那属于特供北京的水库,除保障首都人民可以充分地生产生活外,还要保障人工水景观、洗浴产业、洗车、城市绿化等诸多需水的地方。在这样的水资源分配思路之下,一旦面临干旱缺水,农业生产就首先被牺牲掉。在水资源的分配上,本次西南大旱亦是如此。大旱持续了数个月,处于旱灾核心的始终是农村和农民。同样三个多月没有下雨的情况下,农民的马都因为运水而累死了,城市居民并没有感到生活的巨变,仅仅是部分县城开始了限制洗浴和洗车等行业的用水。城市和工业,不仅过多地消耗了水资源,而且也严重污染了水资源。云南久治未清的滇池和爆出重大污染的阳宗海,污染源都来自城市污水和工业污水。仅仅从计算经济账的角度,将资源调配到最"经济"的领域不为过。虽然农村和城市、工业一样要消耗大量的水,但是城市和工业对于 GDP 的贡献,无疑是几何倍数于农村。因此,在水资源较为紧缺的情况下,优先保障城市和工业的用水,就是保障了经济的增长。

因此,面对农业生产和工业生产之间的竞争,水资源的分配倾向于工业是可以接受的,接受的前提条件,就是对于这种隐性的新时代"剪刀差"需要通过正面反哺的方式,对于农业生产受到的影响进行补助。这就需要用水企业,特别是水权使用者在水资源的使用过程中,对当地以及流域的居民、产业和生态进行补偿。当然这种补偿主要通过税费征收、产业补贴与生态补偿的方式来进行。同时,需要水权使用者更多地承担生态责任与道德责任,以工业与城市的高速发展来带动或补偿农业与农村为此付出的机会成本,这样才能保证水资源分配的公平。与此同时,在分配与使用时不但要做到产业公平、代内公平,还应做到代际公平,即区域内每个单独的行为个体应公平地享有区域内资源、环境、生存与发展的权利,又使得当代人对水资源的使用不会破坏后代人的发展基础,实现现代人对水资源及后代人的补偿。水权使用者承担社会责任,就是要在提高用水效率、创造财富的同时,保护其他用水者的用水权利,保证子孙后代拥有一个公平发展的生态基础。

3.2.3　水资源的生态补偿——以东江源区生态补偿为例

东江是珠江流域三大河流之一,发源于江西省赣州市寻乌县境内,干流全长 562 km,流域总面积 35 340 km^2。东江是珠江一大支流,是深圳、香港及珠江三角洲东部城市的主要饮用水水源,是广东省各条河流中水资源综合开发利用最充分的一条河流。东江源区三县的生态环境问题主要表现为生态系统涵养水源能力退化导致的严重水土流失和区域水环境污染。东江源区生态环境问题产生的原因比较复杂,除自然地理条件的先天劣势外,人为破坏与污染是另一个重要因素,包括点源污染比较严重、森林资源破坏严重、矿产开发造成的长期影响。

东江源区为了改进水源区水质,促进生态环境保护,是以牺牲局部和当前利益为代价的。自 2000 年以来,为保护源区生态环境,源区采取了拒绝污染严重、破坏资源的招商引资项目,关闭污染严重、资源消耗量大的企业,关闭矿点,限禁森林砍伐等措施,年均直接经济损失约 4.84 亿元,占源区三县 2004 年国内生产总值的 15.4%。具体的“十五”期间生态保护与建设投入以及“十五”期间发展机会损失,如表 3-1、表 3-2 所示。

表 3-1　东江源区三县“十五”期间生态保护与建设投入

序号	项目名称	建设内容	投资(万元)
1	生态林建设工程	退耕还林、珠江防护林、封山育林和造林	2 000
2	水土保持工程	治理水土流失工程、植被恢复	3 850
3	矿山治理工程	修筑拦砂坝、废水治理、施肥改土和种植林木	1 500
4	生态农业工程	建沼气池、农业污染整治	2 500
5	污染治理工程	污染企业环境整治	3 100
6	生态移民工程	移民 2 万人	540
总计			13 490

注:以上数据由东江源区三县提供。

表 3-2　东江源区三县“十五”期间发展机会损失

项目	内容及规模	每年经济损失(元)
加强对耗材工业的整治	关停木材加工厂 97 家、重点污染企业 4 家、焦油厂 15 家和活性碳厂 5 家	6 420 万
限制开矿和关停原有矿山	关闭稀土矿点 234 个、采金矿点 33 个和采石点 76 个	13 740 万
拒绝重污染企业进入源区	在招商引资过程中,坚决拒绝重污染企业进入源区	减少直接投资 5 亿
实施天然林禁伐制度	禁伐面积 8 万 km^2,并从原来允许采伐量 7.7 万 m^3 减少到采伐量不超过 3.3 万 m^3	2 860 万
限制开垦	1.7 万 hm^2 宜果山场有 1.1 万 km^2 禁止开发	25 380 万
总计		48 400 万(未计入直接投资损失)

注:以上数据由东江源区三县提供。

从以上可以看出,为保护东江源区的生态环境,源区人民一方面投入了大量资金;另一方面限制了自身产业的发展,失去了许多发展机会,造成了许多损失。为此,国家、江西省、广东省以及香港特区政府都对东江源区进行了生态经济补偿。而作为下游的水权使用者,在获得上游通过一系列生态保护节流下的水资源后,应坚持"污染者付费、利用者补偿、开发者保护、破坏者恢复"的生态保护基本原则,主动履行社会责任,特别是生态责任以及道德责任。一方面,积极缴纳各种补偿税费,弥补上游企业与居民的直接经济损失;另一方面,合理高效地利用水资源,在创造经济效益的同时,避免水资源的再度污染;积极探索多种补偿途径,利用企业资金、技术和管理优势,结合东江源区相对低廉的土地、劳动力资源优势及果业基地优势,大力发展生态农业、生态果业,以优质果业基地带动果品加工、包装、运输和销售服务一条龙产业链条的形成,提高源头区域的产业发展能力,帮助上游地区的发展进入良性循环状态。

3.3　水权使用者履行社会责任的理论基础

3.3.1　企业伦理理论

3.3.1.1　企业伦理的含义

企业伦理,又称为"管理伦理"、"商业伦理"、"经营伦理"或"经济伦理",是管理学和伦理学交叉研究的一个重要课题。韦氏学院大辞典把伦理定义为:"符合道德标准或为一种专业行动的行为准则。"斯坦福哲学百科全书对伦理的定义为:"(1)一般的形式或生活方式;(2)一组行为规范或道德规范;(3)有关生活方式或行为规范的调查。"

由于企业伦理涉及对企业经营行为是与非、好与坏、善与恶等价值的判断,而作为价值判断的标准避免不了具有一定的主观性和受客观环境的限制,因此学者们对企业伦理的定义也难免存在一定的差异性。Walton 认为:"企业伦理是对判断人类行为举止是与非的伦理正义规范加以扩充,使其包含社会期望、公平竞争、广告审美、人际关系应用等因素";Sturtevant 和 Frederick 强调:"企业伦理是个人在面临冲突的目标、价值观与组织角色时所作的决策";Gandz 将企业伦理定义为:"含有道德价值的管理决策";Phillp 提出:企业伦理是一种规则、标准、规范或原则,提供在某一特定情况下合乎道德要求的行为与真理的指引;德国的伦理学家施泰因曼和勒尔提出:企业伦理的目标是发展具有达成共识能力的企业战略。在生活实践中推行这种理解过程的结果,应该形成合理的实质和程序的规范,这种规范能促进企业在自我承担责任的意义上和平地协调冲突;周祖城解释说:"企业伦理学是研究企业道德现象的科学。'伦'与'理'合起来就是处理人、群体、社会、自然之间关系的行为规范。"

3.3.1.2　企业伦理的主要内容

1. 企业伦理微观层面的研究

企业伦理微观层面主要探讨企业中的单个人之间即股东、员工、消费者、商务伙伴等这些企业利益相关者的单个人的伦理关系问题。由于这些单个人对企业的经营管理乃至生存和发展,担当着不同的角色,并发挥着不同程度的作用,就某一项管理行为或经营策略也由于他们处于不同的角度而有不同的思路,怎么把日常管理工作中的正确决策和团队行为观念传递给他们,从而规范这些人的个体行为以符合企业的宗旨、价值观和道德伦理要求就显得特别重要。康德指出:"人应该永远把他人看做目的,而永远不要把他人只看做实现目的的手段。"他把"人是目的而不是手段"视为绝对命令,应无条件地遵守。Kenneth 和 John 也认为:"尊重人,把人看做目的而不仅仅是实现目的的手段是企业社会责任概念的核心。"

2.企业伦理中观层面的研究

企业伦理中观层面主要研究各种经济性组织之间的伦理关系问题。尽管这些组织始终还是由多个个人组成的,但是组织却具有自己的目标、利益和行为方式,并具有一定的自治性,这种自治性具有超越个人行为的特征。由于社会分工不同,各种经济性组织在社会中也同样扮演着不同的角色,这些组织自身的观念,处理同贸易伙伴、竞争对手的关系等问题是企业伦理中观层面研究的主要内容。正如 Michael 和 Jennifer 所说:"我们应该讲究企业伦理,不是因为讲伦理能带来效益,而是因为道德要求我们在与其他人交往时采取道德的观点,企业也不例外。"

3.企业伦理宏观层面的研究

企业的创立和发展是以一系列的规章制度为依据的,其一切经营活动离不开赖以生存的社会以及相关的一系列制度,也受社会和这些制度的影响与约束。反过来,企业的经营活动不仅从经济方面,而且还从社会、文化、技术、环境、政治等多方面影响着社会或这些制度。企业伦理规范作为规章制度的重要补充与其相互依存,并对企业的经营活动发挥着各自不同程度的作用和影响。企业伦理宏观层面主要研究的是社会或制度层次上(包括经济制度和经济形态,如经济秩序、经济政策、社会政策、国际商务活动等方面)的企业伦理问题。

在企业伦理理论的这三个层面上,单个的人和企业组织都被认为是道德行为者,都被假定有着或多或少的决策自由度,但同时也被要求承担相应的道德责任和义务,尤其强调在企业的管理伦理中,组织行为的伦理指向和伦理影响具有更为突出的位置。美国当代德行伦理学家麦金太尔说:"德行是一种获得性人类品质,这种德行的拥有和践行,使我们能够获得实践的内在利益,缺乏这种德行,就无从获得这些利益。"

3.3.1.3　企业伦理与企业社会责任

1.企业伦理与企业社会责任的目标一致

企业伦理的出发点是杜绝企业经营中反人性、反社会的行为,并努力促进社会的进步和人的全面发展。正如日本经营伦理学会会长水谷雅一所说:"经营伦理学的出发点仅在于消除因只偏重于'效率'和'竞争'的思维方式及依此进行的企业活动给人或社会带来的弊病。"因此,仅就企业伦理与社会责任观都注重企业同社会的关系,把经济目标与社会目标相统一,而不是把企业的经济效率作为企业追求的首要的、唯一的目标来看,可以说两者的目标是一致的。

2.企业伦理的人性化特征强化了企业以人为本的社会责任

企业伦理与社会责任相比,是更深层次的、涉及人本身的问题,它把人类社会中以公正与正义为基础的价值观作为企业经营的前提。因此,企业伦理更强调和注重对人的处理以及物质待遇背后的人的思想意识和人生观问题。日本经营伦理学的先驱高田馨十分精辟地指出,"经营伦理学是社会责任论不可缺少的组成部分,由此再构成社会责任论的整体","其构成由于伦理学框架的支撑而得到进一步的完善"。由于对利益相关者权益的维护是贯穿企业社会责任的核心内容,企业伦理这种特别突出的人性化特性进一步丰富和强化了企业以人为本的社会责任。

　　3. 企业伦理促进企业承担社会责任

　　首先,企业伦理有利于建立企业的经营秩序,提高企业的经济效率。由于企业伦理学是为企业在法规范围之外建立一套道德行为准则的机制,这将促进企业不仅要按照法规,也要按照道德规范自己的经营活动,同时企业伦理要求企业的经营活动充分考虑相关利益者的利害关系,企业作经营决策的时候要关注经营活动的后果;其次,企业遵循企业伦理有利于自觉抵制损人利己的不道德行为,加强诚信经营理念建设,增强企业的信誉,树立企业的良好社会形象;再次,企业伦理是维护经济运行秩序的软制度和重要条件,企业伦理的广泛推行有利于提高宏观经济运行效率,减少不规范经济行为和经济摩擦。以上这三方面的企业伦理作用将贯穿于企业的一切经营活动中,最终促使企业在企业伦理要求的基础上去承担社会责任。

　　综上所述,企业伦理在规范企业经营活动的同时,也促进企业社会责任观的形成和进一步的完善,为企业社会责任的发展提供了坚实的文化基础。由于企业伦理是伴随着企业的产生而出现的,有着深远的历史和丰富的内涵,也形成了较为成熟的理论体系,这就为企业社会责任提供了理论上的支撑。

3.3.2　利益相关者理论

　　利益相关者理论是社会学和管理学的一个交叉领域,研究社会各相关群体与企业的关系。该理论于 20 世纪 60 年代后在西方国家逐步形成,20 世纪 80 年代以来其影响不断扩大,并对传统的公司治理模式和企业管理方式产生了巨大的冲击。利益相关者理论最先是针对在企业投资收益分配问题上,以企业所有权和控制权分离理论为基础的"股东至上"理论而提出来的。利益相关者理论也是公司治理机制长期发展变化的产物,它是对"股东至上"传统理论的一种否定和修正,其存在和发展反映了现代市场经济的现实要求与发展方向。从理论渊源上看,利益相关者理论与企业社会契约理论和产权理论有着密切的关系。

3.3.2.1　利益相关者的含义

　　根据利益相关者理论的代表人物之一 Freeman 的解释,利益相关者是指能影响组织行为、决策、政策、活动或目标的人或团体,或者是受组织行为、决策、政策、活动或目标影响的人或团体。卡罗尔和巴克霍尔茨认为:"利益相关者是在一家企业中拥有一种或多种权益的个人或群体,如利益相关者可能被企业的行动、决策、政策或做法所影响,这些利益相关者同样能够影响该企业的行动、决策、政策和做法。企业与利益相关者之间是互动、交织影响的关系。"韦斯认为:"所谓利益相关者,是指那些引发问题、机遇、威胁并对此作出积极反应的个人、公司、组织和国家。互联网、信息技术、全球化、放松管制、合并以及战争等诸多技术、经济、政治因素使外部环境变化加快、不确定性加大,而利益相关者

（如职业人员、企业员工、消费者、社团成员）甚至社会都必须在这样一个外部环境中开展商业活动、进行伦理抉择。"他还把利益相关者群体进行了具体的分类，他认为，企业一级的利益相关者包括企业所有者、客户、员工、供应商、企业股东、董事会、企业的 CEO 和其他高级管理人员。二级利益相关者包括所有其他利益群体，如媒体、消费者、游说议员的人、法院、政府、竞争对手、公众等。陈宏辉认为："利益相关者是指那些在企业中进行了一定的专用性投资，并承担了一定的风险的个体和群体，其活动能够影响该企业目标的实现，或者受到该企业实现其目标过程的影响。"

3.3.2.2　利益相关者理论的主要内容

沃海恩和弗里曼指出："利益相关者理论内容是指一系列认为公司中的管理者应对诸多利益相关者团体负有责任的观点。"卡罗尔和巴克霍尔茨在谈到利益相关者理论的主要内容时说："对利益相关者管理的探讨需要考虑的因素包括社会、伦理以及经济方面的，且必须涉及对规范性及工具性的目标和看法的讨论或坚持。从波斯特、劳伦斯和韦伯提出的利益相关者理论中便可以充分地显示出企业与其利益相关者的关系。他们把企业的利益相关者分为首要和次要两个层次。传统主流企业理论认为，股东是企业的唯一所有者。利益相关者理论却认为，股东不是企业投入的唯一主体，企业的股东也是多元的。Blair 就说："将股东作为企业的唯一所有者是一种误解，企业决不是简单的实物资产的综合，而是一种法律框架。"任何一个企业的发展都离不开企业所有利益相关者的投入或参与。陈宏辉在总结利益相关者的核心思想时说："企业是其利益相关者相互关系的联结，它通过各种显性契约和隐性契约来规范其利益相关者的责任和义务，并将剩余索取权与剩余控制权在契约物质资本所有者和人力资本所有者之间进行非均衡地分散对称分布，进而为其利益相关者和社会有效地创造财富。"

3.3.2.3　利益相关者理论与企业社会责任

1. 利益相关者的利益关系是企业维护各利益相关者合法权益的纽带

在企业中，各企业利益相关者在不同的位置上都掌握着不同的资源，在这些资源中，往往是某一些资源的价值依赖于其他相关的资源、依赖于利益相关者之间的持久合作，任何一方的随意退出或实施机会主义行为都可能使对方的利益遭受损失。在这种条件下，即使各利益相关者存有私心，但他们也意识到只有长期共同合作，才能确保一个可预期的补偿。正如马克思在论述劳动力买卖的时候说："劳动力买卖双方都只顾自己，使他们连在一起并发生关系的唯一力量是他们的利己心，是他们的特殊利益，是他们的私人利益。正因为人人只顾自己，谁也不管别人，所以大家都是在事物的预定的和谐下，或者说，在全能的神的保佑下，完成着互惠互利、共同有益、全体有利的事业。"因此，利益相关者管理确保了所有利益相关者坚持长期共赢的合作关系，使企业重视整个企业利益相关者团队成员各自的贡献和权益。

2. 利益相关者共同对公司治理的参与促使企业承担更多的社会责任

在经济全球化和信息化的背景下，企业竞争进入了利益共享的合作竞争时代，企业间的相互渗透，不仅改变了市场资源配置方式，也改变了企业治理结构。企业内外部资源的整合迫使企业将追求的目标从单纯的企业自身价值最大化向企业间的利益共享转变。这种情况下，强调外部资源所有者对公司治理的参与，实现所有利益相关者的共同治理就是必然的选择,这种共同治理的管理模式将使企业的发展更加关注社会利益多元化的追求。美国哈佛大学法学院教授 Dodd 说:"企业财产的运行是深受公共利益影响的,除股东利益外,企业受到外部压力,同时承担维护其利益相关者的利益责任,企业管理者应建立对雇员、消费者和广大公民的社会责任观,公司的控制权要以实现股东利益和社会利益为目标。"

3.4　水权使用者社会责任框架

3.4.1　水权使用者社会责任内容

为使水资源能够优化配置,提高利用效率,保证经济社会的快速健康发展,水权使用者必须承担与生产经营相关的法律责任与经济责任。考虑到水资源作为关系到国计民生的重要战略资源,以及水资源生态环境的不可再生性,从可持续发展的角度,应强调水权使用者的生态责任。同时,水权使用者作为企业的一员,也必须履行伦理责任与慈善责任。由于伦理责任与慈善责任都是从企业道德角度对企业的软约束,因此将二者合并,作为水权使用者必须履行的道德责任。这样就可以将我国水权使用者社会责任概括为四个方面:法律责任、经济责任、生态责任、道德责任,如图3-1 所示。

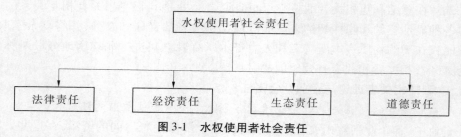

图 3-1　水权使用者社会责任

3.4.1.1　水权使用者的法律责任

在水权市场中,合法的水权交易应得到法律的确认和保护,为了合理地开发利用水资源,防止水资源的污染、浪费和枯竭,实现我国节水型社会建设的顺利进行,需要完善水权使用者的法律责任。对我国水权使用者来说,在使用法律赋予自身权利的同时,还要履行必要的法律责任,主要包括行政责任、民事责任以及刑事责任。

行政责任是指因违反涉及企业经营的相关法律或法规规定事由而应当承担的法定不利后果。对于水权使用者来说,行政责任是指企业、组织和个人违反企业经营、水权交易与水资源保护等法律或法规,而产生的行政责任。民事责任是指民事主体因违反合同或者不履行其他法律义务,侵害国家、集体的财产,侵害他人的财产、人身权利,而依法承担的民事法律后果。涉及水权使用者的法律责任大量适用的是民事责任,包括违约责任、一般侵权责任、特殊侵权责任。刑事责任是指因违反刑事法律而应承担的法定不利后果。在法律责任制度中,刑事责任是最严厉的一种法律责任。水权使用者违反了《中华人民共和国刑法》有关规定的,承担刑事责任,尚不够刑事处罚的,承担相应的行政责任和民事责任。

3.4.1.2　水权使用者的经济责任

1. 企业价值最大化

水权使用者作为一个企业的首要目标,是提升企业的经营效率和效益,这是企业生存发展的根本动力。水权使用者在不断地追求企业利润最大化、每股利润最大化和股东财富最大化之后,最终达到企业价值最大化。企业价值最大化是指注重在企业发展中考虑各方相关利益者的利益,强调的是在企业价值的增长中满足各方的利益需要,包括消费者、员工、债权人、客户、供应商、社区、政府组织以及整个社会等的利益。而水权使用者在追求企业价值最大化的过程中,同时也在实现着社会财富的最大化,两者存在显著的正相关。如果水权使用者没有经济利益的保证,在竞争的市场中就不能维持生存,因而也就不可能有更多的财力和精力去承担其他方面的社会责任。

2. 提高运营效率

科斯认为,企业存在的理由是降低交易成本,实质上就是提高效率。企业是一种资源配置和生产工具,如果不能高效率地配置资源和进行生产,就是不承担社会责任的表现。水权使用者降低交易成本,提高运营效率的经济责任主要表现为两个方面。第一,不仅不会给社会增加负担,反而会为社会增添效益。也就是说,水权使用者的效率不仅应当显现为本企业支出的减少或收入的增加,而且应当表现为以一定方式使社会生产的总支出减少或总收入增加。这就要求水权使用者的经营活动必须对社会有所贡献,或者以增加纳税的方式来增加社会总收入,或者以增加就业的方式来减少社会总支出,等等。就此而论,水权使用者提高效率本身就蕴涵着社会效益,它是以提高本企业的经济效益的方式来增进社会经济效益的。第二,水权使用者为社会提供某种方式的有效服务,从而在一定程度上满足社会的某项正常需求。也就是说,水权使用者的效率不仅应当表现在本企业投入的减少或产出的增加,而且应当表现在这种投入产出及其变化均能形成一种有效的社会服务,这就要求水权使用者能有效地提供社会服务和推进技术变革。

3. 水权资产的保值增值

水权资产是指以水资源为载体,在水权交易中不断流转进而得到增值的无形资产。就其本质而言,这种资产表现为一种权力,不具备实物状态,但可以为其持有者带来收益。实现水权资产的保值增值,是水资源运用安全性和使用效率对水权交易提出的基本要求,既是水权交易者的根本利益所在,也是水权使用者必须承担的经济责任。

4. 促进可持续发展

人类可持续发展系统中,经济可持续是基础,生态可持续是条件,社会可持续是目的。一方面,经济责任影响着水权使用者自身的发展。水权使用者履行经济责任能够增加销售和市场份额、增强品牌地位、提高企业形象等。这种以可持续发展为目标的经济责任的产生与建立是历史发展的一种必然,也是实施企业可持续发展战略的重要举措之一。另一方面,水权使用者经济责任的履行也是全人类社会可持续发展的前提。可以说,水权使用者经济责任的产生体现了可持续发展战略的内在要求;同时,水权使用者经济责任的发展也必将推进可持续发展战略的有效实施。

3.4.1.3　水权使用者的生态责任

水权使用者作为从事生产活动的人类组织,在传统经济理论中是典型的"理性经济人"，然而现代文明的际遇和"理性生态人"的觉悟，已越来越不能容忍企业逐利行为对自然环境的威胁与破坏，现代社会和当代的企业理论都以强烈的姿态反对企业逐利行为造成的人类与自然的分离，强烈呼吁企业关怀自然、保护环境、合理利用资源。因此，水权使用者合理利用资源，保护自然环境，是水权使用者必须担负起的生态责任，它是在更宏大、更深远的意义上对人类社会公益的增进与维护。

1. 合理利用自然资源

人类要维持自身的生存与发展，势必要消耗大量的物质资源进行生产，这与自然资源的稀缺性和独立性存在着一定程度的矛盾，如何化解和减少这个矛盾，是当代人类社会必须面对和认真考虑的难题。为合理地开发与利用日益短缺的自然资源，水权使用者要在充分尊重自然的前提下，根据公平性与可持续性的要求，确立新的需求原则，立足于人类的合理需求发展生产，同时强调人类对资源与环境的无害需求，把有效利用资源同保护环境结合起来，在经济发展中充分考虑自然资源的长期供给能力与生态环境的长期承受能力，将那些"无价"的自然资源本身视为财富。在具体的生产过程中，尽量提高资源的有效利用率，节约资源的投入，改进旧的生产技术与设备，采用能耗小、物耗少的新技术以及物资循环利用技术，实行"无废料生产"，尽量采用替代资源，减少不可再生资源的消耗，以此来解决企业生产与资源稀缺性之间的矛盾。

2. 控制污染，保护环境

人类在技术进步与生产发展的基础上逐步改造着自然界，改变着我们生存的环境。当人类陶醉于对自然界的胜利时，他不得不面对越来越严重的环境污染问题，环境污染是现代工业文明的产物，更是人类基于与自然环境的主客二分对立的必然结果。水权使用者作为主要的生产组织，在环境污染中扮演了主要角色，因而他必须承担起控制污染的首要责任。为此，水权使用者要加大资金投入，改进生产技术，控制生产过程的污染物排放，同时大力发展"清洁生产"工艺，通过产品设计、原料选择、工艺改革、技术管理、产物内部循环利用等环节的科学化与合理化，不仅要实现生产过程的无污染或不污染，而且生产出来的产品在使用和最终报废处理过程中也不对环境造成损害，从而最终控制污染，把污染对环境的损害降到最低程度。

3. 生态经济补偿

对水权使用者而言，生态经济补偿体现了水资源所有者与使用者之间的经济关系，是对水资源所有者因其资产权付出的一种补偿。首先，在水权的使用过程中，由于水资源是国家拥有的自然资源，使用者在行使水权使用权时，应同时缴纳水资源费，履行使用补偿的责任；其次，在保护水资源过程中，上游地区为保护水资源进行了大量的人力物力投入，而下游地区是上游保护水资源，改善流域生态环境，交易水权的直接受益者，因此下游的水权使用者有义务承担对上游地区保护水资源成本投入以及为下游创造经济发展条件而丧失自身发展的机会成本进行经济补偿；再次，水权使用者因排污等原因造成外部不经济性，应对受污染地区进行生态经济补偿，同时应对由于水资源污染造成其他水权使用者的经济损失履行经济补偿责任；最后，对于在水权交易和使用过程中，由水权使用者从事对水资源系统有害的活动而造成损失的，应由水权使用者进行生态经济补偿。

总之，水权使用者不仅要从自身做起，避免与控制本企业生产对环境的污染，同时还要积极参与社会性的环保公益活动,成为环境保护运动的主力军,为环境保护承担更多的生态责任。

3.4.1.4　水权使用者的道德责任

水权使用者作为社会经济体系中的一员,理应义不容辞地承担起与其相应的道德责任。这里所指的道德责任主要是指水权使用者对利益相关者与社会公众所应承担的责任。道德责任与水权使用者的发展息息相关,它既是社会对水权使用者的外在要求,也是水权使用者提高自身竞争力的内在需求。

1. 对消费者的责任

消费者作为产品的最终使用者,产品和服务的好坏直接关系到消费者的切身利益,所以消费者也是水权使用者重要的利益相关者群体。水权使用者与消费者的关系集中体现于水权使用者所提供的产品与服务上,水权使用者为消费者提供质优价廉、安全、舒适和耐用的商品。满足消费者的物质和精神需求是企业的天职,这其中,涉及两个最为核心的问题:产品(服务)的质量和安全。产品的质量问题是影响企业与消费者关系的核心问题,也是企业对所处社会承担责任的主要方面。从工具性的观点讲,质量是企业在市场中能否取得成功的竞争因素;从技术角度说,质量可能就是一个产品标准的问题。然而,从企业与社会关系来讲,质量问题远不止是技术标准或者竞争因素,而是一个企业对社会所承担的责任问题。和产品的质量问题紧密相关的是产品的安全问题,尽管从严格的意义上说,安全也是质量的一个方面,然而由于其对消费者的重要性而必须对其特别关注。因此,水权使用者对向其购买产品和服务的消费者负有维护其安全的责任。

2. 对员工的责任

员工作为水权使用者人力资本的所有者,在现代企业中的地位和作用越来越重要。首先,现代企业的竞争最终都归结为人力资源的竞争,拥有知识和技能的员工是企业竞争制胜的决定性因素;其次,企业员工作为一种人力资本,具有一定的专用性,这种专用性将员工与企业紧紧地联结在一起,只有保护好员工工作的积极性,才能使企业充满活力。再次,随着现代企业管理方式的不断发展,员工不仅成为人力资本的所有者,而且成为非人力资本的所有者,从而成为企业的所有者。因此,员工是与企业利益直接相关的利益相关者,他们的利益应该得到优先保护。水权使用者应履行道德责任,保证企业员工的福利、休假、劳动保护等基本权益,并在此基础上,重视员工的发展和教育。在人力资源合理配置的过程中,应为员工构建一个将个人发展目标与整体发展目标相结合的联结点,帮助员工发掘个人的发展潜力,并为之积极创造条件来实现个人价值。

3. 对债权人的责任

债权人是企业的交易相对人,并对企业享有债权,即企业对其债权人负有债务责任,可见债权人是与水权使用者密切联系的利益相关者群体。由于法人制度和有限责任的确立,股东并不直接对债权人承担责任,而只是以自己的投资来承担有限责任,这样其实是在鼓励投资的同时,把股东本应承担的风险转嫁给了债权人,这对债权人特别是被动债权人来说是很不公平的。因此,水权使用者对其债权人所负的债务责任是否履行,被视为是水权使用者应负担的道德责任。这一责任是否被切实地履行,是涉及水权使用者的债权人所预期的经济利益能否得以实现的重大问题,因此水权使用者要树立社会责任感,自觉承担道德责任,从而保障社会经济的稳定发展。

4. 对公益事业的责任

企业特别是特大型企业对所在社区的经济、治安、文化等方面都会产生巨大的影响。因此,水权使用者所在社区也是企业的利益相关者,水权使用者理应对其承担一定的社会责任。水权使用者的此项责任包含的内容颇为广泛,例如服务社区居民、捐助体育文教事业、协助政府服务社会、树立良好的公众形象、扶贫救灾助残、参与预防犯罪或为预防犯罪提供资金,以及捐赠教育事业、医疗服务机构、社会福利机构、贫困地区特殊困难人群等。水权使用者履行公益事业责任是企业主动服务社会、回报社会,以社会公民的身份融入社会的优秀表现,也是水权使用者具有良好社会责任感的自我诠释。

3.4.2　水权使用者社会责任的内在关系

对于水权使用者来说,法律责任、经济责任、生态责任与道德责任四个方面息息相关、相辅相成,是一个密切联系的整体。法律责任是从法律的层面上对社会责任内容进行法律规定,而经济责任的履行既是对法律法规的执行,又是对社会责任的承担,生态责任与道德责任则是从更高的层面对法律责任与经济责任的延伸。法律责任规范着法律关系主体行使权利的界限,以否定的法律后果防止权利行使不当或滥用权利,是社会责任的产生和履行的法律基础;经济责任是水权使用者责任体系的核心内容,经济责任主要以经济利益为内容,以经济发展为目标,对违法的水权使用者实施某种经济惩罚,促使其行为合理化、合法化,恢复和维持正常的社会经济秩序,进而体现经济责任与社会责任的统一;生态责任与道德责任是在法律责任和经济责任之外的以更高的道德标准来衡量的社会责任,是水权使用者作为社会成员的社会义务与对国家和子孙后代代际责任的体现。

3.5　本章小结

本章首先阐述了水权使用者社会责任的内涵,并对水权使用者履行社会责任的现实需要与理论基础进行了深入分析,在此基础上,得出了水权使用者的责任框架,内容包括法律责任、经济责任、生态责任与道德责任四个方面。其中,法律责任和经济责任与企业社会责任中的法律责任和经济责任一致,而生态责任则是强调水权使用者对于水资源的重视与保护,道德责任则是囊括了伦理责任与慈善责任在内的以道德为标准的社会责任。本章最后对水权使用者社会责任的内在关系进行了分析。

第 4 章　水权使用者履行社会责任的成本—收益分析

水权使用者履行社会责任的态度与成效,在现阶段相当大程度上是由水权使用者履行社会责任承担的成本与履行社会责任后得到的收益之间的大小所决定的,因此在第 3 章构建了水权使用者社会责任体系后,针对水权使用者社会责任的四个方面,需要进行必要的成本—收益分析。因为水权使用者履行社会责任所要花费的成本与可能获得的收益,直接导致水权使用者履行社会责任的动力因素的形成,因此通过成本—收益分析,可以为后续章节水权使用者履行社会责任动力因素的分析找到理论依据。

4.1　成本—收益分析的经济学范式

4.1.1　成本、收益的概念

从经济学的角度来说,任何经营项目或者业务行为都会有一定的成本投入行为,其行为的动机就在于获得一定的收益,从这个层面来说,成本投入是基础和前提,收益是目标和价值所在。

所谓成本,马克思认为"只是一个生产要素上的物化劳动和活劳动耗费的等价物";萨缪尔森从经济学的角度定义为在生产过程中厂家需要支付的全部支出;《新世纪现代汉语词典》对成本的解释是企业经营中的支出项目,如购买原料、劳动力、劳务、供应品,包括折旧资本资产的摊销。综上所述,结合水权使用者及其社会责任的界定,本书认为,成本是指参与某个政策制定或者项目制定所引起的一系列资源消耗和付出,它包括可以量化的经济成本与非可量化的社会性和制度化成本。

所谓收益,是一个与成本相对应的概念,西方经济学者也对其进行了较为详细的界定。亚当·斯密认为,收益是指"那部分不侵蚀资本的可予消费的数额",即指拥有财富的增加。艾·马歇尔吸收了亚当·斯密的观点,并提出了增值收益的经济学收益思想。随后,美国著名的经济学家文·费雪发展了经济收益理论,并提出了三种不同形态的收益:精神收益——精神上获得的满足,实际收益——物质财富的增加,货币收益——增加资产的货币价值。显然,这三种形态的收益部分是可以量化的,而其余部分是难以量化的。作者认为,收益是指参与某个政策制定或者项目制定所带来的一系列的利益和好处,本书从经济收益、社会收益、制度收益三个方面对其进行分析。

4.1.2　成本—收益分析法的含义

基于对成本和收益不同角度的解释,学者和专家从不同层面对成本—收益分析法进行了阐释。其中,Boardman 和 Greenberg 从个人和社会两个角度对成本—收益分析进行了界定,认为"社会成本—收益分析是指某一项政策可能对社会成员产生的各种影响进行货币形式的量化评估,以社会净收益值来衡量该政策的价值";Mishan 和 Quah 认为,"成本收益是指通过比较各个政策、法规的成本、收益,来评估政策、法规科学性的一种系统化分析的程序,是当前政府决策的重要分析技术方法和工具之一"。2003 年,美国白宫办公厅发布的管制政策方面的通知将成本收益法界定为"政府监管分析的一项重要工具,通过成本收益分析,为政策决策者提供选择监管方案的理论和量化依据,其分析过程主要是对成本和收益的一个货币量化的过程"。从上述的界定分析中我们不难发现,三者都强调成本收益法是一种经济学的分析方法,适用于政府政策、法规制定、政府监管以及项目建设;都强调对成本和收益的货币性量化,并作为决策的依据;都强调从社会公共利益的角度来进行评价。

综上所述,结合非量化部分的分析,本书认为,成本—收益分析法是指综合运用经济学分析方法,通过成本、收益量化或货币化途径,对整个经济、社会、政治可能产生的影响进行的一种系统分析的过程,它既可以对一项政策项目进行社会经济价值的评定,也可以通过对备选方案的成本收益进行差别评比,为更有效、更科学的决策提供有用的信息支撑和决策依据。显然,通过对水权使用者履行社会责任的成本—收益进行分析,对解释水权使用者的决策选择具有充分的说服力。

4.1.3　成本—收益分析法的基本步骤

成本—收益分析法的最终目标是减少支付成本,实现收益的最大化。因此,除运用经济学的相关技巧和方式进行分析外,还必须有一套较为完整的分析步骤作为保证。一般而言,相对于政府和个人而言,成本—收益分析法有以下五个基本步骤。

4.1.3.1　目标确定

目标确定是指通过相应的经济性、社会性以及制度性的投入,在政策或者法规方面需要达到的相应效果。对于不同的主体,想要达到的效果不一样。但就政府和公民个人,实现公共利益是成本—收益方法的共有目标。如公民参与公共政策制定,公民个人利益的维护和实现是公共利益的基础,而政府提供合法路径和平台,制定民意政策是实现公共利益的基本保证。

4.1.3.2　列举成本和收益

列举成本和收益是进行成本—收益分析的实质性的第一步。一个新项目或新政策的产出,必然会带来相应的收益,也会导致其他的产出损失。因此,详细列举成本和收益是科学有效地进行成本和收益评估的关键。当前,根据性质的不同,成本和收益大致可以分为以下几类。

(1)真实的与货币的成本和收益。真实的成本是指项目支出或者其他行为需要支付的实际成本,如人力、物力、财力成本;真实的收益是指项目的受益者所获得的收益,如政府财政收入的提升、公民社会福利的增加等。而货币的成本和收益则受市场价格的影响,从而导致部分受益人收益减少,而部分受益人收益增加。因此,在一定程度上说,真实的收益并不等于货币的收益。

(2)直接的与间接的成本和收益。直接的成本是指某政策行为所导致实际耗费的人力、物力、财力以及对社会、经济、政治带来的损失;直接的收益是该政策行为所带来的公民个人生活水平的提升以及生活成本的降低,还包括整个社会财富的增加等。间接的成本和收益,是指该政策行为所带来的副效应,如流动摊贩管理办法的制定所带来的部分小商小贩的经济收入下滑的效应。

(3)有形的与无形的成本和收益。有形的成本和收益主要是指可以度量的成本和收益,而无形的成本和收益则是指难以计算与度量的成本和收益。如大江大河上修建的水库,一方面,它带来了发电量的剧增、地方财政的增加,这是可以度量的,另一方面,它带来了流域生态环境的恶化,人民生活质量的下降,则是难以度量的。

(4)外部的与内部的成本和收益。内部的成本和收益是指一项政策行为对本地区、本组织所带来的成本和收益,而外部的成本和收益则是该项政策行为给其他地区与部门带来的成本和收益。如水库修建,不仅有利于保证本地区用电的满足,而且周围区域也得到了用电稳定的效益。

综上分析,我们不难发现,成本和收益的类别十分复杂,既包括可以用货币衡量的成本和收益,也包括非可量化的成本和收益。但是,在具体的成本和收益分析中,必须两者兼顾。

4.1.4　分析影响成本和收益的相关因素

分析影响成本和收益的相关因素是当前在进行成本和收益分析时往往忽视的环节和步骤,必须予以重视。一般而言,影响因素包括宏观因素和微观因素两部分。

4.1.4.1　**计算成本和收益**

鉴于成本和收益类别的冗多性,以及影响因素的复杂性,在进行成本和收益计算时,通常需要运用一些计算技巧与方法对相关成本和收益进行类比求值,主要包括影子价格法和成本有效法。所谓影子价格,是指针对那些市场无定价及定价不当的公共物品设定的一个较为合理的价格,具体的计算方法本书不作详细推导。所谓成本有效法,是指对各政策行为产生的成本和收益进行一个大略的推导比较,得出相应的收益值。在此基础上,计算成本和收益。一般而言,要体现该政策行为是否值得选择,主要是采取净现值法和净现值率法进行计算。

4.1.4.2　**得出结论**

根据相关计算的结果,并结合定性分析,得出成本和收益分析结果,从而为决策行为提供依据和理论支撑。本书认为,在作成本和收益分析报告时,应该在定量分析和定性分析基础上,对结果进行分类分析,对于可以度量的成本和收益的分析,通过计算结果便一目了然;对于那些难以衡量的成本和收益状态,应该进行较为详细的阐述,从而为决策行为提供准确的信息依据。

4.2　水权使用者履行社会责任的成本分析

4.2.1　法律责任成本

法律责任成本,是指企业按照有关法律法规的规定,照章纳税和承担政府规定的其他义务成本,包括接受政府的干预和监督,不得逃税、偷税、漏税和非法避税,以及承担职工的福利、安全、教育等方面的义务成本。此外,为了依照法律法规从事经营生产活动,水权使用者会制定一系列自身的规章制度,以保障企业的合法经营,这样就产生了一些正式制度责任成本和非正式制度责任成本,前者是在遵守国家法规的前提下对企业内部的责任分工、行动指南、激励与约束、业绩度量等方面的内部规则进行设计、实施、创新等发生的成本;后者是引导、培育、监督各利益相关者的爱国、和谐、诚信、忠诚等价值观发生的成本。

4.2.2　经济责任成本

经济责任成本主要是指水权使用者为履行传统的、基本的经济责任而付出的成本。包括水权使用者生产经营过程中发生的产品生产成本、经营业务成本、期间费用及其他必要支出。水权使用者应根据《中华人民共和国会计法》、《企业会计准则》的要求,保证其支出的合理性、合法性和道义性。同时,水权使用者在经营过程中因其对资源的开采和使用而向资源所有者支付的资源使用费,也应计算在经营成本内,因为它是资源作为生产要素有偿使用的货币表现。水权使用者在经营活动中,需要和其他利益相关者进行谈判与沟通时,要承担大量的共享成本、机会成本、传递成本与沟通成本。此外,水权使用者为促进企业经济效益的提升,引进专业技术人员、成立新部门招募新员工等活动,都需要大量人力资源成本的投入,这也构成了水权使用者的经济责任成本。

4.2.3　生态责任成本

生态责任成本,是指水权使用者一方面按照有关法律的规定,合理利用资源、减少对环境的污染程度,另一方面要承担治理由企业所造成的资源浪费和环境污染的相关成本。包括水权使用者按照建设资源节约型与环境友好型社会的要求所发生的污染治理成本、资源环境保护成本、环境影响评价成本、排污权购置成本、环保项目投入成本、内部环保监审成本及其他环境责任成本。水权使用者应以保护和改善环境为己任,切不可以牺牲环境为代价去换取暂时的发展。

4.2.4　道德责任成本

道德责任成本,是指水权使用者在保护利益相关者权益,维护自身社会形象、维持社会稳定、支持社会慈善事业和其他公益事业等方面的社会责任成本。包括维护消费者权益和劳动者权益所发生的成本,前者包括保障消费者所购产品或服务的安全、优质、适用、人性化等发生的成本,以及按照《消费者权益保护法》、《中华人民共和国产品质量法》的规定和公众传媒的道德舆论督导发生的支出;后者包括为保障职工的生活福利、生产安全、职业健康、技能培训、社会保险等发生的成本,以及按照《中华人民共和国劳动法》、SA 8000 认证等规定的强制性和道义性劳动标准发生的支出。此外,道德责任成本还包括社区公益慈善成本,即水权使用者为社区及公共事务、公益事业和社会福利事业所发生的各项耗费与支出。

4.3　水权使用者履行社会责任的收益分析

从微观经济学的角度来看,水权使用者履行社会责任增加了企业各个方面的成本,但从长远来看,履行社会责任也会给水权使用者带来直接或间接、短期或长期的利益。这些收益主要来自于以下几个方面。

4.3.1　生存环境的改善

社会是企业的依托,企业是社会的细胞,水权使用者积极履行社会责任,能为企业提供一个更好的生存和发展环境。如果水权使用者能在改善员工工作条件、生态保护和慈善救济等方面承担相应的社会责任,就可以免受政府部门、当地社区和社会公众的谴责与惩罚,以及行为上的限制,从而促使水权使用者正常的生产经营活动不被打扰,保证企业经营决策的独立性和灵活性。同时,政府很可能为一个积极履行社会责任的企业提供长期的优惠政策,给予金融支持或者在行政审批等方面提供便利。水权使用者履行社会责任也有利于促进企业与社区关系的和谐,快餐业巨头麦当劳在全球每一处有经营业务的地方都努力成为当地模范的企业社区成员,为当地的社区活动提供支持,并且也认为自己的行为也是物超所值的。

4.3.2　人力资源的积累

企业的可持续发展,离不开人力资源的智力支撑。员工是企业利润的直接创造者,而人力资源的积累又是与员工的工作条件和待遇分不开的。保证员工健康安全、改善其工作条件正是水权使用者社会责任的重要内容。如果水权使用者能努力改善工作条件、提高员工工资报酬,就能留住高素质员工,员工也会更加全身心地投入到工作中去,从而有利于生产效率的提高。此外,优良的工作环境和较高的工资报酬还能吸引其他优秀人才的加入。相信由于工作环境和工资待遇提高而带来的生产效率的提高效果,要比一味增加工作时间效果来得更加明显,也更容易被员工接受。

4.3.3　公众形象的提升

如何正确处理社会公共关系,已成为摆在每一个水权使用者面前亟待解决的难题。而水权使用者社会责任的履行与企业形象的改善有着直接的正相关关系。一个致力于为消费者提供安全优质产品、积极参与环境保护和慈善公益活动的企业,向公众展示的必然是一个守信誉、关心社会的良好企业形象。那么,消费者在选择商品时,如果面临其他企业生产的同类产品,相信在价格不相上下的情况下,他们会首先选择那些具有良好公众形象、具有社会责任意识的企业生产的产品。水权使用者通过关注公益事业,主动履行社会责任,不仅给自己的产品做了免费的广告宣传,而且向社会表明了自己的文化取向和价值观念:自己是富有责任感的企业,能够在经营活动中把公众利益和整体利益放在重要的位置上。这些将有益于公众对企业的认同感,提升企业的品牌形象和顾客忠诚度,使企业获得更多的社会声誉,为企业营造出更好的社会氛围,从而使企业赢得更大的利益,同时也为企业的长远发展打下坚实的基础。

4.3.4　经济绩效的提升

水权使用者履行承担社会责任的直接表现是支出一些承担社会责任所必需的费用而放弃一部分当前利益,是一种财务上的缺损。但是,道琼斯可持续发展指数的金融分析师发现,与那些不考虑社会和环境影响的公司相比,充分考虑了社会责任因素的公司的股票业绩更佳。将《商业伦理》杂志评出的100家"最佳企业公民"与"标准普尔500强"中其他企业的财务业绩进行比较发现,基于一年和三年的整体回报率、销售增长率和利润增长率,以及净利润率和股东权益报酬率这几项统计指标,"最佳企业公民"的整体财务状况要远远优于"标准普尔500强"的其他企业,前者的平均得分要比后者的平均值高出10%。企业承担社会责任不是一种利润流失,恰恰相反,会使企业的财务业绩得到不同程度的提升。水权使用者社会责任通过各种方式帮助水权使用者提高"三重底线"(经济、社会、环境)水平,这主要包括使水权使用者在生产过程中更好地使用生产要素,通过对能源和废物的有效管理降低作业成本,把环境保护作为社会资本,降低产品生命周期成本,提高生产效率等。水权使用者社会责任被认为是企业绩效管理的一个指标,有效利用资本能帮助企业抓住机遇。

4.3.5　运作成本的降低

一般来说,水权使用者在生产过程中都在尽力追求成本最小化。不过很多企业尚未意识到,承担社会责任会帮助企业减少运作成本并尽量避免常规性错误。如果企业在决策过程中考虑到履行社会责任,就会采取积极措施推进循环经济发展,提高资源综合开发和回收利用率,形成较高资源生产率、较低污染排放率的良性生产流程。而粗放式经济的高投入、低效率、重污染,往往是制造了污染,回过头来又要花重金治污。如果能够从防患于未然入手,把预防污染放在第一位,就可以有效地降低运作成本,一方面为社会节约了资源,另一方面也为企业自身节约了成本。

4.3.6　企业竞争力的增强

企业竞争力在很大程度上取决于其经营所在地的环境,而履行社会责任被认为是改善竞争环境最具成本—收益的一种方式,Michael E. Porter, Mark R. Kramer 将其称为"竞争环境"。例如,水权使用者履行社会责任如慈善活动往往是改善竞争环境最有效的方式,能使企业建立良好的口碑,增强企业的美誉度;实施产品差异化战略,可以进一步开辟新市场;通过提升员工待遇与技能培训,可以增强企业的人力资源积累;采用先进的技术与高效的运作流程,可以提高企业的资源利用率,从而提升企业的长期业绩。可见,水权使用者履行社会责任,可以把环境约束和社会压力转变成为有效的市场机遇,从而使企业更具竞争力。

4.4 水权使用者履行社会责任的成本—收益模型

4.4.1 水权相关方的逻辑关系假设

在开放的经济环境中, A 为水权的所有者,包括水资源的直接所有者,即国家和地方水行政主管部门,以及水资源的间接所有者,即城镇供水市场中的水厂、水库等; B 为水权的使用者,主要为办理取水许可证后取得水资源使用权的用水企业,而拥有的自备水塘和水库的农村集体经济组织,以及用于家庭生活和零星散养家畜少量取水的农户暂不考虑。

A 为确保水资源的合理开发利用,对 B 在水资源的使用中有分配、监督和调控的作用。如果对水资源的使用不能达到 A 的要求, A 可以不再将水资源分配给 B 使用。

B 在利用水资源的过程中,承担相应的社会责任,会给 B 带来生存环境的改善、人力资源的积累、公众形象的提升、经济绩效的提升、运作成本的降低与企业竞争力的增强等方面的收益,本书将这些收益归纳为经济收益、社会收益和法律收益三类。同时, A 与 B 是否达成稳定的供求关系,取决于 A 和 B 的共同的成本和收益预期。

4.4.2 水权使用者履行社会责任的总效用函数

水权使用者 B 在开发利用水资源的过程中承担相应的社会责任,会同时给 A 与 B 带来经济效益、社会效益和法律效益,因此水权使用者履行社会责任的总效用函数可以表述为:

$$U = aE^{\alpha} + bE^{\beta}S^{\gamma} + cE^{\delta}L^{\lambda} \tag{4-1}$$

式中 U——水权使用者 B 在履行社会责任之后,与水权的所有者 A 共同预期的总效用;

     E——B 承担社会责任后预期经济收益;

     S——B 承担社会责任后的社会资本增量;

     L——B 承担社会责任后的法律效应增量;

     a、b、c——经济收益、社会效益、法律效益在总效益中所占的比例系数。

     α、β、γ、λ——不同行业、不同地区、不同企业和不同制度下的调整参数。

当 $S = 0$ 和 $L = 0$ 时,总效用函数中只有经济效益起作用,说明 B 在开发利用水资源的过程中,只追求经济效益;当预期经济收益 $E = 0$ 时, $U = 0$, B 不存在承担社会责任的动力。当 $S > 0$, $L > 0$ 时, E 与 S 和 L 互补,共同影响总效用。由此可以看出,预期经济收益是影响水权使用者承担责任的主要因素,预期社会效益和法律效益起到一定的弥补作用。

假设 $aE^{\alpha} = U_e$, $bE^{\beta}S^{\gamma} = U_s$, $cE^{\delta}L^{\lambda} = U_l$,则式(4-1)可改写为:

$$U = U_e + U_s + U_l \tag{4-2}$$

4.4.3 水权使用者履行社会责任的预期成本—收益

当水权使用者预期的"经济收益"大于"经济成本"时,才能促进其社会责任的履行,这里设水权使用者社会责任的经济收益和经济成本分别为 R_{ei}、C_{ei},则水权使用者社会责任的预期经济收益 U_{ei} 为:

$$U_{ei} = R_{ei} - C_{ei} \tag{4-3}$$

对于水权使用者而言,其履行社会责任的经济成本包括经济投入成本,也就是为履行责任投入的资金和物资。水权使用者在履行责任时,会在庞杂的系统内部,寻找对自身尽可能小的投入,同时获取尽可能大的收益,这就需要花费大量的搜寻成本。水权使用者在与水权所有者和其他利益相关者进行谈判与沟通时,还要承担大量的共享成本,包括机会成本、传递成本与沟通成本。

当水权使用者预期的"社会收益"减去"社会成本"的差值大于 0 时,水权使用者才能更好地履行社会责任。水权使用者责任的社会收益和社会成本分别为 R_{si}、C_{si},则水权使用者责任的预期社会收益 U_{si} 为:

$$U_{si} = R_{si} - C_{si} \tag{4-4}$$

R_{si} 包括水权使用者在履行社会责任后,带来社会声誉的提升、社会影响力的提高以及企业品牌价值的扩展。随着水权使用者投入在社会关系方面的成本越多,由此带来的社会收益也越大。C_{si} 包括水权使用者在寻找、传递用水信息的过程中投入的社会关系成本,社会关系成本也和其他成本投入一样,存在边际效用递减规律。

设水权使用者责任的法律收益和法律成本分别为 R_{li}、C_{li},则水权使用者责任的预期法律收益 U_{li} 为:

$$U_{li} = R_{li} - C_{li} \tag{4-5}$$

R_{li} 是指水权使用者为推动水权制度建设与环境保护制度的完善所获得的法律收益;C_{li} 是指水权使用者按照国家法律取水和用水所花费的制度成本。

综上所述,水权使用者履行社会责任的总效用函数 U_i 可以用如下公式表示:

$$U_i = R_{ei} + R_{si} + R_{li} - (C_{ei} + C_{si} + C_{li}) \tag{4-6}$$

令 $R_i = R_{ei} + R_{si} + R_{li}$,$C_i = C_{ei} + C_{si} + C_{li}$,化简式(4-6)得:

$$U_i = R_i - C_i \tag{4-7}$$

4.4.4　水权使用者履行社会责任的成本—收益均衡

要使水权使用者自觉履行社会责任,必须使其预期总效用达到某个临界效用水平(记为 U_i^*),即

$$U_i > U_i^*, \quad i \in n \tag{4-8}$$

将式(4-8)变形,令 $u_i = U_i - U_i^*$,u_i 称为"相对效用",表示预期效用与临界效用的差值,因此水权使用者履行其社会责任的必要条件为:

$$u_i \geqslant 0, \quad i \in n \tag{4-9}$$

即当相对效用 $u_i \geqslant 0$ 时,水权使用者才会承担社会责任;而当 $u_i < 0$ 时,水权使用者暂时不履行社会责任。

图 4-1 中,阶段 1 在区间 $(0, M_1)$,水权所有者履行社会责任的预期效用 $u_2 > 0$,水权使用者履行社会责任的预期效用 $u_1 < 0$,此时水权使用者预期可能要付出较多的法律责任成本、经济责任成本、生态责任成本和道德责任成本。因而,水权使用者缺乏履行社会责任的动力。此阶段水权使用者对履行社会责任犹豫不决,如果没有外界的有效激励,那么水权使用者将很难履行社会责任。

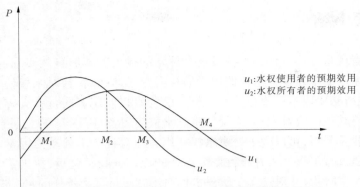

图 4-1　水权使用者履行社会责任相对效用的动态变化

阶段 2　在区间 (M_1, M_2),此时水权所有者的预期效用 $u_2 > 0$,水权使用者的预期效用 $u_1 > 0$,可见,水权使用者的收益为正,理论上水权使用者能够顺利履行其责任,但一般情况下,对于水权使用者来说,水权所有者的收益是一种完美信息❶,即水权使用者充分掌握水权所有者的收益,此时由于 $u_2 > u_1$,即水权所有者政府与水行政主管部门所获得的效用大于水权使用者履行社会责任所获得的效用,因此水权使用者难免存在一种责任推诿的动机,即水权使用者一般不会主动承担水权使用责任,而更倾向于将该责任推脱给水权所有者。

阶段 3　在区间 (M_2, M_3),此时水权所有者的预期效用 $u_2 > 0$,水权使用者的预期效用 $u_1 > 0$, $u_2 < u_1$。此阶段水权所有者提供水资源的成本在逐步提高,经济收益在下降,而水权使用者的成本在下降,收益保持稳定,此时水权使用者更加愿意主动承担相应责任成本,有意识为长远期的发展履行社会责任。

阶段 4　在区间 (M_3, M_4), $u_2 < 0$, $u_1 > 0$,此时水权所有者的收益为负,因此水权所有者更愿意把水资源分配给新的水权使用者,或者进行用水产业结构的升级,而水权使用者的收益也在逐步下降,其履行社会责任的积极性也在逐步减弱。

阶段 5　在区间 $(M_4, +\infty)$,此时 $u_2 < 0$, $u_1 < 0$。水权所有者和使用者双方的成本都过高,而收益都为负,于是二者将终止供求关系,水权使用者也不再履行社会责任。

可见,水权使用者在阶段 2 和阶段 3 才会履行社会责任,在阶段 2 虽然水权使用者的收益为正,但由于 $u_2 > u_1$,水权使用者一般不会主动承担社会责任,而更倾向于将该责任推脱给水权所有者,这就需要出台政策法规促使水权使用者履行社会责任。而水权使用者主动履行社会责任,就需要 $u_2 > 0$,并且 $u_2 < u_1$,也就是到达阶段 3。此时,水权使用者才会将履行社会责任看做是自身长远发展必不可少的环节,才会发自内心地主动承担社会责任。所以说,水权使用者履行社会责任需要一个由外部监管推动到企业自律监管的过程。

---

❶在我国,水权所有者一般为政府及其水行政主管部门,水权所有者的收入主要来自于水费征收,支出包括取输水工程建设和维护费用,水权所有者的收入与支出的差额即为水权所有者的收益,而水费、工程建设和维护费用等为公开信息,因而,对水权使用者来说,水权所有者的收益是一种完美信息。

4.5　本章小结

　　水权使用者履行社会责任不是随着这个理念的提出就能够自然实现的,而是存在着内在必然的联系。本章在建立水权使用者的社会责任体系后,针对水权使用者社会责任的四个方面,进行必要成本—收益均衡分析。因为水权使用者履行社会责任所要花费的成本大小与可能获得的收益大小,直接关系到水权使用者是否有动力去履行社会责任,因此通过成本—收益分析,可以为下一章水权使用者履行社会责任动力因素的分析找到理论依据。最终通过对水权使用者履行社会责任的成本—收益分析,找出了水权使用者履行社会责任的 5 个阶段,并对这 5 个阶段水权使用者履行社会责任的情况进行了阐述,指出水权使用者在阶段 2 和阶段 3 才会履行社会责任,应通过外部监管推动和企业内部驱动来促使水权使用者履行社会责任。

第 5 章　水权使用者履行社会责任的动力因素与模型研究

5.1　水权使用者履行社会责任的动力因素分析

5.1.1　利益相关者推动

利益相关者主要包括政府管制机构、采购商、投资者、行业联盟和员工等。这些因素主要有消费者需求、商业关系、不良记录等因素。当水权使用者行为不符合利益相关者的要求时,水权使用者将遭受利益相关者的惩罚,失去企业声誉,进而对市场份额和利润产生负面影响。水权使用者担心商业关系受损,其不得不考虑与利益相关者的关系,并通过履行社会责任来改善与利益相关者的关系。

5.1.1.1　政府管制

政府管制主要体现在政府以一定的法律形式,要求水权使用者必须履行社会责任,否则会受到相关法律的惩罚。从国际方面来看,主要是有关企业社会责任的国际协议,其目的是使企业认识到自己对经济、环境和社会发展所应承担的责任,推动全球化朝积极的方向发展。世界银行研究机构于 2003 年 7 月发表的关于《企业社会责任的公共政策》研究报告中指出:各国政府正在开始将企业社会责任和企业生产守则视为一种低成本、高效益的手段来提升本国的可持续发展战略,并作为其国家竞争战略的一个重要组成部分。从国内方面来看,主要是《中华人民共和国劳动法》、《中华人民共和国安全生产法》、《中华人民共和国环境保护法》等和企业社会责任相关的法律法规,对违反法律法规的企业给予一定的处罚,直至取消其生产资格。《中华人民共和国水法》、《中华人民共和国水污染防治法》和水利部《水权制度建设框架》等与水资源相关的法律法规中,特别强调了用水户的权责统一,指出必须加强水资源保护,对于浪费水资源以及排放水污染物超过国家或者地方规定的水污染物排放标准的企业,依法进行法律和经济方面的制裁。

5.1.1.2　非政府组织管制

非政府组织(NGO)对于水权使用者在环保、劳工权益、同工同酬等方面给予了广泛的关注。世界自然保护同盟、绿色和平组织和地球之友,以保护全球资源和生态环境为目的,监督跨国公司的经营行为,促进环境保护;经济优先权委员会(CEP)于 1997 年 10 月公布了 SA 8000 标准,其机构社会责任国际(SAI)于 2001 年 12 月 12 日发表了 SA 8000 第一次修订版,而且截至 2007 年 7 月 31 日,全球 50 多个国家已有 1 200 家企业获得了 SA 8000 认证证书,其中中国就有 156 家。

由此可见,水权使用者履行社会责任,不单单是一种社会道德的要求,更是政府与非政府组织管制下具有强制执行力的法律与行业要求。水权使用者要想在法治社会中生存,就必须结合自身情况,贯彻落实国家相关法律中关于社会责任的规定,切实履行其社会责任,才能谋求长远发展。水权使用者如不切实履行,将极有可能被边缘化,面临严厉的行业壁垒,最终丧失持续的行业竞争力。

5.1.1.3　员工保护自身权益

与其他利益相关者不同的是,员工具有双重身份:一方面,他们作为人力资本所有者,可以分享企业所有权,如员工持股制度、职工董事、职工监事等;另一方面,他们需要借助企业的社会责任形式来保护自己的权益,是与公司利益直接相关的利益相关者,他们的利益能否得到实现,关系到公司的生产经营是否得以有效运转,甚至关系到公司的前途和命运。当员工的工作环境、福利保障、休假水平、培训教育、劳工待遇等方面不能达到国家或行业规定的基本标准时,劳资双方的矛盾会激化,员工会采取减产、罢工等方式进行抗议,企业将面临停产甚至破产的危险,不利于公司发展。例如,2007年IBM遭员工两次起诉,理由都是未支付加班费。因此,水权使用者从公司的长远发展角度出发,充分履行社会责任,保障员工自身权益,可以最大限度地缓和劳资矛盾,保障企业的正常运行。同样,当员工的合法权益得到有效保障时,员工的企业责任感会提升,那么其生产积极性就会提高,生产效率也会提高,相比于其他企业具有优势。可见,员工保护自身合法权益一方面促使水权使用者履行社会责任,另一方面水权使用者在履行社会责任、保障员工权益的同时,也为企业带来长远的收益。

5.1.1.4　消费者满意度

消费者是水权使用者产品和服务的最终接受者与使用者,水权使用者承担社会责任的程度直接关系到顾客的实际生活水平,因而消费者必然要求水权使用者至少承担最基本的社会责任即经济责任,如丰富产品市场,满足消费者的各种需求;保证产品质量,杜绝制假售假、以假充真、以次充好;完善售后服务,及时为消费者排忧解难,等等。同时,消费者作为社会成员中的一分子,十分关心与其息息相关的生态环境保护、企业慈善救济、劳工福利保障等方面的社会问题。消费者通过关心产品在生产、销售、使用和回收过程中是否存在不合法及不道德行为,来优先购买履行社会责任的企业产品,并以此传达消费者对水权使用者承担社会责任方面的要求。以位列世界五百强的富士康为例,2006年6月连续被英国《星期日邮报》和深圳《第一财经日报》披露了其压榨和处罚工人的黑幕,致使网民呼吁抵制"血汗工厂"深圳富士康的所有产品。几乎各项调查都显示出消费者越来越关注企业社会责任的履行,如2000年9月,英国市场评价调查国际组织对12个欧洲国家的12 000名消费者进行民意测验,结果表明,70%的人购买产品或服务时看重企业对社会责任的履行情况;2007年4月,中国企业家调查系统发布的《2007中国企业经营者成长与发展专题调查报告》显示,中国企业经营者社会责任意识明显增强,75%的企业家认为有必要通过履行其社会责任来提高消费者的满意度,进而促进企业的长远发展。由此可见,消费者满意度已是促使水权使用者履行社会责任的内在动因之一。

5.1.1.5　股东利益要求

在水权使用者的经济活动中,与其关系最为密切的两类利益群体就是公司股东和公司债权人。公司是股东用来进行投资的一种基本形式,股东享受有限的责任,将投资风险限定在一定范围内,实际上是将投资风险消化在公司的外部,由公司债权人承担,因而股东和债权人为了保护自己的利益必然促使企业承担相关的社会责任,如及时准确披露公司信息,积极主动偿还债务等。这样才能使企业处于健康发展的轨道上,才能保证企业资金的流畅,促进企业经济效益的提升,从而满足股东利益最大化的需要。

5.1.2　水权使用者自身要求

5.1.2.1　节约交易成本

科斯把交易成本定义为获得准确的市场信息所需付出的费用,以及谈判和经常性契约的费用。交易前的信息搜寻成本必然会因为交易双方的互相猜忌而增加,交易过程中也不可避免地要引入对机会主义行为的监督和约束,交易复杂性的增加导致交换效益低下,这又间接提高了交易费用。而诚信正是水权使用者社会责任的重要内容之一。因此,水权使用者承担社会责任有助于企业降低交易费用,从长期来看符合企业可持续发展的需要。

5.1.2.2　提升长期绩效

水权使用者履行社会责任,可以通过多种方式帮助企业提高自身"三重底线"(经济、社会、环境)水平,最终致使企业长期绩效的增长。水权使用者履行社会责任可以使企业在生产过程中更好地使用生产要素,通过对能源和废物的有效管理降低作业成本,把环境保护作为社会资本,降低产品生命周期成本,提高生产效率。水权使用者主动承担社会责任还有助于取得供应链各方的信任,从而达到渠道畅通、周转迅速的目标,获得渠道优势,使企业将竞争力提升到第一条起跑线上。由此可见,企业长期绩效增长是水权使用者履行社会责任的内在动力之一。

5.1.2.3　改善竞争环境

企业的竞争环境,是指企业所在行业及其竞争者的参与、竞争程度,它代表了企业市场成本及进入壁垒的高低。竞争环境是企业生存与发展的外部环境,对企业的发展至关重要。对企业来说,如何应对竞争环境的变化,规避威胁,抓住机会,就成为与企业竞争力休戚相关的重大问题。目前,在我国加快融入国际经济的背景下,竞争环境出现了急剧的变化,行业结构、竞争格局、消费者需求、技术发展等都发生了急剧的变化,不确定性增强。任何企业都必须时刻关注环境的变化,才能趋利避害。任何对环境变化的迟钝与疏忽都会对企业造成严重的甚至是毁灭性的打击。企业履行社会责任被认为是改善竞争环境最具成本—收益的一种方式,可以通过较短的时间,迅速提高企业的知名度,博得政府与行业协会的信任与支持,在消费者中树立良好的口碑,以便迅速地打开市场。

5.1.3　外部环境

5.1.3.1　经济全球化

全球经济一体化带来生产方式的变化,成长中的中国企业要融入全球价值链,获得世界市场的信任,就必须遵守 SA 8000 和 ISO 14000 等企业社会责任体系,不少企业已经感受到承担社会责任是一种"现实的要求"。全球化促进了自由贸易的发展,产品的生产和供给的全球化,要求水权使用者以对社会负责任的态度与伦理方式接受企业社会责任政策和管理。人权问题是水权使用者社会责任关注的焦点,国外学者提出利用经济全球化通过商业活动和商业约束来推动人权问题。环境与生态保护问题则在水资源严重破坏、温室气体排放超标的背景下显得尤为突出,水权使用者的绿色生产过程、提供绿色产品、热心环境资源保护等企业价值观,都在经济全球化浪潮的推动下迅速席卷全球,成为企业树立良好形象的关键。全球化加剧了贫富分化,占世界人口大多数的劳动者成了全球化的边缘群体和弱势群体。随着社会责任运动的兴起,全社会都在共同关注劳工权益的保障,如何有效地保护劳工权益以保持全球经济与社会的协调发展是各国必须共同面对的问题。经济与贸易全球化推动了国际劳工运动、人权运动、消费者运动、环保运动的发展,同时也对水权使用者全面履行社会责任提出了更高的要求。

5.1.3.2　社会舆论监督

水权使用者作为独立的经济实体从事生产经营活动,若想要得到社会各界的承认,就必须接受相关部门的管理和监督,达到规定的标准才能够运营。随着信息化时代的全面到来,通信工具的普及和网络技术的飞速发展,使得信息的传递几乎实时化,信息的交流全球化,每个人都可以随时随地获得最新信息并即刻将它传播出去。这一变革对水权使用者而言,既是机遇又是挑战。借助媒体渠道,水权使用者可以将良好形象和最新产品传递给潜在消费者,为企业带来更多的市场价值和无形资产的增值。同时,一旦水权使用者由于忽略社会责任而产生问题,也将带来极大的负面影响,造成难以估量的损失。例如,生态环境具有极强的社会性或公共性,是媒体大众关心的焦点。而水权使用者在生产销售的整个过程中,迫于市场竞争的压力或是为谋取更多利益,会自觉不自觉地采取外部不经济的方式,致使生态环境不断恶化。随着人们对于生存环境的关注日益增强,水权使用者一味贪图成本的降低而无视环境污染,不仅会受到法律的制裁,而且也会破坏企业在消费者心目中的形象,最终在社会舆论的谴责下,丢失消费者手中的“货币选票”,以致丧失市场份额。因此,水权使用者在产品生产、销售以及流通的整个过程中,都应积极主动地承担起其应负的社会责任,特别是在当今公众普遍关心的生态、环保、人权、劳工、慈善等方面,从而树立起良好的负责任的企业形象。

5.1.3.3　生态环境保护

生态环境具有社会性和公共性两大显著特征,但在传统体制下,对资源环境的利用及其产生的利益则是个人的事情。在市场竞争的压力下,在个人利益最大化的欲望刺激下,水权使用者不可避免地或不自觉地采取外部不经济的方式,导致生态环境不断恶化。例如,在同地区内的水权交易过程中,工农业间的水权交易,发电厂从水权交易中获得用水,在发电过程中会造成污染以及过度用水造成对环境的破坏的现象。在不同地区水权交易的过程中,由于灌区节水工程建设,跨区域输水工程建设,会给灌区以及输水流域地区的生态环境带来一定破坏,还会造成地下水水位下降、水土保持恶化等不利影响。但是随着人们对于生存环境问题的日益关注,水权使用者一味贪图一己私利而无视环境污染,不仅会受到法律的制裁,而且会大大破坏企业形象。法律和公众对于生态环境保护的重视也会转变为企业的生存压力,促使水权使用者被动地承担起其应负的社会责任。

5.1.4　声誉

由于科技的不断创新,尤其是信息技术的飞速发展,大大缩小了地球的时空界限,使收集信息费用越来越便宜,而且组织的网络结构越来越透明,如果 NGO 和媒体发现水权使用者以某种方式滥用社会赋予的信任,缺失社会责任,水权使用者就面临着声誉风险。一旦水权使用者在政府、业内以及消费者心目中的形象受损、声誉下降,会造成一系列影响企业可持续发展的严重后果。政府会严格审批企业后续项目,减少对企业的政策倾斜与资金支持,并且加强对企业的监管,这给企业的经营发展带来很多不便。投资者通过资本市场"用脚投票"的方式使不符合社会责任规范的企业在资本市场失去活力。金融机构投资者或个人投资者不会投资那些具有潜在或事实上存在社会责任问题的企业,因为他们想避免遭受巨额罚金和产品市场消费者的抵制。消费者会采取抵制消费的方式影响水权使用者社会责任行为的缺失,这方面的典型案例有:多个国家对 Nike 公司亚洲供应商在"血汗工厂"生产的产品抵制;欧洲消费者对皇家荷兰/壳牌公司在 1995 年计划向大海倾倒 Brent Spar 石油平台,遭受消费者抵制,一些地区的市场销售额下降了 50%。水权使用者声誉受损,也会导致员工的流失率增大,出现招工难现象,导致优秀员工不愿到企业应聘的尴尬局面。因此,水权使用者只有积极主动地履行社会责任,才能在政府、业内以及消费者心中树立良好的企业形象,提升水权使用者的美誉度,增强企业的市场影响力,在激烈的市场竞争中处于有利的地位。

5.1.5　竞争力

提升企业竞争力是推动水权使用者履行社会责任的另一重要因素。水权使用者履行社会责任可以实现企业为社会服务的核心理念,形成更和谐的工作氛围和更有凝聚力的工作团队,为企业的技术创新和产品创新,也为企业核心竞争力的形成与发展奠定扎实的基础。水权使用者自觉承担社会责任,会使其赢得社会公众信任,增加企业的声誉。而企业形象是企业的无形资产,对顾客忠诚度有着极大的影响,可以转化为企业的竞争优势,从而最终提高企业的经济效益。同时,在经济全球化竞争的时代,市场渠道的建立对于水权使用者的作用日趋明显。水权使用者主动承担社会责任有助于取得供应链各方的信任,从而达到渠道畅通、周转迅速的目标。为此,水权使用者会根据自己的经济实力承担起社会责任,或是加强产品的使用安全性,或是提升服务的质量,还有部分有实力的大企业会选择从事一些社会公益活动,积极参与慈善事业。对于长期竞争优势的渴望会促使水权使用者主动地承担起社会责任,实现社会和企业的双赢。

5.1.6　可持续发展能力

可持续发展是指水权使用者在追求自我生产和永续发展的过程中,既要考虑企业经营目标的实现和市场地位的提高,又要保持企业在已领先的竞争领域和未来的扩展经营环境中始终保持持续的赢利能力的提高,保证企业在相当长的时间内长盛不衰。可持续发展能力的培育是当今理论与实践各个层面都普遍关注与探究的重要课题,在资本、资源、人才、知识、技术、管理等传统的生产或经济要素的直接作用下,企业发展与经济增长取得了很大的进步。随着经济全球化,传统的生产或经济要素对水权使用者的可持续发展显现出了越来越多的局限性,水权使用者必须寻找新的经济增长点和发展战略。在此过程中,"社会责任"成了培育水权使用者可持续发展能力的又一必然选择和焦点。水权使用者履行社会责任可以改善水权使用者与公众、政府及相关利益者之间的关系,使水权使用者更快地适应全球化经济的发展,增强国际竞争力,改善人力资源开发与管理的模式,激发员工主观能动性,提高企业的形象力、美誉度和顾客忠诚度,直接或间接地提升企业财务绩效,规范市场秩序,保证竞争优势地位等,从而培育和增强水权使用者的可持续发展能力。

5.2　基本假设与概念模型

5.2.1　利益相关者推动与社会责任的关系假设

任何企业的发展都离不开各种利益相关者的投入,这些利益相关者都对企业的生存与发展注入了专用性投资,他们分担了一定的企业经营风险,为企业的经营活动付出了代价,因此他们对企业履行社会责任的要求,是水权使用者在经营决策中必须考虑的。陈相森认为,遵守市场经济规则进行公平交易,反对价格歧视和垄断,不滥用限制性商业惯例等,都要求企业完善自身的责任体系建设。朱锦程指出,以 1976 年经济合作与发展组织制定的《跨国公司行为准则》与 1977 年国际劳工组织、各国政府以及企业三方制定的《关于跨国公司和社会政策原则三方宣言》为标志,政府间组织已经开始对企业履行社会责任进行了管制。在企业的诸多利益相关者中,消费者可以通过"货币选票"来直接影响企业财务绩效。2002 年美国企业公民调查显示,89% 的美国人认为企业应当承担社会责任,并且愿意采取行动,如购买其他品牌产品或者其他公司股票,来"惩罚"不承担社会责任的公司。Richard Welford 指出,越来越多的求职者不仅考虑经济报酬,也考虑企业的社会表现;保障员工的利益,维护良好的企业责任表现有助于招聘,并留住优秀的员工。Suchman 认为,为获得各利益相关者的接受和支持,企业会通过主动承担社会责任的行为,准确、可信地向利益相关者传递其积极改善社会表现的努力。

因此,根据上述文献研究进行探索性假设,本书认为利益相关者推动是影响水权使用者履行社会责任的重要动因之一,并提出以下假设:

H1:利益相关者的推动力越强,越能促使水权使用者履行社会责任。

5.2.2　水权使用者自身要求与社会责任的关系假设

水权使用者承担社会责任,需要多方力量的驱动,相对外部社会压力而言,水权使用者自身要求因素对于企业来说更直接也更有说服力,是水权使用者承担社会责任的最直接的动力。Roman 等梳理了 1970 年以来经同行评审发表的 55 份实证研究,发现认为公司社会责任与公司财务业绩正相关的研究有 33 份,没有发现这两者之间存在关系的研究有 14 份。这一结论得到了 Margolis 和 Walsh 的进一步证实,他们统计发现,1972～2002 年共发表 127 篇考察企业社会责任同财务绩效之间关系的实证文章,其中 80% 的文章证实了企业履行社会责任与财务绩效之间的正相关关系。姜启军把改善竞争环境定义为企业履行社会责任的内在动力之一,并认为企业履行社会责任是改善竞争环境最具成本—收益的一种方式。此外,节约交易成本对水权使用者来讲也具有很大的吸引力,因为企业的发展在到达某一层次后,竞争就是控制成本的能力,而履行社会责任会为企业带来社会与同行业的尊重,大大降低交易过程中不必要的交易成本,为企业的发展奠定坚实的基础。

根据上述文献研究进行探索性假设,本书认为水权使用者从节约交易成本、提升长期绩效、改善竞争环境的角度出发,都会促使自身履行社会责任,并提出以下假设:

H2:水权使用者自身要求越强,越能促使社会责任的履行。

5.2.3　外部环境与社会责任的关系假设

随着经济全球化的进一步深入和竞争的深化,我国企业越来越感受到全球企业社会责任运动的压力,SA 8000 体系认证和"全球协议"现已成为衡量一个企业的标准。如果企业未能获得标准认证,就有可能失去与外资合作的机会,或者失去产品订单和销路,因此企业承担社会责任已经成为大势所趋。Oppewala 和 Alexanderb 认为,政府和公众对生态环境保护的重视正转化为企业的生存压力,促使企业被动地承担起其应负的社会责任。此外,在这种压力下,部分企业或是以绿色生产过程、绿色产品为卖点,或是热心生态环境保护等公益事业,以期建立良好的企业形象,主动地承担起社会责任。Turban 和 Greening 认为,企业社会责任评价会影响企业声誉和在就业市场上的吸引力,良好的 CSR 评级能够吸引人才,提高企业竞争力。社会舆论即公众对企业表现的评价与态度,同时又表达了公众对企业的期望,成为企业承担社会责任的外在动力。

由此可见,经济全球化趋势、社会舆论与生态环境这些包含政治、经济、环境的外部因素对水权使用者履行社会责任有着重要的促进作用。根据上述文献研究进行探索性假设,提出以下假设:

H3:外部环境的推动力越强,越能促使水权使用者履行社会责任。

5.2.4　社会责任与声誉、竞争力以及可持续发展能力关系假设

Donaldson 和 Preston 表示,各种利益相关者都想引起企业重视,当企业满足他们的期望时,他们会非常愿意继续关注企业发展,这对企业管理者非常有利。而企业社会责任对满足利益相关者的要求有建设性的作用,这样,企业社会责任就能同时满足利益相关者和内部管理者的期望,从而对公司声誉产生积极作用。Fombrun 和 Shanley 的研究表明,企业社会责任对公司声誉有正面的影响。公众会通过一个公司在非经济行为上的表现来评价它,感知到的公司对外部世界关心程度会影响消费者对一个公司的评价。这就是 Fombrun 和 Shanley 公司的社会响应信号能达到同潜在的利益相关群体建立互惠关系的目的。Williams 和 Barrett 同样证实企业参与慈善活动对公司声誉有提高作用,积极参与慈善活动的企业得到了更高的公司声誉评价。在关于企业社会责任对公司声誉产生作用的机理上,现有的研究认为企业社会责任促进了企业与利益相关者之间的良好的关系。这是因为企业社会责任加快了"识别"的过程,通过这个过程,利益相关者感受到其个人的价值观与企业价值观的融合。

水权使用者履行社会责任会带来企业声誉的提升,此外还能进一步提高企业的竞争力。这种竞争力是全方位的,包括了企业的成长能力、企业的赢利能力、企业的融资能力、企业的创新能力、企业的资源利用能力以及企业的可持续发展能力。水权使用者履行社

会责任表现在公平采购、不恶意压价、拒绝商业贿赂等方面,而企业良好的社会表现,则会显著提高企业间的合作意愿和财务绩效,改善双方的合作关系,从而提高企业的竞争力。Hsueh 和 Chang 通过建立制造商、渠道商和零售商的三层次模型和静态、动态的模型推演,认为制造商承担社会责任会提高供应链网络各方的共同收益,可以提升整个供应链联盟的竞争实力。

Carla Leal 等对巴西企业进行分析,论证了企业履行社会责任对于企业可持续发展是非常必要的。李培林认为,企业社会责任体现了企业的经营哲学和价值理念,是影响企业可持续发展的一个重要变量。以企业社会责任和利益相关者为切入点进行探析,结论是企业社会责任对企业可持续发展具有推动及制约效用。胡孝权认为,企业可持续发展和企业社会责任是企业发展战略研究的重要课题。从企业可持续发展和企业社会责任的概念入手,分析了影响企业可持续发展的因素和企业社会责任的主要内容,阐明了企业社会责任是企业可持续发展的伦理基础,以及对企业可持续发展的实践意义。

根据上述文献研究,提出以下假设:

H4:水权使用者越能主动履行社会责任,越能促使水权使用者竞争力的提升。

H5:水权使用者越能主动履行社会责任,越能提高水权使用者的可持续发展能力。

H6:水权使用者越能主动履行社会责任,越能提高水权使用者的声誉。

5.2.5　声誉、竞争力以及可持续发展能力之间的关系假设

声誉是企业给社会公众的综合印象,是企业无形资产的总和。企业"声誉资本"是由口碑、形象、美誉、表现、行业地位、舆论反应、社会责任等组成的综合性"名声指标"的统称。它并不直接体现在企业的资产负债表、损益表上,却是企业发展的关键性因素。积累企业声誉需要长期、持续的努力。声誉资本是企业最强大的软性竞争力,美国著名声誉管理大师凯文·杰克逊称之为"企业最宝贵的资产与企业的核心竞争力"。迈克尔·波特认为,决定企业竞争力的首要和根本的因素是产业吸引力,而产业的吸引力、产业效应的大小主要取决于产业的竞争状况与企业的美誉度。此外,良好的企业声誉使企业在资本市场上具有更强的竞争力,从而降低了资本成本且降低了资本费用。

无论是学术界还是企业界人士,都已经把企业声誉看做一种稀有的、有价值的、可持续的、具有强烈排他性同时很难被竞争对手所模仿的重要的无形资产。作为企业用来获得战略竞争优势的强有力的管理工具,良好的企业声誉不仅能够帮助企业提高自身核心竞争力,同时还能防止公司的业绩下滑。事实上,很多学者,比如 Haywood 和 Sherman 甚至表明,企业声誉是"企业可持续发展的最终决定因素"。同时 Roberts 和 Dowling 的研究指出,随着时间的推移,良好的声誉能够使企业长期持续地获得高于行业平均利润的赢利水平,带来企业竞争力的提升,并最终保证企业的长远发展。Prahalad 和 Gary Hamel 认为,核心竞争力作为企业可持续发展的源泉应具备下列特征:为企业提供了进入多样化市场的潜能;应当对最终产品中顾客重视的价值作出贡献;是竞争对手难以模仿的能力;是价值链中的局部环节,具有异质性、用户价值、不可模仿和替代、延展性和持续性等。

综合上述文献的观点,提出以下假设:

H7:水权使用者越能提高自身声誉,越能促使自身可持续发展能力的提升。

H8：水权使用者越能提高自身声誉，越能促使自身竞争力的提升。

H9：水权使用者越能提高自身竞争力，越能促使自身可持续发展能力的提升。

5.2.6　水权使用者履行社会责任动力因素的概念模型

以上假设可以分为开拓性假设与验证性假设两类：开拓性假设，是指这一假设没有其他学者提出过，或虽有相关理论研究，但没有进行过经验研究证实；验证性假设，是指这一假设已有学者作过研究，并经过特定背景下的经验研究进行了证实。表 5-1 是本章基本假设类型汇总。

表 5-1　本章基本假设类型汇总

假设内容	假设类型
H1：利益相关者的推动力越强，越能促使水权使用者履行社会责任	开拓性
H2：水权使用者自身要求越强，越能促使社会责任的履行	开拓性
H3：外部环境的推动力越强，越能促使水权使用者履行社会责任	开拓性
H4：水权使用者越能主动履行社会责任，越能促使水权使用者竞争力的提升	验证性
H5：水权使用者越能主动履行社会责任，越能提高水权使用者的可持续发展能力	验证性
H6：水权使用者越能主动履行社会责任，越能提高水权使用者的声誉	验证性
H7：水权使用者越能提高自身声誉，越能促使自身可持续发展能力的提升	验证性
H8：水权使用者越能提高自身声誉，越能促使自身竞争力的提升	验证性
H9：水权使用者越能提高自身竞争力，越能促使自身可持续发展能力的提升	验证性

通过对前人文献的归纳以及个人的研究设想，提出本书水权使用者履行社会责任动力因素的概念模型，如图 5-1 所示。

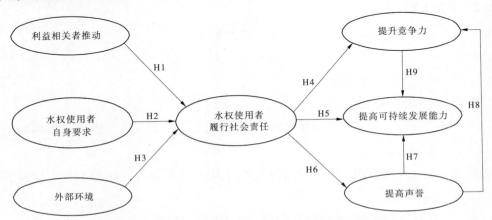

图 5-1　水权使用者履行社会责任动力因素的概念模型

5.3　结构方程模型

5.3.1　结构方程模型的基本原理

　　结构方程模型(Structural Equation Modeling,简称 SEM),有学者也把它称做潜在变量模型(Latent Variable Model,简称 LVM)。结构方程模型早期被称为线性结构关系模型(Linear Structural Relationship Model)、协方差结构分析(Covariance Structure Analysis)、潜在变量分析(Latent Variable Analysis)、验证性因素分析(Confirmatory Factor Analysis)、简单的 LISREL(Linear Structural Relations,线性结构关系)分析。SEM 基本上是一种验证性的方法,通常必须有已有理论或经验法则支撑,由理论来引导,在理论引导的前提下才能构建概念模型图。即使是模型的修正,也必须依据相关理论而来,它特别要求理论的合理性。结构方程模型的一大特点是可以对潜变量进行分析。结构方程可以通过一些可观测变量对这些潜变量的特征及其相互之间的关系进行描述。

5.3.2　结构方程的数学模型

　　结构方程模型是验证性因子模型与因果模型的结合。因此,结构方程模型的联立方程模型包括以下两类:测量方程模型和结构方程模型。因子模型部分称为测量方程模型,描述潜变量与其显变量之间的关系,可以用因子分析方程或其他类型方程来描述。结构方程模型包含的因果模型部分称为结构方程模型,描述了潜变量之间的结构关系,可以用一组线性回归方程来说明。

5.3.2.1　测量方程模型

　　测量方程描述的是潜变量与测量指标之间的关系,对于指标与潜变量间的关系,通常写成以下测量方程:

$$x = \wedge_x \xi + \delta$$

$$y = \wedge_y \eta + \varepsilon$$

式中　x——外生指标组成的向量;

　　　y——内生指标组成的向量;

　　　$\wedge_x$——外生指标与外生潜变量之间的关系,是外生指标在外生潜变量上的因子负荷矩阵;

　　　$\wedge_y$——内生指标与内生潜变量之间的关系,是内生指标在内生潜变量上的因子负荷矩阵;

　　　ξ——外生潜变量组成的向量;

　　　η——内生潜变量组成的向量;

　　　δ——x 的误差项;

　　　ε——y 的误差项。

5.3.2.2　结构方程模型

结构方程模型描述的是潜变量之间的关系,通常写成以下结构方程:

$$\eta = B\eta + \tau\xi + \zeta$$

式中　η——内生潜变量组成的向量;

　　　B——内生潜变量间的关系;

　　　τ——外生潜变量对内生潜变量的影响;

　　　ξ——外生潜变量组成的向量;

　　　ζ——结构方程的残差项,反映了η在方程中未能被解释的部分。

由于潜变量间的关系,即结构模型通常是研究的兴趣重点,所以整个分析也称做结构方程模型。

在利用结构方程模型进行实证研究时,通常首先要根据已掌握的信息和经验,在综合考虑具体研究背景的基础上绘制结构方程的路径图,来表示所研究的问题中潜变量的结构、个数、指标的数量,以作为下一步参数估计和模型比较的依据。

5.3.3　结构方程的分析过程

结构方程模型的建模与分析过程即方程组的拟合过程,通常包括四个主步骤,如图5-2所示。

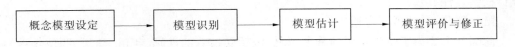

图5-2　结构方程模型的建模与分析过程

第一步是概念模型设定。是指在进行结构方程模型估计前,要根据理论分析和以往研究成果提出初始的概念模型,初步拟定结构方程的方程组,相应设置结构方程组中的各参数。

第二步是模型识别。是指决定所设定的预设模型是否能够满足估计参数求解。很多时候,由于概念模型的设定存在一定问题,导致预设模型不可识别,一般是结构方程组中待求系数太多而方程数目却太少,使得模型难以得到确定的解,即模型不可识别。

第三步是模型估计。运用结构方程理论进行模型拟合时,虽然有不同的软件可以实现,但这些软件都是基于相同的估计理论,结构方程模型参数可以采用不同的方法来估计,包括最大似然法和广义最小二乘法等,不同拟合方法会出现不同的结论。

第四步是模型评价与修正。在对模型进行软件估计之后,须对模型的整体拟合效果和单一参数的估计根据一定的评判标准进行评价。如果模型拟合效果不好,则需要对模型进行修正来提高模型的拟合效果。该过程会导致展开新一轮甚至多轮次的模型拟合过程,直到得到合理的拟合结果为止。

5.4　问卷设计

5.4.1　问卷设计过程

问卷设计的过程一般包括三个阶段：

第一，在进行正式问卷调查之前，本书遵循了 Churchill 所建议的量表开发程序，根据理论基础与文献研究，确定所要收集的数据、问卷内容与形式，并制订所要调查的问卷结构与调查项目。

第二，由相关专业的专家对问卷内容进行讨论，针对问卷内容或语句进行修改，使得问卷内容准确无误并简洁易懂，从而完成问卷初稿。

第三，探索性调查，通过问卷设计小组内部试答，确定问卷适用性，并对问卷内容进行修正。本书最终所确定的问卷，涵盖了用于测量本书所囊括的全部建构的指标。在问卷中，所有问题项均采用李科特（Likert）5 级尺度量表。

5.4.2　问卷内容

本问卷所涉及的内容主要由受访者的基本情况与问卷主体内容两部分组成（见附录 6），问卷问题量表包括利益相关者推动、水权使用者自身要求、外部环境、水权使用者履行社会责任、声誉、竞争力、可持续发展能力。

第一部分：受访者基本信息。

此部分主要为了解受访者的基本情况，包括受访者的性别、年龄、学历、职位等内容。由于本书是对水权使用者履行社会责任的研究，因此受访者主要是水利部、流域委员会、水利厅（局）的政府官员，大型用水企业的中高层管理人员，以及大专院校和科研院所的相关专业的专家学者与博士研究生。在了解受访者基本信息的基础上，提出水权使用者履行社会责任的主要动力和水权使用者履行社会责任可以为水权使用者带来哪些好处两个开放性问题，以便为结构方程模型潜变量的设定提供参考。

第二部分：问卷主体内容。

此部分为 7 个潜变量的问题量表，包括利益相关者推动量表、水权使用者自身要求量表、外部环境量表、社会责任量表、声誉量表、竞争力量表、可持续发展能力量表。每个潜变量问题项包括若干个具体问题。每个问题要求受访者根据实际情况打分，1 表示完全不同意；2 表示不同意；3 表示不确定；4 表示同意；5 表示非常同意。

5.4.3　模型指标来源

本书在文献综述的基础上，结合概念模型设计，选取不同的测量指标来描述各维度变量。鉴于某些维度变量国内外学者已经进行了深入的研究，因此尽量采用国内外文献中普遍采用过的测量指标，其中部分指标进行了调整和修正。模型中用到的潜变量因子、测量指标及对应的指标来源汇总如表 5-2 所示。

表 5-2　模型潜变量因子、测量指标及指标来源汇总

潜变量因子	测量指标	指标来源
利益相关者推动 （SP）	员工自身利益	Richard Welford（2002）/ Suchman（1995）/ 陈宏辉,贾生华（2003）/ 朱锦程（2006）/ 自己整理所得
	消费者满意度	
	股东利益要求	
	政府监管	
	非政府组织监管	
水权使用者自身要求 （OR）	节约交易成本	Roman（1999）/ Margolis & Walsh（2003）/ 姜启军（2007）/ 自己整理所得
	提升长期绩效	
	改善竞争环境	
外部环境 （ET）	经济全球化	Oppewala & Alexanderb（2006）/ Turban & Greening（1997）/ 自己整理所得
	社会舆论	
	生态环境	
社会责任 （SR）	经济责任	Carroll（1979）/ Walton & Manne（1967）/ Carron（1991）/ Clarkson（1995）/ 自己整理所得
	法律责任	
	生态责任	
	道德责任	
声誉 （RN）	吸引力	Donaldson & Preston（1995）/ Fombrun & Shanley（1990）/ Williams & Barrett（2000）/ 自己整理所得
	喜爱性	
	品牌价值	
竞争力 （CS）	资源利用能力	Beatty & Ritter（1986）/ Michael Porter（1997）/ Hsueh & Chang（2007）/ 自己整理所得
	赢利能力	
	创新能力	
	可持续发展能力	
可持续发展能力 （SD）	内部运行能力	Prahalad（1990）/ Hamel（1988）/ 自己整理所得
	制度规范能力	
	企业家能力	
	战略管理能力	

为方便问题的研究,将模型中各潜变量因子与其测量指标对应于问卷中的题项关系列举如表 5-3 所示。

表 5-3　　模型潜变量因子及测量指标与问卷题项对应表

潜变量因子	指标数	指标名称	对应问卷题项	潜变量名称	指标数	指标名称	对应问卷题项
利益相关者推动（SP）	5	SP1	1~4	声誉（RN）	3	RN1	42~43
		SP2	5~7			RN2	44~46
		SP3	8~9				
		SP4	10~11			RN3	47~49
		SP5	12~13				
水权使用者自身要求（OR）	3	OR1	14~15	竞争力（CS）	4	CS1	50~52
		OR2	16~18			CS2	53~55
		OR3	19~21			CS3	56~58
						CS4	59~61
外部环境（ET）	3	ET1	22~24	可持续发展能力（SD）	4	SD1	62~64
		ET2	25~27				
		ET3	28~29			SD2	65~67
社会责任（SR）	4	SR1	30~32				
		SR2	33~35			SD3	68~70
		SR3	36~38				
		SR4	39~41			SD4	71~73

5.5　抽样设计与数据收集

5.5.1　调查对象

　　由于本书研究的重点是水权使用者履行社会责任的动力因素,因此对于调查对象也要选取熟悉水权制度与社会责任的专家。最终确定本书受访者为以下四类人群:

　　(1)学术专家,包括高校教授、博士生、科研院所专家;

　　(2)相关政府部门人员,主要是水行政主管部门与各大流域管理机构人员;

　　(3)高层管理者,大型用水企业的高层管理者;

　　(4)相关期刊的主编。

　　被调查对象来自我国各地区,包括北京、上海、江苏、广东、福建、河南、辽宁、甘肃、四川、宁夏,既有经济发达地区,也有经济欠发达地区,比较有代表性。

5.5.2　样本数确定

　　在样本数的确定上,因为本书研究采用结构方程模型,而该方法在模型检验过程中经常会受样本容量的影响。Bagozzi 认为,要使用线性结构方程模型进行分析,样本数至少不少于 50 个,最好达到估计参数的 5 倍以上。Kline 研究发现,在 SEM 模型分析中,若是样本数低于 100,则参数估计结果是不可靠的。学者 Schumacker 与 Lomax 研究发现,大部分的 SEM 研究,其样本数多介于 200~500,但在行为及社会科学研究领域,有些研究取样可以小于 200 或大于 500,此时学者 Bentler 与 Chou 的建议也是可以采纳的——二人认为研究变量如符合正态分布或椭圆分布,则每个观察变量 5 个样本就足够了,如果是其他分布,则每个变量最好有 10 个以上的样本。本研究中涉及观测变量 26 个,因此样本数量不得低于 260 个,最终确定发出问卷 300 份,收回有效问卷 252 份,有效率为 84%。

5.5.3 问卷发放与回收

本次问卷发放采取以下两种形式进行:

(1)以信函或 e-mail 形式发放。在样本和调查的对象选择确定后,作者根据长期在此领域的研究经验,采取判断抽样的方法,通过书信或 e-mail 方式向大型用水企业高层管理者和部门经理发放正式调查问卷 200 份,同时附上调查对象的基本要求,请他们进行回答。

(2)现场直接发放。作者事先又联系了 5 家符合条件的政府部门、咨询公司、高校,采用现场发放的形式,共发放调查问卷 100 份。

为提高受访者回答问卷的积极性,作者所在研究团队在信函或 e-mail 发放完成后,通过选择恰当的时间与受访者进行电话联系,这一方式起到较好的效果,本次问卷以信函或 e-mail 发放的问卷 200 份,回收率为 76%;由于与事先联系的 5 家单位保持较好的信任关系,现场发放的 100 份问卷回收率达到 100%,300 份问卷的有效回收率达到 84%,具体统计情况如表5-4 所示。

表 5-4 社会调查表的发放与回收统计

发放方式	问卷发放数量(份)	实际回收数量(份)	回收率(%)
信函或 e-mail 发放	200	152	76
现场直接发放	100	100	100
合计	300	252	84

5.6 本章小结

本章首先对水权使用者履行社会责任的动力因素进行分析,然后,在归纳总结不同文献观点的基础上,提出了本书实证研究的基本假设,H1:利益相关者的推动力越强,越能促使水权使用者履行社会责任。H2:水权使用者自身要求越强,越能促使社会责任的履行。H3:外部环境的推动力越强,越能促使水权使用者履行社会责任。H4:水权使用者越能主动履行社会责任,越能促使水权使用者竞争力的提升。H5:水权使用者越能主动履行社会责任,越能提高水权使用者的可持续发展能力。H6:水权使用者越能主动履行社会责任,越能提高水权使用者的声誉。H7:水权使用者越能提高自身声誉,越能促使自身可持续发展能力的提升。H8:水权使用者越能提高自身声誉,越能促使自身竞争力的提升。H9:水权使用者越能提高自身竞争力,越能促使自身可持续发展能力的提升。在基本假设的基础上,构建了本书研究的概念模型。本章最后对问卷设计、抽样设计和样本数据收集进行了分析整理。

第6章　样本数据的实证分析

6.1　描述性统计分析

6.1.1　样本调查对象的特征分布

　　用 SPSS15.0 对 252 份有效问卷样本进行统计分析,受访者性别比例分布情况如图 6-1 所示。其中,男性受访者占 58%,略高于女性受访者 42% 的比例。受访者年龄比例分布情况如图 6-2 所示,其中 10% 的受访者为 18～22 岁,20% 的受访者为 23～28 岁,33% 的受访者为 29～35 岁,25% 的受访者为 36～40 岁,40 岁以上的受访者占 12%。

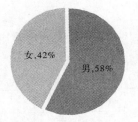

图 6-1　受访者性别比例分布情况

图 6-2　受访者年龄比例分布情况

　　此外,受访者受教育程度分布情况、受访者工作单位类型分布情况分别如图 6-3 和图 6-4 所示。其中本科学历 118 人,占 47%;硕士学历 46 人,占 18%;博士学历 65 人,占 26%;其他学历 23 人,占 9%。由于本次问卷调查中高校教师与博士研究生为调查样表的重要发放人群,此外政府部门与企业中高层人员中也有部分为在读博士或工程硕士以及 MBA,因此本次抽样结果中硕士与博士学历人员比例相对较高,这也与实际情况相符。从受访者工作单位类型来看,政府部门 44 人,占 18%;企业 96 人,占 38%;大专院校 61 人,占 24%;科研院所 33 人,占 13%;其他受访者 18 人,占 7%。

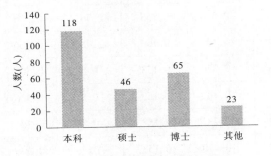

图 6-3　受访者受教育程度分布情况

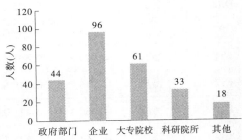

图 6-4　受访者工作单位类型分布情况

　　此外,调查中还设计了受访者在单位的职位或职称和从事该领域相关研究或工作的时间,分布情况如图6-5和图6-6所示。一般职员或初级职称人员143人,占57%;中层或中级职称人员66人,占26%;高层或高级职称人员43人,占17%。受访者相关工作5年以上161人,占64%;2~5年59人,占23%;2年以下32人,占13%。可见受访者对问卷调查内容有一定的熟悉度和相关经验,这也将有利于对水权使用者社会责任的调查。

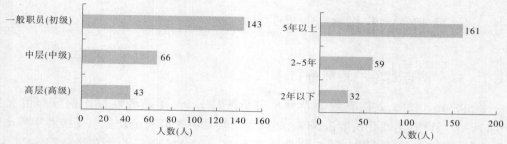

图6-5　受访者职位或职称分布情况　　　　　图6-6　受访者工作时间分布情况

6.1.2　各指标的描述性统计量

　　调查问卷中各指标的描述性统计量综合如表6-1所示。表中分别给出了各指标的样本量、平均值、标准方差、偏度和峰度信息。

表6-1　各指标的描述性统计量综合

统计指标	N	Mean	Std. Deviation	Skewness		Kurtosis	
	Statistic	Statistic	Statistic	Statistic	Std. Error	Statistic	Std. Error
SP1	252	3.861 5	0.594 59	0.237	0.153	3.843	0.306
SP2	252	4.142 9	0.418 77	−0.638	0.153	−0.204	0.306
SP3	252	4.029 8	0.454 14	−0.349	0.153	−0.706	0.306
SP4	252	3.875 4	0.488 63	0.177	0.153	−1.120	0.306
SP5	252	4.239 7	0.396 21	−0.506	0.153	0.100	0.306
OR1	252	3.973 0	0.511 29	−0.131	0.153	−1.117	0.306
OR2	252	3.890 5	0.545 60	−0.546	0.153	2.742	0.306
OR3	252	3.855 2	0.547 37	−0.468	0.153	2.962	0.306
ET1	252	4.079 8	0.501 18	−0.370	0.153	−0.830	0.306
ET2	252	4.016 7	0.475 66	−0.181	0.153	−0.814	0.306
ET3	252	4.050 4	0.475 08	−0.282	0.153	−0.849	0.306
SR1	252	4.126 2	0.498 47	−0.479	0.153	−0.769	0.306
SR2	252	4.262 7	0.396 85	−0.462	0.153	−0.036	0.306

续表 6-1

统计指标	N	Mean	Std. Deviation	Skewness		Kurtosis	
	Statistic	Statistic	Statistic	Statistic	Std. Error	Statistic	Std. Error
SR3	252	4.064 3	0.536 47	0.599	0.153	3.981	0.306
SR4	252	3.865 5	0.530 31	0.180	0.153	-1.157	0.306
RN1	252	3.880 2	0.475 29	0.129	0.153	-1.123	0.306
RN2	252	3.969 0	0.478 37	-0.126	0.153	-1.161	0.306
RN3	252	3.768 7	0.534 18	-0.210	0.153	2.575	0.306
CS1	252	3.894 0	0.490 06	0.160	0.153	-1.023	0.306
CS2	252	3.818 3	0.479 36	0.287	0.153	-1.220	0.306
CS3	252	4.031 7	0.478 32	-0.178	0.153	-0.980	0.306
CS4	252	4.145 2	0.418 99	-0.384	0.153	-0.413	0.306
SD1	252	3.934 9	0.507 29	-0.052	0.153	-1.156	0.306
SD2	252	3.836 9	0.458 68	0.234	0.153	-1.111	0.306
SD3	252	4.062 3	0.486 27	-0.337	0.153	-0.962	0.306
SD4	252	3.888 9	0.511 42	0.128	0.153	-1.243	0.306
Valid N (listwise)	252						

注:N 表示样本总数;Mean 表示平均值;Std. Deviation 表示标准差;Skewness 表示偏度;Kurtosis 表示峰度;Statistic 表示统计量;Std. Error 表示标准误差;Valid N 表示有效样本数。

6.2　测量数据分析

6.2.1　信度分析

在进行样本数据统计分析之前,为验证问卷的可靠性与有效性,需要对样本数据进行信度检验。所谓信度,即可靠性,是指衡量结果的一致性或稳定性,也就是同一群受测者在同一份测验上测验多次所得的分数要有一致性。信度检验的目的在于衡量变量的一致性和稳定性,信度越大,说明解释一个潜变量的观测变量具有共方差的程度越高。通常采用 Cronbach'α 系数作为检验样本数据信度的指标,一般而言,当 Cronbach'α 系数大于 0.7 时,就认为样本数据的信度通过检验。如果 Cronbach'α 系数大于 0.9,则表示样本数据有很高的信度;如果 Cronbach'α 系数介于 0.35~0.7,说明样本数据具有中等信度;如果 Cronbach'α 系数小于 0.35,说明样本数据是低信度的。用 SPSS 得到各因子的 Cronbach'α 系数值均大于 0.7，表明量表信度较好。如表6-2 所示。

表6-2　问卷的 Cronbach'α 信度检验

分量表类别	测量指标构成	Cronbach'α	信度等级
利益相关者推动	员工自身利益	0.823	高
	消费者满意度	0.814	高
	股东利益要求	0.805	高
	政府监管	0.864	高
	非政府组织监管	0.726	高
水权使用者自身要求	节约交易成本	0.793	高
	提升长期绩效	0.871	高
	改善竞争环境	0.803	高
外部环境	经济全球化	0.867	高
	社会舆论	0.745	高
	生态环境	0.808	高
社会责任	经济责任	0.773	高
	法律责任	0.843	高
	生态责任	0.762	高
	道德责任	0.828	高
声誉	吸引力	0.834	高
	喜爱性	0.857	高
	品牌价值	0.798	高
竞争力	资源利用能力	0.775	高
	赢利能力	0.735	高
	创新能力	0.808	高
	可持续发展能力	0.835	高
可持续发展能力	内部运行能力	0.828	高
	制度规范能力	0.739	高
	企业家能力	0.725	高
	战略管理能力	0.848	高

6.2.2　效度分析

效度又称测量的有效性、准确度，是指测量工具能够准确地测出测量内容的准确程度。效度一般包括内容效度和构建效度两个方面的内容。本书研究模型的量表是在研究前人理论与文献的基础上构建而成的,并且结合实地调研进行了多次修正,可以认为具有较高的内容效度。对构建效度进行检验,首先必须对项目的结构、测量的总体安排以及项目之间的关系作出说明,然后运用因子分析等方法从若干数据中离析出基本构建,以此来对测量的构建效度进行分析。通常认为因子分析是检验此效度的常用方法,若能有效地提取共同因子,且此共同因子与理论结构的特质较为接近,则可判断测量工具具有构建效度。

通常用 KMO(Kaiser – Meyer – Olkin Measure of Sampling Adequacy)和巴特利球体(Bartlett's Test of Sphericity)检验来判断数据是否适合做因子分析。当 KMO > 0.9 时,表示非常适合;0.8 ~ 0.9 表示很适合;0.7 ~ 0.8 表示适合;0.6 ~ 0.7 表示不太适合;0.5 ~ 0.6 表示很勉强适合;0.5 以下表示不适合。当 KMO ≥ 0.7,各变量的荷重均 > 0.5 时,可以通过因子分析将不同变量合并为一个因子进行后续分析。

6.2.2.1　利益相关者推动分量表效度分析

首先进行 KMO 检验和巴特利球体检验,如表 6-3 所示,KMO = 0.746 > 0.7,巴特利球体检验的统计值的显著性概率为 0.000,小于 0.001,表明数据适合做因子分析。

表 6-3　利益相关者推动分量表 KMO 检验和巴特利球体检验

Kaiser – Meyer – Olkin Measure of Sampling Adequacy		0.746
Bartlett's Test of Sphericity,简称 Bartlett's Test	Approx. Chi – Square	973.254
	df	78
	Sig.	0.000

注:Approx. Chi – Square 表示卡方检验,df 表示自由度,Sig. 表示显著性概率。余同。

对利益相关者推动分量表进行主成分分析,得到 5 个因子,共解释了总体方差的70.791%,利益相关者推动分量表的主成分分析如表 6-4 所示,与指标设置时变量结构基本一致。这说明利益相关者推动量表具备构建效度。

表 6-4　利益相关者推动分量表的主成分分析

Component	Initial Eigenvalues			Extraction Sums of Squared Loading		
	Total	% of Variance	Cumulative %	Total	% of Variance	Cumulative %
1	5.341	35.382	35.382	5.341	35.382	35.382
2	2.147	14.223	49.605	2.147	14.223	49.605
3	1.156	7.658	57.263	1.156	7.658	57.263
4	1.024	6.784	64.047	1.024	6.784	64.047
5	1.018	6.744	70.791	1.018	6.744	70.791

Extraction Method:Principal Component Analysis

注:表中 Component 表示各主成分的序号;Initial Eigenvalues 表示相关矩阵/协方差矩阵的特征值;Total 表示各成分的特征值;% of Variance 表示各成分所解释的方差占总方差的百分比;Cumulative % 表示自上而下各因子方差占总方差百分比的累积百分比;Extraction Sums of Squared Loading 表示因子提取结果,是未经旋转的因子载荷的平方和。Extraction Method 表示抽出法;Principal Component Analysis 表示主成分分析法。余同。

按照因子分析载荷评分标准,一般认为 0.71 以上是优秀的,0.63 以上是非常好的,0.55 是比较好的,0.45 是中等的,而小于 0.32 是不好的。利益相关者推动因子载荷矩阵如表6-5 所示。

表6-5　利益相关者推动因子载荷矩阵

指标命名	消费者满意度	政府监管	股东利益要求	员工自身利益	非政府监管
测试问题项	1	2	3	4	5
5)	**0.826 3**	0.342 1	0.215 2	0.097 6	0.482 4
6)	**0.773 1**	0.139 2	0.436 6	0.138 4	0.207 3
7)	**0.756 8**	0.308 4	0.048 5	0.143 6	0.084 5
10)	0.340 8	**0.801 3**	0.139 0	0.325 9	0.532 6
11)	0.209 8	**0.727 9**	0.390 9	0.431 0	0.197 7
8)	0.367 1	0.373 1	**0.798 3**	0.289 1	0.287 7
9)	0.386 4	0.266 8	**0.589 3**	0.255 3	0.386 8
1)	0.375 4	0.432 1	0.432 3	**0.683 1**	0.184 4
2)	0.192 0	0.214 3	0.215 3	**0.576 8**	0.396 2
3)	0.093 7	0.235 6	0.421 6	**0.724 6**	0.235 3
4)	0.387 5	0.089 4	0.236 6	**0.640 8**	0.049 4
12)	0.394 5	0.389 5	0.398 3	0.387 1	**0.638 1**
13)	0.128 4	0.398 7	0.438 7	0.213 4	**0.594 0**

在进行因子旋转后,各因子载荷都大于 0.55,符合要求。总体而言,大致看出利益相关者推动量表设计比较合理,样本结构效度比较好,此部分问卷设计满足研究需要。

6.2.2.2　水权使用者自身要求分量表效度分析

对水权使用者自身要求分量表进行 KMO 检验和巴特利球体检验,如表 6-6 所示,KMO = 0.785 > 0.7,巴特利球体检验的统计值的显著性概率为 0.000,小于 0.001,表明数据适合做因子分析。

表6-6　水权使用者自身要求分量表 KMO 检验和巴特利球体检验

Kaiser – Meyer – Olkin Measure of Sampling Adequacy		0.785
Bartlett's Test of Sphericity	Approx. Chi – Square	437.201
	df	28
	Sig.	0.000

对水权使用者自身要求分量表进行主成分分析,得到 3 个因子,共解释了总体方差的74.077%,水权使用者自身要求分量表的主成分分析如表 6-7 所示,与指标设置时变量结构基本一致。这说明水权使用者自身要求量表具备构建效度。

表 6-7　水权使用者自身要求分量表的主成分分析

Component	Initial Eigenvalues			Extraction Sums of Squared Loading		
	Total	% of Variance	Cumulative %	Total	% of Variance	Cumulative %
1	4.275	42.258	42.258	4.275	42.258	42.258
2	1.936	19.137	61.395	1.936	19.137	61.395
3	1.283	12.682	74.077	1.283	12.682	74.077

Extraction Method: Principal Component Analysis

按照因素分析载荷评分标准, 水权使用者自身要求因子载荷矩阵如表 6-8 所示。

表 6-8　水权使用者自身要求因子载荷矩阵

指标命名	提升长期绩效	改善竞争环境	节约交易成本
测试问题项	1	2	3
16)	**0.783 2**	0.284 1	0.483 2
17)	**0.853 2**	0.348 5	0.212 8
18)	**0.731 9**	0.143 2	0.103 4
19)	0.327 4	**0.728 9**	0.244 1
20)	0.232 5	**0.782 1**	0.349 5
21)	0.218 3	**0.809 2**	0.241 7
14)	0.038 2	0.037 6	**0.675 1**
15)	0.193 4	0.184 8	**0.630 2**

在进行因子旋转后, 各因子载荷都大于 0.55, 符合要求。总体而言, 水权使用者自身要求量表设计比较合理, 样本结构效度比较好, 此部分问卷设计满足研究需要。

6.2.2.3　外部环境分量表效度分析

对外部环境分量表进行 KMO 检验和巴特利球体检验, 如表 6-9 所示, KMO = 0.817 > 0.7, 巴特利球体检验的统计值的显著性概率为 0.000, 小于 0.001, 表明数据适合做因子分析。

表 6-9　外部环境分量表 KMO 和巴特利球体检验

Kaiser – Meyer – Olkin Measure of Sampling Adequacy		0.817
Bartlett's Test of Sphericity	Approx. Chi – Square	463.155
	df	28
	Sig.	0.000

对外部环境分量表进行主成分分析, 得到 3 个因子, 共解释了总体方差的 78.118%, 如表 6-10 所示, 与指标设置时变量结构基本一致。这说明外部环境分量表具备构建效度。

表 6-10　外部环境分量表的主成分分析

Component	Initial Eigenvalues			Extraction Sums of Squared Loading		
	Total	% of Variance	Cumulative%	Total	% of Variance	Cumulative%
1	3.153	36.486	36.486	3.153	36.486	36.486
2	2.336	27.032	63.518	2.336	27.032	63.518
3	1.215	14.600	78.118	1.215	14.600	78.118

Extraction Method: Principal Component Analysis

按照因素分析载荷评分标准,外部环境因子载荷矩阵见表6-11。

表 6-11　外部环境因子载荷矩阵

指标命名	生态环境	社会舆论	经济全球化
测试问题项	1	2	3
28)	**0.873 2**	0.314 4	0.242 1
29)	**0.801 4**	0.248 5	0.247 4
25)	0.214 2	**0.735 3**	0.471 7
26)	0.276 8	**0.659 2**	0.021 4
27)	0.018 4	**0.819 3**	0.148 4
22)	0.441 1	0.144 9	**0.621 9**
23)	0.381 5	0.185 1	**0.732 4**
24)	0.074 1	0.351 4	**0.582 5**

在进行因子旋转后,各因子载荷都大于0.55,符合要求。总体而言,外部环境要求量表设计比较合理,样本结构效度比较好,此部分问卷设计满足研究需要。

6.2.2.4　社会责任分量表效度分析

对社会责任分量表进行 KMO 检验和巴特利球体检验,如表6-12所示,KMO = 0.793 > 0.7,巴特利球体检验的统计值的显著性概率为0.000,小于0.001,表明数据适合做因子分析。

表 6-12　社会责任分量表 KMO 检验和巴特利球体检验

Kaiser – Meyer – Olkin Measure of Sampling Adequacy		0.793
Bartlett's Test of Sphericity	Approx. Chi – Square	457.526
	df	66
	Sig.	0.000

对社会责任分量表进行主成分分析,得到4个因子,共解释了总体方差的67.377%,如表6-13所示,与指标设置时变量结构基本一致。这说明水权使用者社会责任分量表具备构建效度。

表6-13 社会责任分量表的主成分分析

Component	Initial Eigenvalues			Extraction Sums of Squared Loading		
	Total	% of Variance	Cumulative %	Total	% of Variance	Cumulative %
1	4.235	32.425	32.425	4.235	32.425	32.425
2	2.146	16.431	48.856	2.146	16.431	48.856
3	1.275	9.762	58.618	1.275	9.762	58.618
4	1.144	8.759	67.377	1.144	8.759	67.377

Extraction Method: Principal Component Analysis

按照因素分析载荷评分标准,社会责任因子载荷矩阵见表6-14。

表6-14 社会责任因子载荷矩阵

指标命名	经济责任	法律责任	生态责任	道德责任
测试问题项	1	2	3	4
30)	**0.845 4**	0.412 7	0.415 1	0.316 5
31)	**0.638 4**	0.124 4	0.217 4	0.214 5
32)	**0.774 5**	0.395 7	0.084 1	0.391 9
33)	0.256 6	**0.762 5**	0.294 3	0.173 5
34)	0.185 2	**0.686 3**	0.385 1	0.041 4
35)	0.426 1	**0.813 4**	0.064 1	0.381 5
36)	0.396 9	0.315 1	**0.745 3**	0.185 1
37)	0.045 7	0.184 5	**0.624 5**	0.097 4
38)	0.145 5	0.251 1	**0.687 4**	0.357 8
39)	0.438 1	0.112 4	0.142 8	**0.593 4**
40)	0.024 5	0.467 1	0.351 5	**0.734 5**
41)	0.135 1	0.415 1	0.241 6	**0.648 5**

在进行因子旋转后,各因子载荷都大于0.55,符合要求。总体而言,社会责任量表设计比较合理,样本结构效度比较好,此部分问卷设计满足研究需要。

6.2.2.5 声誉分量表效度分析

对声誉分量表进行 KMO 检验和巴特利球体检验,如表6-15所示,KMO = 0.857 > 0.7,巴特利球体检验的统计值的显著性概率为0.000,小于0.001,表明数据适合做因子分析。

表 6-15　声誉分量表 KMO 检验和巴特利球体检验

Kaiser – Meyer – Olkin Measure of Sampling Adequacy		0.857
Bartlett's Test of Sphericity	Approx. Chi – Square	635.146
	df	28
	Sig.	0.000

对声誉分量表进行主成分分析,得到 3 个因子,共解释了总体方差的 66.283% ,如表 6-16所示,与指标设置时变量结构基本一致。这说明提高声誉分量表具备构建效度。

表 6-16　声誉分量表的主成分分析

Component	Initial Eigenvalues			Extraction Sums of Squared Loading		
	Total	% of Variance	Cumulative %	Total	% of Variance	Cumulative %
1	5.148	42.831	42.831	5.148	42.831	42.831
2	1.631	13.560	56.391	1.631	13.560	56.391
3	1.189	9.892	66.283	1.189	9.892	66.283

Extraction Method: Principal Component Analysis

按照因素分析载荷评分标准,声誉因子载荷矩阵见表 6-17。

表 6-17　声誉因子载荷矩阵

指标命名	喜爱性	吸引力	品牌价值
测试问题项	1	2	3
44)	**0.742 6**	0.326 5	0.145 7
45)	**0.819 4**	0.237 9	0.263 7
46)	**0.642 1**	0.341 3	0.367 2
42)	0.335 7	**0.745 3**	0.216 8
43)	0.394 7	**0.735 1**	0.156 8
47)	0.439 0	0.132 5	**0.646 2**
48)	0.284 8	0.215 6	**0.672 1**
49)	0.142 7	0.417 8	**0.597 8**

在进行因子旋转后,各因子载荷都大于 0.55,符合要求。总体而言,声誉量表设计比较合理,样本结构效度比较好,此部分问卷设计满足研究需要。

6.2.2.6　竞争力分量表效度分析

对竞争力分量表进行 KMO 检验和巴特利球体检验,如表 6-18 所示,KMO = 0.779 > 0.7,巴特利球体检验的统计值的显著性概率为 0.000,小于 0.001,表明数据适合做因子分析。

表 6-18　竞争力分量表 KMO 检验和巴特利球体检验

Kaiser – Meyer – Olkin Measure of Sampling Adequacy		0.779
Bartlett's Test of Sphericity	Approx. Chi – Square	572.894
	df	66
	Sig.	0.000

对竞争力分量表进行主成分分析,得到 4 个因子,共解释了总体方差的 71.028%,如表 6-19 所示,与指标设置时变量结构基本一致。这说明竞争力分量表具备构建效度。

表 6-19　竞争力分量表的主成分分析

Component	Initial Eigenvalues			Extraction Sums of Squared Loading		
	Total	% of Variance	Cumulative %	Total	% of Variance	Cumulative %
1	4.794	34.749	34.749	4.794	34.749	34.749
2	1.943	14.084	48.833	1.943	14.084	48.833
3	1.637	11.866	60.699	1.637	11.866	60.699
4	1.425	10.329	71.028	1.425	10.329	71.028

Extraction Method:Principal Component Analysis

按照因素分析载荷评分标准,竞争力因子载荷矩阵见表 6-20。

表 6-20　竞争力因子载荷矩阵

指标命名	可持续发展能力	赢利能力	创新能力	资源利用能力
测试问题项	1	2	3	4
59)	**0.783 4**	0.274 3	0.419 5	0.487 4
60)	**0.801 9**	0.176 4	0.245 3	0.218 5
61)	**0.759 3**	0.384 5	0.185 1	0.015 1
53)	0.421 4	**0.734 1**	0.024 4	0.148 7
54)	0.241 5	**0.798 4**	0.417 5	0.274 1
55)	0.074 1	**0.635 7**	0.218 5	0.294 5
56)	0.175 5	0.471 4	**0.745 5**	0.421 8
57)	0.247 9	0.284 1	**0.589 2**	0.264 1
58)	0.361 8	0.276 5	**0.603 5**	0.175 8
50)	0.208 5	0.193 5	0.385 1	**0.645 8**
51)	0.148 9	0.179 2	0.248 5	**0.592 7**
52)	0.376 5	0.208 5	0.398 1	**0.743 1**

在进行因子旋转后,各因子载荷都大于 0.55,符合要求。总体而言,竞争力量表设计比较合理,样本结构效度比较好,此部分问卷设计满足研究需要。

6.2.2.7　可持续发展能力分量表效度分析

可持续发展能力分量表进行 KMO 检验和巴特利球体检验,如表 6-21 所示,KMO = 0.726 > 0.7,巴特利球体检验的统计值的显著性概率为 0.000,小于 0.001,表明数据适合做因子分析。

表 6-21　可持续发展能力分量表 KMO 检验和巴特利球体检验

Kaiser – Meyer – Olkin Measure of Sampling Adequacy		0.726
Bartlett's Test of Sphericity	Approx. Chi – Square	534.518
	df	66
	Sig.	0.000

对可持续发展能力分量表进行主成分分析,得到 4 个因子,共解释了总体方差的 62.244%,如表 6-22 所示,与指标设置时变量结构基本一致。这说明可持续发展能力分量表具备构建效度。

表 6-22　可持续发展能力分量表的主成分分析

Component	Initial Eigenvalues			Extraction Sums of Squared Loading		
	Total	% of Variance	Cumulative %	Total	% of Variance	Cumulative %
1	3.536	28.334	28.334	4.794	28.334	28.334
2	1.527	12.236	40.570	1.943	12.236	40.570
3	1.442	11.554	52.124	1.637	11.554	52.124
4	1.263	10.120	62.244	1.425	10.120	62.244

Extraction Method: Principal Component Analysis

按照因素分析载荷评分标准,可持续发展能力因子载荷矩阵见表 6-23。

表 6-23　可持续发展能力因子载荷矩阵

指标命名	内部运行能力	战略管理能力	制度规范能力	企业家能力
测试问题项	1	2	3	4
62)	**0.748 0**	0.216 9	0.485 2	0.146 4
63)	**0.740 2**	0.249 6	0.146 8	0.216 8
64)	**0.771 4**	0.445 7	0.147 0	0.315 7
71)	0.485 0	**0.725 6**	0.241 6	0.168 9
72)	0.419 9	**0.788 2**	0.459 8	0.224 1
73)	0.215 1	**0.651 8**	0.294 7	0.268 9
65)	0.427 8	0.271 6	**0.763 7**	0.416 7

续表 6-23

指标命名	内部运行能力	战略管理能力	制度规范能力	企业家能力
66)	0.316 7	0.168 8	**0.573 2**	0.328 8
67)	0.341 7	0.277 3	**0.636 1**	0.427 6
68)	0.157 8	0.274 0	0.216 7	**0.657 8**
69)	0.472 2	0.174 5	0.427 8	**0.572 7**
70)	0.327 6	0.257 9	0.337 3	**0.628 8**

　　在进行因子旋转后,各因子载荷都大于 0.55,符合要求。总体而言,可持续发展能力分量表设计比较合理,样本结构效度比较好,此部分问卷设计满足研究需要。

6.3　SEM 模型验证与假设检验

　　结构方程模型评价的核心是模型的拟合性,即研究者所提出的变量间关联的模式是否与实际数据拟合以及拟合的程度如何,借以对研究者的理论研究模型进行验证。虽然结构方程模型提供了多种不同的评价指标,然而不同的指标得到的结果往往相近或一致,因此在 SEM 技术领域对于指数的优劣与选择方法并无一致性的认识。目前,最常见拟合度评价指标除卡方值与卡方显著性、卡方自由度等两种传统方式外,还有 CFI 与 RMSEA 指标。结构方程各种拟合度指标与适配标准见表 6-24。

表 6-24　结构方程各种拟合度指标与适配标准

绝对适配度指数		增值适配度指数		简约适配度	
统计检测量	适配标准	统计检测量	适配标准	统计检测量	适配标准
χ^2 值	>0.05	NFI 值	>0.9	PGFI 值	>0.05
RMR 值	<0.05	RFI 值	>0.09	PNFI 值	>0.05
RMSEA 值	<0.08	IFI 值	>0.09		
GFI 值	>0.9	CFI 值	>0.9	CN 值	>200
AGFI 值	>0.09	TLI 值	>0.09	χ^2/df	<3.00,最好 <2.00

　　本书最终选取了 χ^2/df、GFI、NFI、CFI、RMR、RMSEA 六类指数作为评价模型的拟合指数。对模型的验证与假设的检验可以通过整体模型的拟合结果进行分析,整体拟合可以实现全模型的变量之间关系的检验与分析,有助于全面实现假设关系的验证和发现新的变量间关系。也可以通过对整体模型进行分拆后的子模型进行结构方程拟合,分割检验职能,实现对部分变量之间关系的检验,一般可以实现对所提假设的检验,但却不能像全面整体拟合那样发现新关系和实现不同关系之间的同时验证。整体模型检验对数据量要求较高,而分割检验则对数据质量的要求较低。考虑到本书研究假设验证的需要和研究条件的限制,本书采用分割的子模型结构方程分析进行验证和假设检验。

6.3.1　利益相关者推动与社会责任的结构关系验证

根据本书第 5 章的假设 H1,我们提出了利益相关者推动与社会责任之间的结构关系子模型 1,如图 6-7 所示。

图 6-7　利益相关者推动与社会责任的结构关系子模型 1

将利益相关者推动与社会责任量表的数据代入子模型 1 中,在 AMOS 中建立初始路径图并导出相应数据后,经过 AMOS 的第一次迭代运算,得到 SEM 模型估计的各个拟合指标,运算结果如表 6-25 所示。

表 6-25　利益相关者推动与社会责任的结构关系模型的拟合度指标

模型	χ^2	df	χ^2/df	GFI	NFI	CFI	RMR	RMSEA
评判标准	越小越好	—	<3.00	>0.9	>0.9	>0.9	<0.05	<0.08
初次模拟	64.038	26	2.463	0.952	0.921	0.943	0.047	0.095
修改后模拟	54.475	25	2.179	0.983	0.962	0.958	0.044	0.075

由对初始模型的初次模拟得到的拟合指数可以看出,χ^2/df、GFI、NFI、CFI、RMR 等指标都已达到了拟合要求,但 RMSEA 的拟合值大于 0.08,不满足要求。根据 AMOS 提供的修正建议,残差 e4 与 e5 之间存在着相关关系。由于测量变量政府监管与非政府组织监管都是从监管的角度对利益相关者推动进行的考察,二者确实存在一定的关联性。因此,增加这一相关关系到初始模型中,从表 6-25 中可以看出,修正后的各拟合指标均有改善,RMSEA 的拟合值也满足要求。因此,这一模型得到修正,修正后的模型结构关系如图 6-8 所示,表明此时初始模型已是一个较为理想的拟合模型。

根据上面的拟合过程及其分析结果可以看出,就 AMOS 的分析结果而言,假设 H1 得到了验证。也就是说,在员工自身利益、消费者满意度、股东利益要求、政府监管以及非政府组织监管的共同作用下,利益相关者推动因素促使了水权使用者履行社会责任。因此,"假设 H1:利益相关者的推动力越强,越能促使水权使用者履行社会责任"得到了实证研究数据的统计支持和验证。假设 H1 成立。

6.3.2　水权使用者自身要求与社会责任的结构关系验证

根据本书第 5 章的假设 H2,我们提出了水权使用者自身要求与社会责任之间的结构关系子模型 2,如图 6-9 所示。

将水权使用者自身要求与社会责任量表的数据代入子模型 2 中,在 AMOS 中建立初始路径图并导出相应数据后,经过 AMOS 的第一次迭代运算,得到 SEM 模型估计的各个拟合指标,运算结果如表 6-26 所示。

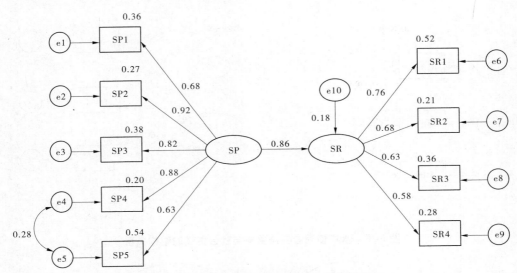

图 6-8 利益相关者推动与社会责任的结构关系

图 6-9 水权使用者自身要求与社会责任的结构关系子模型 2

表 6-26 水权使用者自身要求与社会责任的结构关系模型的拟合度指标

模型	χ^2	df	χ^2/df	GFI	NFI	CFI	RMR	RMSEA
评判标准	越小越好	—	<3.00	>0.9	>0.9	>0.9	<0.05	<0.08
模拟结果	24.219	13	1.863	0.971	0.954	0.983	0.043	0.075

由对初始模型的初次模拟得到的拟合指数可以看出,该模型与样本数据没有明显的差异,χ^2/df、GFI、NFI、CFI、RMR、RMSEA 等指标都已达到了拟合要求,模型适配良好,表明此时初始模型已是一个较为理想的拟合模型。具体的模型结构关系如图 6-10 所示。

根据上面的拟合过程及其分析结果可以看出,就 AMOS 的分析结果而言,假设 H2 得到了验证。也就是说,在节约交易成本、提升长期绩效以及改善竞争环境的共同作用下,水权使用者自身要求因素促使了水权使用者履行社会责任。因此,"假设 H2:水权使用者自身要求越强,越能促使社会责任的履行"得到了实证研究数据的统计支持和验证。假设 H2 成立。

6.3.3 外部环境与社会责任的结构关系验证

根据本书第 5 章的假设 H3,我们提出了外部环境与社会责任之间的结构关系子模型 3,如图 6-11 所示。

将外部环境与社会责任量表的数据代入子模型 3 中,在 AMOS 中建立初始路径图并导出相应数据后,经过 AMOS 的第一次迭代运算,得到 SEM 模型估计的各个拟合指标,运

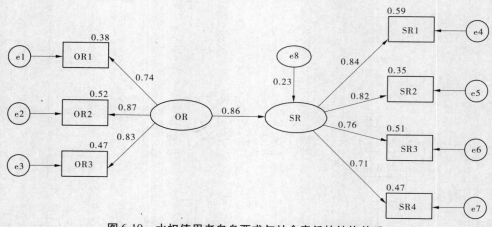

图 6-10　水权使用者自身要求与社会责任的结构关系

图 6-11　外部环境与社会责任的结构关系子模型 3

算结果如表 6-27 所示。

表 6-27　外部环境与社会责任的结构关系模型的拟合度指标

模型	χ^2	df	χ^2/df	GFI	NFI	CFI	RMR	RMSEA
评判标准	越小越好	—	<3.00	>0.9	>0.9	>0.9	<0.05	<0.08
模拟结果	28.418	13	2.186	0.935	0.985	0.918	0.043	0.064

由对初始模型的初次模拟得到的拟合指数可以看出,该模型与样本数据没有明显的差异,χ^2/df、GFI、NFI、CFI、RMR、RMSEA 等指标都已达到了拟合要求,模型适配良好,表明此时初始模型已是一个较为理想的拟合模型。具体的模型结构关系如图 6-12 所示。

根据上面的拟合过程及其分析结果可以看出,就 AMOS 的分析结果而言,假设 H3 得到了验证。也就是说,在经济全球化、社会舆论以及生态环境的共同作用下,外部环境因素促使了水权使用者履行社会责任,因此"假设 H3:外部环境的推动力越强,越能促使水权使用者履行社会责任"得到了实证研究数据的统计支持和验证。假设 H3 成立。

6.3.4　社会责任与声誉、竞争力以及可持续发展能力的结构关系验证

根据本书第 5 章的假设 H4、H5、H6,我们提出了社会责任与声誉、竞争力以及可持续发展能力之间的结构关系子模型 4,如图 6-13 所示。

将履行社会责任与竞争力、可持续发展能力以及声誉量表的数据代入子模型 4 中,在 AMOS 中建立初始路径图并导出相应数据后,经过 AMOS 的第一次迭代运算,得到 SEM 模型估计的各个拟合指标,运算结果如表 6-28 所示。

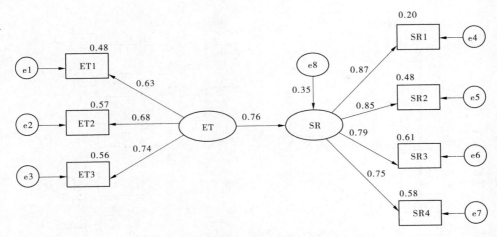

图 6-12　外部环境与社会责任的结构关系

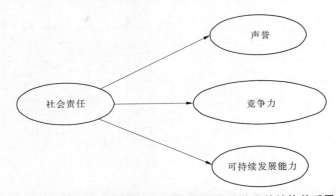

图 6-13　社会责任与声誉、竞争力以及可持续发展能力的结构关系子模型 4

表 6-28　社会责任与声誉、竞争力以及可持续发展能力的结构关系模型的拟合度指标

模型	χ^2	df	$\chi^2/$df	GFI	NFI	CFI	RMR	RMSEA
评判标准	越小越好	—	< 3.00	> 0.9	> 0.9	> 0.9	< 0.05	< 0.08
初次模拟	416.783	87	3.428	0.962	0.937	0.958	0.048	0.094
修改后模拟	326.935	85	2.535	0.978	0.953	0.972	0.046	0.068

由对初始模型的初次模拟得到的拟合指数可以看出,GFI、NFI、CFI 等指标都已达到了拟合要求,但 $\chi^2/$df 大于 3,且 RMSEA 的拟合值大于 0.08,不满足要求。根据 AMOS 提供的修改建议,残差 e13 与 e14 之间存在着相关关系,残差 e7 与 e8 之间也存在着相关关系。考虑到吸引力与喜爱性之间确实存在相关性,创新能力与可持续发展能力之间也存在相关性,因此增加这两项相关关系到初始模型中。从表 6-28 中可以看出,修正后的各拟合指标均有改善,$\chi^2/$df 与 RMSEA 的拟合值也满足要求。因此,这一模型得到修正,修正后的模型结构关系如图 6-14 所示,表明此时初始模型已是一个较为理想的拟合模型。

根据上面的拟合过程及其分析结果可以看出,就 AMOS 的分析结果而言,假设 H4、

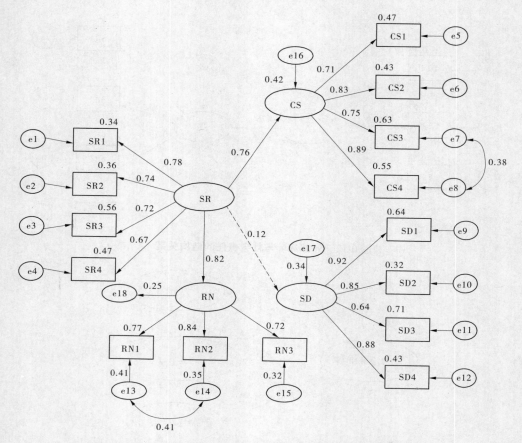

图 6-14　社会责任与声誉、竞争力以及可持续发展能力的结构关系

H6 的假设关系都得到了验证,假设 H5 未得到验证。由此可以看出,水权使用者履行社会责任可以带来企业声誉的提高和企业竞争力的增强,但由于社会责任与可持续发展能力的路径系数为 0.12,所以水权使用者履行社会责任可以带来可持续发展能力的提升未得到支持。因此,"假设 H4:水权使用者越能主动履行社会责任,越能促使水权使用者竞争力的提升"成立。"假设 H6:水权使用者越能主动履行社会责任,越能提高水权使用者的声誉"成立。"假设 H5:水权使用者越能主动履行社会责任,越能提高水权使用者的可持续发展能力"未得到实证研究数据的统计支持和验证。

6.3.5　声誉、竞争力以及可持续发展能力的结构关系验证

　　根据本书第 5 章的假设 H7、H8、H9,本书提出了声誉、竞争力以及可持续发展能力之间的结构关系子模型 5,如图 6-15 所示。

　　将声誉、竞争力以及可持续发展能力量表的数据代入子模型 5 中,在 AMOS 中建立初始路径图并导出相应数据后,经过 AMOS 的第一次迭代运算,得到 SEM 模型估计的各个拟合指标,运算结果如表 6-29 所示。

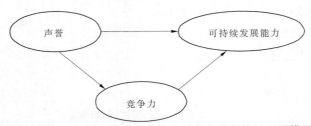

图 6-15　声誉、竞争力以及可持续发展能力的结构关系子模型 5

表 6-29　声誉、竞争力以及可持续发展能力的结构关系模型的拟合度指标

模型	χ^2	df	χ^2/df	GFI	NFI	CFI	RMR	RMSEA
评判标准	越小越好	—	<3.00	>0.9	>0.9	>0.9	<0.05	<0.08
模拟结果	84.159	41	2.728	0.970	0.928	0.936	0.045	0.078

由对初始模型的初次模拟得到的拟合指数可以看出,χ^2/df、GFI、NFI、CFI、RMR、RM-SEA 等指标都已达到了拟合要求,数据与模型适配良好。模型结构关系如图 6-16 所示,表明此时初始模型已是一个较为理想的拟合模型。

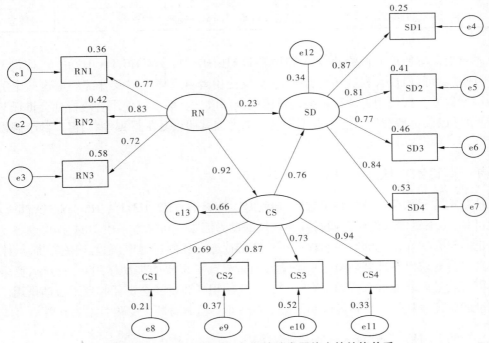

图 6-16　声誉、竞争力以及可持续发展能力的结构关系

根据上面的拟合过程及其分析结果可以看出,就 AMOS 的分析结果而言,假设 H8、H9 的假设关系都得到了验证,假设 H7 未得到验证。由此可以看出,提高声誉可以带来竞争力的提升,而竞争力的提升促进了可持续发展能力的提升。但由于声誉与可持续发展能力的路径系数为 0.23,所以提高声誉可以带来可持续发展能力的提升未得到支持。

因此,假设 H8、H9 成立,假设 H7 不成立。

6.4　实证结论分析

把本书基本假设检验的结果汇总列于表 6-30 中。

表 6-30　本书基本假设检验的结果汇总

假设内容	假设验证
H1:利益相关者的推动力越强,越能促使水权使用者履行社会责任	成立
H2:水权使用者自身要求越强,越能促使社会责任的履行	成立
H3:外部环境的推动力越强,越能促使水权使用者履行社会责任	成立
H4:水权使用者越能主动履行社会责任,越能促使水权使用者竞争力的提升	成立
H5:水权使用者越能主动履行社会责任,越能提高水权使用者的可持续发展能力	不成立
H6:水权使用者越能主动履行社会责任,越能提高水权使用者的声誉	成立
H7:水权使用者越能提高自身声誉,越能促使自身可持续发展能力的提升	不成立
H8:水权使用者越能提高自身声誉,越能促使自身竞争力的提升	成立
H9:水权使用者越能提高自身竞争力,越能促使自身可持续发展能力的提升	成立

本书对基本假设的检验的结果表明,假设 H1、H2、H3、H4、H6、H8、H9 成立,假设 H5、H7 不成立。可以看出,利益相关者推动、水权使用者自身要求以及外部环境这三个后项动力因素促使水权使用者履行社会责任假设全部成立。而水权使用者履行社会责任与声誉、竞争力以及可持续发展能力这三个前项动力因素假设基本得到检验,但有两个假设不成立。

6.4.1　假设 H1、H2、H3、H4、H6、H8、H9 成立

从结构方程的路径分析结果来看,最终基本假设 H1、H2、H3、H4、H6、H8、H9 都成立。由此可见,本书对水权使用者履行社会责任的动力因素分析基本是成功的,得出的各动力因素也是符合实际情况的。在水权使用者履行社会责任的过程中,利益相关者推动、水权使用者自身要求以及外部环境这三个动力因素起到了重要的推动作用。而声誉、竞争力以及可持续发展能力这三个动力因素则对水权使用者履行社会责任起到了拉动作用。基本假设的验证也从另一个角度说明了第 3 章成本—收益分析的必要性与适用性。

6.4.2　假设 H5 不成立

假设 H5 不成立,表明水权使用者履行社会责任与提高水权使用者的可持续发展能力方面不存在明显的相关关系。但在现实的企业经营活动中,特别是世界著名企业履行社会责任的过程中,都发现了履行社会责任与提高企业可持续发展能力之间的相关性,造成这一矛盾的原因可能有以下两方面。第一,问卷调查中的受访者都为国内的企事业单

位高层以及科研院校的专家,所以从问卷反映出的结果也和国际上的看法有些不同。受访者普遍认为履行社会责任最直接的后果是带来声誉的提升以及竞争力的提高,对可持续发展能力的影响还未形成共识,这也符合我国现阶段对企业履行社会责任初级阶段的认识。另一方面,在可持续发展能力量表中,去除了与提升竞争力中赢利与创新相似的内容,这也使受访者认为可持续发展能力主要是企业管理运行水平,与社会责任的履行关系不大。假设 H5 不成立说明本研究并未得到全部验证,理论假设只是得到部分支持。

6.4.3　假设 H7 不成立

水权使用者履行社会责任可以为水权使用者带来诸多方面的影响与收益,只有这些收益或正效应越大,才越能促使水权使用者积极主动履行社会责任,而不同收益之间也存在着一定的相关性。对基本假设的验证表明,水权使用者声誉的提升可以带来水权使用者可持续发展能力的提升,同时水权使用者竞争力的提升可以进一步促使水权使用者可持续发展能力的提升。这与学者们的理论研究和本研究的假设是一致的。同时,本研究发现"假设 H7:水权使用者越能提高自身声誉,越能促使自身可持续发展能力的提升"不成立,这与以往的理论研究不同。本书认为这种结论的出现取决于当前我国对可持续发展能力的认识还主要体现在企业的核心竞争力上,而水权使用者的声誉大多被认为直接反映在企业竞争力上,和水权使用者的可持续发展能力不存在显著的相关性。

6.5　本章小结

本章是本书实证研究的主体部分。首先,对调查问卷进行了描述性分析;其次,运用 SPSS 工具对调查问卷进行了效度分析、信度分析,分析表明本研究的调查问卷满足进行结构方程建模的基本需要,可以运用 AMOS 进行结构方程建模;再次,展开对 9 个基本子模型的结构方程建模、修正、假设检验,研究发现,除假设 H5 和假设 H7 不成立外,其他 7 个基本假设都得到有效验证。结果表明,水权利益相关者推动因素、水权使用者自身要求因素以及外部环境因素促使水权使用者履行社会责任,水权使用者履行社会责任也提高自身的声誉。而声誉的提升进一步促使竞争力的提升,最终导致水权使用者可持续发展能力的提升。

第 7 章　水权使用者履行社会责任的动力机制设计

7.1　水权使用者履行社会责任的方式

通过第 4 章和第 5 章的分析,本书得出水权使用者履行社会责任的动力因素,包括利益相关者推动、水权使用者自身要求、外部环境、声誉、竞争力以及可持续发展 6 大因素。这 6 大因素又可以分为两类,一类是外部压力,包括利益相关者推动、外部环境以及声誉;另一类是内在需求,包括水权使用者自身要求、竞争力以及可持续发展能力。可见,外部压力与内在需求是推动水权使用者履行社会责任的两种方式。要使水权使用者履行社会责任,生产消费者放心的产品,提供消费者满意的服务,一方面要有来自政府与社会的外在压力,另一方面要有符合企业利益的内在激励。为此,协调好政府、社会、水权使用者三方的关系,对水权使用者履行社会责任至关重要。但在现实中,由于水权使用者履行社会责任的成本和收益在不同阶段有所不同,这就造成不同的阶段外部压力与内在需求对水权使用者履行社会责任的推动作用也是不尽相同的。

在现阶段,由于人们对水权使用者社会责任的认识不强,水权使用者履行社会责任很难直接为企业创造利润,并且还要在履行社会责任的过程中承担大量的成本,这就使得水权使用者不愿积极主动地履行社会责任,存在履行责任推诿的情况,正处在水权使用者履行社会责任的成本—收益均衡的阶段 2。这时,一方面需要水权使用者自觉意识到履行社会责任符合其利益追求的目标,另一方面需要提高水权使用者违反社会责任的成本。但是,因为履行社会责任的收益在短时间内很难大幅度提升,因此提高水权使用者违反社会责任的成本这方面就显得尤为重要。此时外部压力对水权使用者履行社会责任的推动作用就更加明显。这就要求加大来自政府、社会公众、消费者等方面的外部惩罚,使水权使用者为了长期利益着想,不敢为追求短期利益而做出违背社会责任的行为。政府将作为主要施力者,在加强企业社会责任相关立法的同时,更要加强对企业特别是水权使用者履行社会责任的监管与处罚,这样才能从根本上提高水权使用者的违责成本,促使水权使用者社会责任的履行。政府还应对非政府组织和媒体进行引导,使非政府组织制定行业规则来规范企业的行为,使媒体对履责状况好的企业进行宣传,对履责状况不好的企业进行曝光,以此唤醒社会对该问题的重视,最终形成宏观层面上的合力来推进水权使用者履行社会责任。由上述分析可见,现阶段由于水权使用者还未将履行社会责任看做自身长远发展的根本需要,而社会责任的履行是在政府的强力监管与推动下进行的,因此对水权使用者而言,这个阶段履行社会责任的方式是被动履责。

在理想阶段,由于人们对水权使用者社会责任的认识已十分充分,并已建成相对完善的立法和监管制度,全社会形成履行社会责任的企业产品受欢迎、不履行社会责任的企业产品没市场的良好氛围。同时,水权使用者自身社会责任意识不断加强,水权使用者切实认识到履行社会责任才能占据市场,才能提高企业的竞争力与可持续发展能力。此时,内在需求对水权使用者履行社会责任起到主要的推动作用,由于水权使用者履行社会责任带来的收益远远大于付出的成本,因此在理想阶段,对水权使用者而言,这个阶段履行社会责任的方式是主动履责。

7.2　水权使用者被动履责的动力机制

7.2.1　水权使用者被动履责的进化博弈分析

7.2.1.1　进化博弈模型

20 世纪 90 年代随着经典博弈理论的完善与发展,逐步引入了进化博弈理论。进化博弈理论最初是一些以 Lewontin 和 Hamilton 为代表的生物学家从对动物竞争、动物群中的性别分配、植物的生长等研究中引出的生物进化博弈模型。通过不断修正产生了如复制动态(RD)和进化稳定策略(ESS)模型等阶段成果,最终经济学家 Gilboa 与 Boyland 吸收了生物学家的研究成果,把生物进化博弈模型推广到一般的经济行为领域,如纳什均衡的稳定性、弱占优战略的构建等。

(1)复制动态(RD)。进化博弈理论基本动态概念为复制动态,它能较好地描绘出有限理性个体的群体行为变化趋势,由之得出的结论能够比较准确地预测个体的群体行为。复制动态方程的基本思想是:如果策略的结果优于平均水平,那么选择该策略的那些群体在整个种群中的比重就会上升。复制动态的微分方程一般如下:

$$\frac{\mathrm{d}x_k}{\mathrm{d}t} = x_k[u(k,s) - \bar{u}(s,s)], k = 1,2,\cdots,n$$

由于研究者对群体行为调整过程的研究重点不同,又提出了不同的动态模型,如 Weibull 提出的模仿动态模型,认为人们常常模仿其他人的行为尤其是能够产生较高支付的行为,Borgers 和 Sarin 提出并应用强化动态来研究现实中参与人的学习过程,Skyrms 引入了意向动态模型对哲学中的理性问题进行了讨论,Swinkels 提出了近似调整动态,等等。到目前为止,在进化博弈理论中应用得最多的还是由 Taylor 和 Jonker 在对生态现象进行解释时首次提出描述单群体动态调整过程的模仿者动态。

(2)进化稳定策略(ESS)。进化稳定策略是进化博弈理论的基本均衡概念,表示一个种群抵抗变异策略进入的一种稳定状态,其定义如下:演化稳定策略意味着当博弈参与者随机配对进行博弈时,在位种群成员的支付水平高于入侵者的支付水平。每个博弈参与者都有 $(1-\varepsilon)$ 的概率遇到选择策略 x 的参与者,同时他还有 ε 的概率遇到入侵者。从而 ESS 的定义条件式为

$$u[x,(1-\varepsilon)x + \varepsilon x'] > u[x',(1-\varepsilon)x + \varepsilon x']$$

式中　ε——一个极小的正数,$0 < \varepsilon < \bar{\varepsilon}$。

最初进化稳定策略定义有比较苛刻的条件限制,如单群体、群体中个体数目无限大、

系统只受到不连续且互不重叠冲击的影响等。这些条件大大地限制该定义的应用。随着学术界对进化博弈理论研究的深入，许多理论家们从不同的角度对最初定义进行了拓展，Selten 首次给出了适应于描述多群体均衡的定义，Schaffer 首次给出了适应于描述有限规模群体的均衡定义，Foster 和 Young 首次给出了适应于描述连续随机系统的均衡定义，等等。最初定义是在解释生态现象时提出来的，如果用于经济分析，那么进化的结果将是那些选择突变策略的个体最终会改变策略而选择进化稳定策略（因为人类可以通过学习、模仿等来改变自己所选择的策略）。

7.2.1.2　水权使用者被动履责进化博弈环境分析

1. 博弈方

博弈中独立决策、独立承担博弈结果的个人或组织称为博弈方。博弈方的数量是博弈结构的关键参数之一。常常根据博弈方的数量将博弈分为"单人博弈"、"两人博弈"和"多人博弈"。就水权使用者履行社会责任的博弈问题而言，首先，定义此次博弈为两人博弈，之所以选择两人博弈是因为两人博弈是博弈问题中最为常见，也是研究最为成熟的博弈类型，并且对于水权使用者履行社会责任的监管问题，两人博弈也能较为准确地反映双方的博弈关系。此外，由于多人博弈的基本性质和特征与两人博弈是相似的，今后还可以用研究两人博弈同样的思路与方法来研究水权使用者履责动力的多人博弈，将两人博弈分析中得到的结论直接推广到多人博弈中。其次，定义水权使用者被动履责的博弈方为水权使用者与监管部门，水权使用者在本书第 2 章已经定义过，不在赘述，监管部门在这里主要是指包括主管经济、质检、环境、水利等方面的各级政府机构。

2. 博弈策略

博弈中各博弈方的决策内容称为"博弈策略"。博弈中的策略通常是对行为取舍、经济活动水平等的选择。根据博弈的定义可以看出，给出各博弈方可以选择的全部策略或策略选择范围，是定义一个博弈时需要确定的最重要的基本方面之一。根据所研究问题的内容和性质，不同博弈中各博弈方可选策略的数量有多有少，差异还可能非常大。一般地，如果一个博弈中每个博弈方的策略数是有限的，则称为"有限博弈"，如果一个博弈中至少有些博弈方的策略是无限多个，则称为"无限博弈"。水权使用者被动履责博弈为有限博弈。博弈方水权使用者履行社会责任的博弈策略为履行与不履行，博弈方监管部门的策略选择为监管与不监管。

3. 博弈方理性

在博弈问题中还有一个十分重要的问题，这就是博弈方的理性问题。博弈方最主要的行为逻辑包括两个方面：一是他们决策行为的根本目标，二是他们追求目标的能力。通常经济学一般都采用"理性经济人假设"，即认为博弈方都是以个体利益最大化为目标的，且有准确的判断选择能力，也不会"犯错"。显然这样的假设在现实中是过于理想化的。因为博弈问题通常包含复杂的相互依存关系，博弈分析往往是很复杂的，因此指望现实的博弈方都能通过博弈分析找到最优策略，而且不会因为遗忘、失误、任性等原因偏离最佳选择，常常是不切实际的。对水权使用者与监管部门而言，保持完全理性是很难满足的高要求，当社会经济环境与决策问题比较复杂时，博弈方的理性局限性是很明显的。因此，水权使用者履行社会责任的监管博弈问题，是在博弈方有限理性的条件下进行的。

7.2.1.3　基本假设

（1）假定两个有限理性的博弈方,一方是监管部门,另一方是水权使用者。

（2）水权使用者履行社会责任的策略选择为履行或不履行,监管部门的策略选择为监督或不监督。

（3）模型中局中人的信息是不完全信息。

（4）监管部门以特定手段进行认真监督,如果水权使用者不履行社会责任,监管部门一旦实施监督,就一定能发现其不履行社会责任的行为。

7.2.1.4　水权使用者被动履责进化博弈得益分析

监管部门成功查处水权使用者不履行社会责任行为受到特殊奖励为 A,一方面包括监管部门自身的物质与精神奖励,另一方面包括社会公众对监管部门工作认可带来的社会形象的提升。监管部门实施监督,但水权使用者履行社会责任时,可获得正常奖励为 L,只包括监管部门自身的物质与精神奖励。监管部门对水权使用者履行社会责任进行监督的成本为 C_1,即为监督水权使用者社会责任所必须付出的努力。监督部门监督失职所遭受的惩罚为 B,一方面包括监管部门自身的内部处罚,另一方面包括社会公众对监管部门工作不认可带来的社会形象的负面影响。

水权使用者不履行社会责任可节省的得益为 M。水权使用者不履行社会责任,被查处后遭受的惩罚为 R,包括经济惩罚和法律惩罚。水权使用者为逃避监管部门监督所付出的努力,即不履行社会责任的成本为 C_2。为使监管部门不进行监督,水权使用者会主动向监管部门提供的公关经费为 αM。水权使用者不履行社会责任行为如被发现,会受到行业与公众的谴责,造成对自身声誉的负面影响为 γM。水权使用者履行社会责任带来的得益为 N,同时付出的成本为 C_3。

当水权使用者不履行社会责任时,如果监管部门认真监督,监管部门得益为 $A - C_1 - \alpha M$,水权使用者此时的得益为 $M - R - \gamma M - C_2$;如果监管部门不认真监督,监管部门得益为 $-B + \alpha M$,水权使用者此时的得益为 $M - C_2$。当水权使用者履行社会责任时,如果监管部门认真监督,监管部门得益为 $L - C_1$,水权使用者此时的得益为 $N - C_3$;如果监管部门不认真监督,监管部门得益为 0,水权使用者此时的得益为 $N - C_3$。则相应的进化博弈得益矩阵如表 7-1 所示。

表 7-1　水权使用者与监管部门进化博弈得益矩阵

		水权使用者得益	
		不履行 y	履行 $(1 - y)$
监管部门得益	监督 x	$A - C_1 - \alpha M$ $M - R - \gamma M - C_2$	$L - C_1$ $N - C_3$
	不监督 $(1 - x)$	$-B + \alpha M$ $M - C_2$	0 $N - C_3$

7.2.1.5　水权使用者被动履责进化博弈模型复制动态分析

假定在进化博弈起始阶段,监督部门群体中采用监督策略的成员比例为 x,采用不监督策略的成员比例为 $(1 - x)$,水权使用者群体中采用不履行策略的成员比例为 y,采用履行策略的成员比例为 $(1 - y)$。

监督部门群体中采用监督策略时的得益 $U(\mathrm{do})$ 为：

$$U(\mathrm{do}) = y \times (A - C_1 - \alpha M) + (1 - y) \times (L - C_1) = (A - \alpha M - L)y + L - C_1$$

$$(7\text{-}1)$$

监督部门群体中采用不监督策略时的得益 $U(\mathrm{undo})$ 为：

$$U(\mathrm{undo}) = y \times (-B + \alpha M) \qquad (7\text{-}2)$$

此时，监督部门群体的平均得益 $\overline{U}$ 为：

$$\begin{aligned} \overline{U} &= x[(A - \alpha M - L)y + L - C_1] + (1 - x)y(-B + \alpha M) \\ &= x[(A + B - 2\alpha M - L)y + L - C_1] + y(\alpha M - B) \end{aligned} \qquad (7\text{-}3)$$

因此，监督部门群体选择监督策略时的复制动态方程如下：

$$\begin{aligned} U_t{}' &= x[U(\mathrm{do}) - \overline{U}] \\ &= x\{(A - \alpha M - L)y + L - C_1 - x[(A + B - 2\alpha M - L)y + L - C_1] - y(\alpha M - B)\} \\ &= x(1 - x)[(A + B - 2\alpha M - L)y + L - C_1] \end{aligned} \qquad (7\text{-}4)$$

同理可得，水权使用者群体采用不履行策略时的得益 $V(\mathrm{do})$ 为：

$$\begin{aligned} V(\mathrm{do}) &= x(M - R - \gamma M - C_2) + (1 - x)(M - C_2) \\ &= x(-R - \gamma M) + M - C_2 \end{aligned} \qquad (7\text{-}5)$$

水权使用者群体采用履行策略时的得益 $V(\mathrm{undo})$ 为：

$$\begin{aligned} V(\mathrm{undo}) &= x(N - C_3) + (1 - x)(N - C_3) \\ &= N - C_3 \end{aligned} \qquad (7\text{-}6)$$

水权使用者群体的平均得益 $\overline{V}$ 为：

$$\begin{aligned} \overline{V} &= y[x(-R - \gamma M) + M - C_2] + (1 - y)(N - C_3) \\ &= y[x(-R - \gamma M) + M - C_2 - N + C_3] + N - C_3 \end{aligned} \qquad (7\text{-}7)$$

因此，水权使用者群体选择不履行策略时的复制动态方程如下：

$$\begin{aligned} V_t{}' &= y[V(\mathrm{do}) - \overline{V}] \\ &= y\{x(-R - \gamma M) + M - C_2 - y[x(-R - \gamma M) + M - C_2 - N + C_3] - N + C_3)\} \\ &= y(1 - y)[x(-R - \gamma M) + M - C_2 - N + C_3] \end{aligned} \qquad (7\text{-}8)$$

综上所述，针对监管部门与水权使用者的动态复制方程组如下：

$$\begin{cases} U'_t = x(1 - x)[(A + B - 2\alpha M - L)y + L - C_1] \\ V'_t = y(1 - y)[x(-R - \gamma M) + M - C_2 - N + C_3] \end{cases} \qquad (7\text{-}9)$$

7.2.1.6　水权使用者被动履责进化博弈稳定点分析

1. x 的进化稳定性分析

由稳定性原理及进化稳定策略的定义可知，当 $y = \dfrac{C_1 - L}{A + B - 2\alpha M - L}$ 时，$U'_t = 0$，这意味着对于所有 x 水平都是稳定状态，监管部门无论选择什么样的监督比例，其得益都等于群体成员的平均得益，没有更好的状态可以学习和改进，监管部门将保持自身的策略选择不变化。

当 $y > \dfrac{C_1 - L}{A + B - 2\alpha M - L}$，且 $A + B > 2\alpha M + L$ 时，$U'_t > 0$，即 $U(\mathrm{do}) > \overline{U}$。此时，监管部门选择监督策略的得益大于监管部门群体的平均得益，那么监管部门成员将慢慢地发现这

一事实,并进行学习模仿,调整自己的策略选择。经过一段时间后,监管部门群体中选择监督策略的比例越来越高,最终监管部门群体中选择监督策略的成员比例为1,此时 $x=1$ 是进化稳定策略(ESS),如图7-1所示。

当 $y > \dfrac{C_1 - L}{A + B - 2\alpha M - L}$,且 $A + B < 2\alpha M + L$ 时,$U'_t < 0$,即 $U(\mathrm{do}) < \overline{U}$。此时监管部门选择监督策略的得益小于监管部门群体的平均得益,那么监管部门成员将慢慢地发现这一事实,逐步调整自己的策略选择。经过一段时间后,监管部门群体中选择监督策略的比例越来越低,最终监管部门群体中选择监督策略的成员比例为0,此时 $x=0$ 是进化稳定策略(ESS),如图7-2所示。

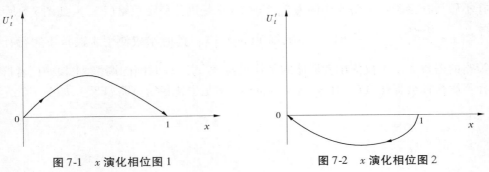

图7-1　x 演化相位图1　　　　　　　　　图7-2　x 演化相位图2

当 $y < \dfrac{C_1 - L}{A + B - 2\alpha M - L}$,且 $A + B > 2\alpha M + L$ 时,$U'_t < 0$,即 $U(\mathrm{do}) < \overline{U}$。此时监管部门选择监督策略的得益小于监管部门群体的平均得益,那么监管部门成员将慢慢地发现这一事实,逐步调整自己的策略选择。经过一段时间的调整后,监管部门群体中选择监督策略的比例越来越低,最终监管部门中选择监督策略的成员比例为0,此时 $x=0$ 是进化稳定策略(ESS),如图7-3所示。

当 $y < \dfrac{C_1 - L}{A + B - 2\alpha M - L}$,且 $A + B < 2\alpha M + L$ 时,$U'_t > 0$,即 $U(\mathrm{do}) > \overline{U}$。此时,监管部门选择监督策略的得益大于监管部门群体的平均得益,那么监管部门成员将慢慢地发现这一事实,并进行学习模仿,调整自己的策略选择。经过一段时间后,监管部门群体中选择监督策略的比例越来越高,最终监管部门群体中选择监督策略的成员比例为1,此时 $x=1$ 是进化稳定策略(ESS),如图7-4所示。

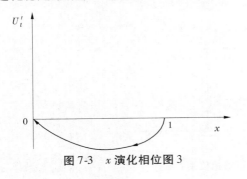
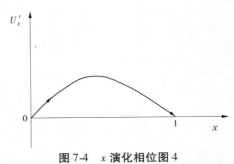

图7-3　x 演化相位图3　　　　　　　　　图7-4　x 演化相位图4

2. y 的进化稳定性分析

由微分方程的稳定性原理及进化稳定策略的定义可知，当 $x = \dfrac{M + C_3 - N - C_2}{R + \gamma M}$ 时，$V'_t = 0$，这意味着对于所有 y 水平都是稳定状态，水权使用者无论选择履行社会责任的比例如何，其得益都等于水权使用者群体成员的平均得益，没有更好的状态可以学习和改进，水权使用者都将保持自身的策略选择不变化。

当 $x > \dfrac{M + C_3 - N - C_2}{R + \gamma M}$ 时，$V'_t < 0$，即 $V(\mathrm{do}) < \bar{V}$。此时水权使用者选择不履行社会责任策略的得益小于水权使用者群体的平均得益，经过一段时间的调整，水权使用者群体中选择不履行社会责任策略的比例为 0，此时 $y = 0$ 是进化稳定策略（ESS），如图 7-5 所示。

当 $x < \dfrac{M + C_3 - N - C_2}{R + \gamma M}$ 时，$V'_t > 0$，即 $V(\mathrm{do}) > \bar{V}$。此时水权使用者选择不履行社会责任策略的得益大于水权使用者群体的平均得益，经过一段时间的调整，水权使用者群体中选择不履行社会责任策略的比例为 1，此时 $y = 1$ 是进化稳定策略（ESS），如图 7-6 所示。

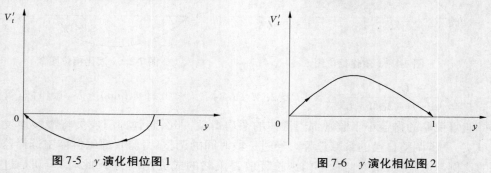

图 7-5　y 演化相位图 1　　　　　　　　图 7-6　y 演化相位图 2

3. 博弈模型的综合稳定性分析

进一步地，把监管部门与水权使用者比例变化的复制动态关系在一个坐标平面内表示。当 $A + B > 2\alpha M + L$ 时，水权使用者履行社会责任的进化博弈模型不存在真正的稳定进化策略（ESS），在本位利益的驱动下，监管部门与水权使用者的策略选择将围绕着中心 D 点展开变化。此时，监管部门群体与水权使用者群体各自采用混合竞争策略进行博弈，混合策略相位图如图 7-7 所示。

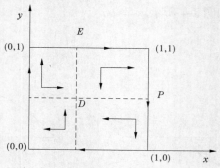

图 7-7　混合策略相位图

当 $A+B<2\alpha M+L$ 时,$(0,1)$、$(1,0)$两点是本博弈真正的稳定进化策略(ESS),而其他点实质上都不是复制动态中收敛和抗干扰的稳定点。这也就意味着,监管部门与水权使用者在经历反复博弈后,随着学习和模仿行为的发生,有限理性的博弈双方会稳定在两种均衡状态:一是$(0,1)$点,即(不监督,不履行),监管部门选择不监督策略时,水权使用者选择不履行社会责任策略应对;二是$(1,0)$点,即(监督,履行),监管部门选择监督策略时,水权使用者选择履行社会责任策略应对,如图 7-8 所示。显然地,前一种均衡状态不利于社会经济的有效发展,是一种低效的均衡状态,应该尽量避免,后一种均衡状态是一种对社会经济发展有利的均衡状态,应尽力创造条件促使这种均衡状态的出现。为此,应建立长期有效的水权使用者履行社会责任的监管机制,通过政府、社会与水权使用者多方面的共同努力,来保证水权使用者责任的有效履行。

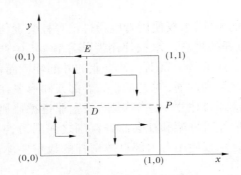

图 7-8　稳定进化策略相位图

7.2.2　水权使用者被动履责的动力模式分析

通过对水权使用者被动履责的进化博弈分析可以发现,在现阶段,监管部门采取监管措施,水权使用者履行社会责任是稳定均衡状态,这就再次验证了水权使用者在这个阶段采取的是被动履责的方式。在这个阶段水权使用者履行社会责任,主要是在政府的外部监管与社会公众的外部压力下进行的。由于水权使用者履行社会责任可以维护水权使用者与政府和社会三者之间的关系,同时政府又具有社会公共事务管理者与社会公共利益维护者的双重身份,因此在水权使用者与政府、社会三者之间建立合理的关系,是建立水权使用者被动履责动力机制的基本前提条件。在多元主体(水权使用者、政府、社会)之间形成合理关系的基础上,通过明确各主体的角色定位并相互协作,才能确保水权使用者履行社会责任。

7.2.2.1　水权使用者被动履责的参与方

1. 政府

政府作为水权使用者履行社会责任的管制者,其作用主要体现在引导和监管这两个方面。首先,政府从维护社会公共利益和保证社会经济顺利运行的角度出发,通过国家立法和行使公共权力的形式,建立完善规范的法律法规体系,从而为水权使用者履行社会责任的实现提供程序化和制度化的立法保证。其次,政府作为水权使用者的直接监管者,其职责在于促进水权使用者正的外部性,减少甚至消除负的外部性。为了达到监管的目的,政府可以综合运用经济性监管、社会性监管、反不正当竞争和垄断监管等多种管制手段，对水权使用者拒绝履行社会责任或者超出法律许可的社会责任行为进行管制。

2.社会公众

作为水权使用者履行社会责任的监督者和推动者，社会公众的监督和推动手段，主要是通过行业协会、非政府组织以及媒体等配合政府的引导和管制，对水权使用者履行社会责任的状况进行必要的监督和推动。如典型的监督和推动手段是尝试设立由非政府组织出面负责的，介于政府和水权使用者之间的第三方认证的社会中介性评价与审核机构，定期向利益相关者提供水权使用者相关的社会责任报告或评价结果。媒体则通过新闻报道的方式向政府与社会大众传递水权使用者履行社会责任的信息，对水权使用者形成舆论监督。

3.水权使用者

作为履行社会责任的主体，水权使用者应通过培育社会责任意识，强化自律精神和行为，塑造主动承担社会责任的理念。水权使用者依靠建立"生产守则"等内部管理规章、制度，能够改善劳资关系，融洽员工氛围。就企业的外部环境而言，可以设立公关部门，加强与各种利益相关者的联系和沟通，树立企业的外部亲和形象，为企业发展创造良性的外部空间。水权使用者还应通过建立"生产守则"等企业道德准则，提高自身道德水准，使其自觉形成一条介于政府监管框架和社会监督氛围之间的道德底线，以尽可能减少来自政府和社会的压力。这是水权使用者内部自律精神的最重要体现，也是最终推动水权使用者社会责任的根本内因。

7.2.2.2 水权使用者被动履责参与方的互动作用

1.政府的主导作用

在水权使用者社会责任的发展过程中，政府具有主导性作用，政府的引导和监管决定了水权使用者社会责任的发展方向与层次。政府的主导性作用集中体现为：第一，在政府的指导和监管下，由非政府组织出面建立独立的第三方认证与审核机构，全方位地对水权使用者的社会责任情况给予客观的评估和审核，使之成为各界权威的参考依据。第二，政府和行业协会要加快对 SA 8000 企业社会责任国际标准的应对研究，加大对企业的培训、宣传力度，帮助水权使用者树立社会责任意识和理念。第三，政府应完善社会公益机制，出台相关的政策、法规和相应的激励措施，为水权使用者社会责任的发展提供制度保障。

2.三方各自推动作用

政府、水权使用者与社会在对水权使用者社会责任的认识和态度趋同的前提下，从不同的角度，以各自的方式推进其进步。政府是从宏观的角度以引导者和管制者的身份出现，起到自上而下的推动作用；水权使用者从微观的角度通过履行社会责任，以分担政府公共职责的方式，承担自下而上的推动作用；而社会则扮演政府和水权使用者之间中介平台的角色，分别向政府和水权使用者传达彼此的意志，把政府、水权使用者与社会之间的多元关系有机地贯穿起来，社会同时是水权使用者社会责任的实施目标和受益者。全球化条件下政府、水权使用者与社会的关系中水权使用者社会责任的定位是能够有效维护和增进社会公共利益的润滑剂与媒介物，通过承担相应的公共职责来协调政府、水权使用者与社会之间的关系。

　　3.三方的协同作用

　　水权使用者社会责任的履行是政府、水权使用者与社会共同努力的结果,是政府监管、社会推动和水权使用者自律三者相互影响、协调和配合的产物。水权使用者要正确处理好与政府、社会之间的关系,明确社会责任的发展方向,渐进提升社会责任层次。政府、社会等利益相关者应为水权使用者履行社会责任创造良性的外部环境,发挥必要的引导、监管和推动作用,水权使用者自身则要培育社会责任的意识,强化自律精神和行为,从而形成由政府监管、社会推动和水权使用者自律相结合的全方位、多渠道的水权使用者社会责任保障与监管体系。

7.2.2.3　水权使用者被动履责的具体模式

　　现阶段,水权使用者履行社会责任的内在需求不足,导致水权使用者社会责任监管内部化的激励不够,使得水权使用者不能自觉地履行社会责任,因此对水权使用者社会责任的履行还应以外部压力驱使为主。

　　首先,建立政府监管为主,第三方监管相结合的监管模式,使官方立法监管与行业准则监管互为补充。现阶段,第三方监管机构应为半官方、半民间的混合部门,可以是政府部门与行业协会的有机结合,以实现协调统一监管。政府对水权使用者社会责任的概念、内涵、性质和实施标准等内容,应以法律形式给予明确、统一的界定,既保证政府依法引导和监管水权使用者履行社会责任,也有利于水权使用者参照实施和非政府组织依法监督。政府与行业协会等其他非政府组织应联合推行严格的企业产品认证标准和市场准入制度,确保水权使用者按照国家法律和政府的有关规定依法提供合格产品。消费者协会可以发起一些活动,如消费者责任日等唤起消费者对企业责任意识的关注。政府与第三方监管机构应及时将水权使用者履行社会责任的情况向社会公众与媒体公布,通过良好的信息传递,在社会舆论中形成对水权使用者履行社会责任的无形监管,使得社会责任履行好的企业产品更受市场的青睐,使得社会责任履行不好的企业损失声誉,并受到市场淘汰的惩罚。

　　其次,加强媒体监督,形成良好的舆论导向。传媒作为最普遍的沟通和观念交流工具,在选择信息的过程中,不可避免地会受到选择者的个人道德观的影响,还有其他道德团体介入大众传媒,直接将媒介作为自己传播道德的工具。我国所有的合法媒体都接受各级宣传部门的指导,因此媒体可以借助政府等力量对不履行社会责任或履行状况不好的水权使用者进行披露,使其利益相关者及时了解水权使用者社会责任履行的状况,并对自己的行为作出判断。媒体还应充分发挥舆论导向作用,影响当前主流消费群体的消费意识,以促使履行社会责任较好的企业得到良好的市场回报。

　　最后,社会公众通过"货币选票",影响水权使用者市场机会的选择。消费者、员工、社区等都为企业注入了专用型投资,都为企业的经营活动付出了代价,都应该得到相应的回报。若水权使用者忽视了任何利益相关群体的利益诉求,消费者与社会公众都可借助媒体的力量对其违规行为进行抗议,将手中的"货币选票"投给其他企业,以致损害企业利润。甚至可以联合起来进行抵制,比如拒绝购买,通过消费者协会等机构进行维权,或者通过法律予以体现,最后在市场上形成对企业产品的排斥,这都会严重影响企业的生存与发展,致使水权使用者不得不面对严峻的市场压力,从而较好地履行社会责任。具体的水权使用者被动履责的动力模式如图 7-9 所示。

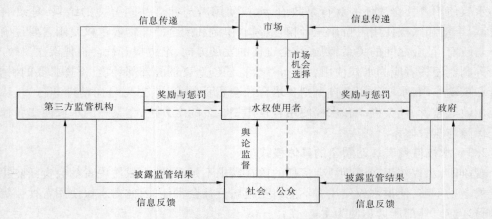

图 7-9　水权使用者被动履责的动力模式

7.3　水权使用者主动履责的动力机制

7.3.1　水权使用者主动履责的内在驱动过程

7.3.1.1　企业文化

企业文化是一种从事经济活动的组织内部的文化,其中所包含的价值观念、行为准则等意识形态和物质形态均为该组织成员所认可。而基于社会责任的企业文化是把企业社会责任意识作为一种价值观念内化到企业中去,具有这种企业文化特点的企业,其行为就不是受到外界压力的一种表现,而是企业自愿自主地表现出来的一种自律的行为结果。基于社会责任的企业文化不仅为企业设定了符合社会发展的正义目标,有利于在企业内部维系一种互爱互信的关系,而且企业更容易招募到优秀的员工和激励员工的工作积极性,员工也更倾向于在这样的企业中工作并为企业的发展作出努力与贡献。同时,注重社会责任的企业文化能提高企业形象,良好的企业形象能给企业带来长远的经济效益;可以提高企业的社会合作的信赖度和生产效益;生产的信誉产品和提供的诚信服务能为企业带来直接的经济效益,从而也有利于企业竞争力的提升。这表明社会责任是优秀企业文化的一部分,优秀的企业文化必然内在地要求企业主动履行社会责任。

7.3.1.2　企业道德

企业道德是指在企业这种特定的社会经济组织中,依靠社会舆论、传统习惯和内心信念来维持的,以善恶评价为标准的道德原则、道德规范和道德活动的综合。通过企业社会责任表现出来的道德思考和行动已不再是一种带有伤害性的控制措施,并且就商业利益,如问题避免、成本控制、权益方关系改善、工作环境改善以及竞争优势提高等而言,通过企业社会责任表现出的道德思考和行动越来越得到人们的认可。在水权使用者与市场以及社会的各方面关系中,道德因素之所以成为必要和被看重,就是因为企业道德的完善能够直接或间接地给水权使用者带来利益和发展,企业道德不仅是企业的责任,而且是企业增强竞争力的武器之一。因此,出于企业长远发展考虑,水权使用者更加愿意主动将社会责任纳入企业道德体系之中,进而促使社会责任的履行。为加强水权使用者的企业道德建设,一方面,应提高企业领导者的素质,因为企业"所有者"和高管阶层自身的道德素养,在企业道德中非常重要,甚至居于主导地位,它形成企业社会责任的内在约束力;另一方面,完善企业道德规范,将道德建设纳入企业总体发展规划,把道德建设的目标和生产经营活动结合起来,在实践中逐步完善企业道德规范。

7.3.1.3　企业社会责任管理制度

企业社会责任管理制度是指确保水权使用者履行相应社会责任,实现良性发展的相关制度安排与组织建设,建立企业社会责任管理体系是一项涉及企业的远景与使命、企业文化和企业发展战略,事关企业长远发展的重大任务。企业社会责任管理制度构建应该包括两个方面的内容:一是企业责任管理的主体性内容,即企业自身组织建设、管理价值和管理精神等;二是企业责任管理的客观效果评价,即要根据对社会环境的影响,客观评价这种管理活动的效果。

企业社会责任管理制度大致应包含六个方面的内容:①企业社会责任组织管理制度;②企业社会责任日常管理制度;③企业社会责任指标体系;④企业社会责任业绩考核制度;⑤企业社会责任信息披露制度;⑥企业社会责任能力发展制度。通过企业社会责任管理制度的日臻完善,企业能够主动定期公布企业的经营状况,定期向股东披露详细的财务信息,向员工、客户、社会公众等利益相关者公开相关的企业信息。同时,把"以员工为本"作为企业文化构建的出发点,力争营造良好的企业氛围,以提高员工的满意度。可见,完善企业社会责任管理制度的过程,就是水权使用者履行社会责任的过程,水权使用者自身的制度建设也进一步推动了社会责任的履行。

7.3.2　水权使用者主动履责的内在驱动模式

在水权使用者动力机制运行的理想阶段,水权使用者履行社会责任状况良好,整体社会环境和谐有序。在经过被动履责阶段后,政府已健全了相关法律制度并加大监管力度,社会已形成了通畅的信息反馈循环,水权使用者任何违反或损害其劳动者的行为都将迅速地反馈至各个动力因素。水权使用者已经明确地认识到:为了短期利益不履行社会责任所付出的成本,将远远大于所获得的利益。此时企业将会自觉履行社会责任。因此,在理想阶段动力机制的主要动力来源于水权使用者的自身要求,履行社会责任的方式也由被动履责变为主动履责。水权使用者将自觉遵守国家和行业的法规与标准,主动维护消费者与员工的权益,积极参与社区建设与救助捐款等慈善事业,最大程度地促进企业发展,同时保护生态环境不受破坏,使整个水权使用者履责动力机制进入一个良性循环的有序系统中。

如图 7-10 所示,在理想阶段水权使用者社会责任的履行以水权使用者内部驱动为主,即履行社会责任成为水权使用者自身经营发展的内在要求。其中,政府监管部门、第三方监管机构的外部监管与消费者、媒体、公众等社会力量所造成的社会舆论监管,共同形成外部压力即水权使用者履行社会责任的硬约束,并通过压力传导的方式,将这一压力信号传递给水权使用者。水权使用者在企业制度、企业文化与企业道德等自身要求的软约束下,定期公开披露社会责任报告和环境信息,主动实施公益捐赠行为,最终将企业社会责任作为企业发展战略的一部分融入到企业管理之中。

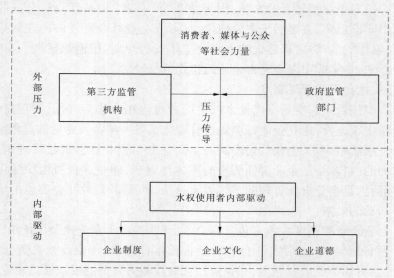

图 7-10　水权使用者主动履责的动力模式

7.4　政策建议

7.4.1　完善水权使用者社会责任的激励惩罚机制

　　一个健全的水权使用者履责动力机制,是政府、社会与水权使用者多方博弈、共同制约的结果,是政府监管、社会推动和水权使用者自律三者相互影响、协调和配合的产物。因而,现阶段构建水权使用者履责动力机制,可通过完善水权使用者社会责任的激励惩罚机制入手。在目前情况下,短期内水权使用者履行社会责任成本降低不现实,因而只有通过提高违反社会责任的成本,或增加履行社会责任的得益,使水权使用者自觉将履行社会责任作为追求利润的必备条件。例如,政府拥有水资源的所有权,水权使用者要取得用水,必须获得政府颁发的用水许可证,因此政府应严格用水许可证的审批,对忽视社会责任的企业,政府可以不予颁发用水许可证,或是给予惩罚性的罚款,这样可以通过外界压力督促水权使用者履行社会责任。对于积极履行社会责任的水权使用者,可以通过简化审批程序、减免税收或融资优惠等方式给予支持,也可以在媒体上公开给予表扬等精神激励,以表示政府对这些企业行为的肯定态度,在社会中产生良好的示范效果。在健全相应渠道和程序的基础上,要通过舆论宣传,积极推销这些企业,使得水权使用者承担这类社会责任的得益超过成本。

7.4.2　推动水权使用者社会责任评价体系的标准化

　　目前,对我国企业经济绩效评估方面的研究比较成熟,但对水权使用者社会责任评估的研究基本上是一片空白。只是近年来,在社会发展走向更加和谐的过程中,判断企业成功的标准不再局限于单一的经济绩效指标,还包括企业对社会的贡献、社会对企业的认同等方面。决定企业成功的因素也不再仅仅取决于传统观念中的产品、市场等,还取决于企业与各利益相关者的关系。由于一直以来对企业社会责任评价缺乏量化的指标,所以在评价水权使用者社会责任时没有一个完整的评价体系,导致在对水权使用者履行社会责任监管时,缺乏一个可依赖的统一标准。社会责任评价体系的不完善,也使利益相关者的决策缺乏科学依据。因此,应尽快建立起较为全面与权威的企业社会责任评价体系,进而针对不同行业制定出有针对性的社会责任评价指标,特别是鉴于我国水资源严重短缺的特殊性,应尽早推出我国水权使用者社会责任的评价指标,以便更好地接受政府与社会公众的监管。

7.4.3　完善水权使用者社会责任披露机制

在《关于做好上市公司 2008 年年度报告工作的通知》中,深圳证券交易所对公司社会责任披露作出了规定,要求社会责任报告说明 2008 年公司在履行社会责任方面所进行的重要活动、工作及成效,分别就股东和债权人权益保护,职工权益保护,供应商、客户和消费者权益保护,环境保护与可持续发展,公共关系和社会公益事业等方面情况进行具体说明。同时,对公司在履行社会责任方面存在的问题及整改计划作出安排。目前深圳证券交易所要求深证 100 指数的样本股公司必须披露社会责任报告,其中主板 89 家、中小板 11 家。这些公司均按照这一要求披露了公司社会责任履行情况,这对我国上市公司社会责任行为起到了一定的约束和监督作用,但《关于做好上市公司 2008 年年度报告工作的通知》只是就上市公司而言,对非上市公司目前并没有社会责任信息披露的要求,且"披露社会责任报告"并没有要求必须披露的衡量指标及对应的数据,使得一些公司虽然披露了社会责任信息,但对社会责任履行情况进行描述时采取了避重就轻的策略,只讲贡献,不谈缺陷。因此,监管部门应首先要求上市公司在披露社会责任报告时,必须提供相应的定量指标与数据,逐步将公布社会责任报告的范围扩大到国有大中型企业,最终扩大到达到一定规模的企业,特别是大型用水企业即水权使用者全部公布企业社会责任报告。

7.4.4　发展社会责任指数

社会责任指数可分为社会责任评价指数和社会责任股价指数。目前,国家会计学院推出的企业社会责任指数属于前一类,而 2009 年推出的深证社会责任指数属于后一类。社会责任股价指数反映的是承担社会责任良好的公司群体的市场表现,它是在社会责任评价的基础上,以在承担社会责任方面表现良好的公司为样本股,结合股票其他指标,采用普通的股价指数编制方法编制的股价指数。目前国际上这类指数主要有道琼斯可持续指数、Calvert 社会责任投资指数和 Domini 400 社会责任指数等。国际经验表明,社会责任指数一般都取得了较为优异的市场表现。因此,通过社会责任指数的产品化,可以从市场角度激励上市公司承担社会责任的积极性和主动性。

7.5　本章小结

在多元主体(水权使用者、政府、社会)之间形成合理关系的基础上,通过明确各主体的角色定位并相互协作,才能建立起行之有效的水权使用者履责的动力机制。现阶段出于外部监管压力水权使用者以被动履责为主,到达理想阶段出于内部需求驱动水权使用者应以主动履责为主。同时,通过完善水权使用者社会责任的激励惩罚机制,推动水权使用者社会责任评价体系的标准化,建立水权使用者社会责任披露机制,发展社会责任指数等手段,促使水权使用者社会责任的履行。

第 8 章　结论与展望

8.1　主要结论

（1）鉴于水权使用者区别于一般企业的特殊性，从水资源安全的需要、水资源分配的公平性，以及生态补偿的需要出发，得出水权使用者的社会责任包括法律责任、经济责任、生态责任和道德责任。其中，法律责任是从法律的层面对社会责任内容进行法律规定，而经济责任的履行既是对法律法规的执行，又是对社会责任的承担，生态责任与道德责任则是从更高的层面对法律责任与经济责任的延伸。

（2）水权使用者履行社会责任的态度与成效，在现阶段相当大程度上是由水权使用者履行社会责任承担的成本与履行社会责任后得到的收益之间的大小所决定的，只有在长期收益高于成本的条件下，水权使用者才能积极主动地承担社会责任。经分析发现，水权使用者履行社会责任存在 5 个阶段的变化。阶段 1 在区间$(0, M_1)$，水权使用者缺乏履行社会责任的动力。阶段 2 在区间(M_1, M_2)，水权使用者一般不会主动承担社会责任，而更倾向于将该责任推脱给水权所有者。阶段 3 在区间(M_2, M_3)，此时水权所有者更加愿意主动承担相应责任成本，有意识为长远期的发展履行社会责任。阶段 4 在区间(M_3, M_4)，水权所有者更愿意把水资源分配给新的水权使用者，而水权使用者的收益也在逐步下降，其履行社会责任的积极性也在逐步减弱。阶段 5 在区间$(M_4, +\infty)$，水权所有者和使用者双方的成本都过高，而收益都为负，于是二者将终止供求关系，水权使用者也不再履行社会责任。

（3）通过水权使用者履行社会责任的成本—收益分析，可以发现当社会责任履行收益大于社会责任履行成本时，水权使用者会积极主动地履行责任。因此，水权使用者履行社会责任的成本与收益如何，就直接导致水权使用者履行社会责任的好坏程度。而水权使用者履行社会责任的长期收益更是水权使用者履行社会责任的内在动力。本书由此机理出发，经研究得出水权使用者履行社会责任的动力因素包括利益相关者推动、水权使用者自身要求、外部环境、声誉、竞争力以及可持续发展能力 6 个方面的内容，并展开了具体分析。

（4）根据对水权使用者履行社会责任的动力因素分析，建立我国水权使用者履行社会责任动力因素模型。在问卷调查与样本数据分析的基础上，运用结构方程模型的分析方法对 9 个基本假设进行检验，结果表明，"假设 H1：利益相关者的推动力越强，越能促使水权使用者履行社会责任"，"假设 H2：水权使用者自身要求越强，越能促使社会责任的履行"，"假设 H3：外部环境的推动力越强，越能促使水权使用者履行社会责任"，"假设 H4：水权使用者越能主动履行社会责任，越能促使水权使用者竞争力的提升"，"假设 H6：水权使用者越能主动履行社会责任，越能提高水权使用者的声誉"，"假设 H8：水权使用者越能提高自身声誉,越能促使自身竞争力的提升",“假设 H9:水权使用者越能提高自身竞争力,越能促使自身可持续发展能力的提升",都满足模型适配要求,假设成立。“假设 H5:水权使用者越能主动履行社会责任,越能提高水权使用者的可持续发展能力",“假设 H7:水权使用者越能提高自身声誉,越能促使自身可持续发展能力的提升",不满足模型适配要求,假设不成立。

(5)现阶段出于外部监管压力,水权使用者以被动履责为主;到达理想阶段出于内部需求驱动,水权使用者应以主动履责为主。同时,通过完善水权使用者社会责任的激励惩罚机制,推动水权使用者社会责任评价体系的标准化,建立水权使用者社会责任披露机制,发展社会责任指数等手段,促使水权使用者社会责任的履行。

8.2　展　望

(1)水权使用者履行社会责任的动力因素还有待进一步完善。本书对水权使用者履行社会责任的动力因素研究还只是初步的探讨,所选取的因素还不够全面与细致,建立起来的动力因素概念模型还与实际情况有着不小差距,存在一定的偏颇之处,这方面的研究值得进一步的深入与完善。

(2)本书在模型拟合过程中,由于数据尚未能达到整体拟合检验的要求,对模型假设的检验采用的是分割检验的办法,因此不能像全面整体拟合那样发现新关系和实现不同关系之间的同时验证,不能不说是一种缺憾,这也是由于问卷调查中获得有效数据的客观难度造成的,今后还应继续深入研究。

(3)本书在第 6 章对水权使用者履责的动力机制进行设计,而没有对水权使用者履行社会责任的激励机制进行深入研究。其实,完善的激励机制能够最大限度地激发水权使用者履行社会责任的主观能动性,理应深入研究,但限于研究精力,本书未对水权使用者履行社会责任的激励机制作深入阐述,这也是今后补充研究的重要领域。

附录1　中华人民共和国水法

中华人民共和国主席令(第74号)

第一章　总　则

第一条　为了合理开发、利用、节约和保护水资源,防治水害,实现水资源的可持续利用,适应国民经济和社会发展的需要,制定本法。

第二条　在中华人民共和国领域内开发、利用、节约、保护、管理水资源,防治水害,适用本法。

本法所称水资源,包括地表水和地下水。

第三条　水资源属于国家所有。水资源的所有权由国务院代表国家行使。农村集体经济组织的水塘和由农村集体经济组织修建管理的水库中的水,归各该农村集体经济组织使用。

第四条　开发、利用、节约、保护水资源和防治水害,应当全面规划、统筹兼顾、标本兼治、综合利用、讲求效益,发挥水资源的多种功能,协调好生活、生产经营和生态环境用水。

第五条　县级以上人民政府应当加强水利基础设施建设,并将其纳入本级国民经济和社会发展计划。

第六条　国家鼓励单位和个人依法开发、利用水资源,并保护其合法权益。开发、利用水资源的单位和个人有依法保护水资源的义务。

第七条　国家对水资源依法实行取水许可制度和有偿使用制度。但是,农村集体经济组织及其成员使用本集体经济组织的水塘、水库中的水的除外。国务院水行政主管部门负责全国取水许可制度和水资源有偿使用制度的组织实施。

第八条　国家厉行节约用水,大力推行节约用水措施,推广节约用水新技术、新工艺,发展节水型工业、农业和服务业,建立节水型社会。

各级人民政府应当采取措施,加强对节约用水的管理,建立节约用水技术开发推广体系,培育和发展节约用水产业。

单位和个人有节约用水的义务。

第九条　国家保护水资源,采取有效措施,保护植被,植树种草,涵养水源,防治水土流失和水体污染,改善生态环境。

第十条　国家鼓励和支持开发、利用、节约、保护、管理水资源和防治水害的先进科学技术的研究、推广和应用。

第十一条　在开发、利用、节约、保护、管理水资源和防治水害等方面成绩显著的单位和个人,由人民政府给予奖励。

第十二条　国家对水资源实行流域管理与行政区域管理相结合的管理体制。

国务院水行政主管部门负责全国水资源的统一管理和监督工作。

国务院水行政主管部门在国家确定的重要江河、湖泊设立的流域管理机构（以下简称流域管理机构），在所管辖的范围内行使法律、行政法规规定的和国务院水行政主管部门授予的水资源管理和监督职责。

县级以上地方人民政府水行政主管部门按照规定的权限，负责本行政区域内水资源的统一管理和监督工作。

第十三条　国务院有关部门按照职责分工，负责水资源开发、利用、节约和保护的有关工作。

县级以上地方人民政府有关部门按照职责分工，负责本行政区域内水资源开发、利用、节约和保护的有关工作。

第二章　水资源规划

第十四条　国家制定全国水资源战略规划。

开发、利用、节约、保护水资源和防治水害，应当按照流域、区域统一制定规划。规划分为流域规划和区域规划。流域规划包括流域综合规划和流域专业规划；区域规划包括区域综合规划和区域专业规划。

前款所称综合规划，是指根据经济社会发展需要和水资源开发利用现状编制的开发、利用、节约、保护水资源和防治水害的总体部署。前款所称专业规划，是指防洪、治涝、灌溉、航运、供水、水力发电、竹木流放、渔业、水资源保护、水土保持、防沙治沙、节约用水等规划。

第十五条　流域范围内的区域规划应当服从流域规划，专业规划应当服从综合规划。

流域综合规划和区域综合规划以及与土地利用关系密切的专业规划，应当与国民经济和社会发展规划以及土地利用总体规划、城市总体规划和环境保护规划相协调，兼顾各地区、各行业的需要。

第十六条　制定规划，必须进行水资源综合科学考察和调查评价。水资源综合科学考察和调查评价，由县级以上人民政府水行政主管部门会同同级有关部门组织进行。

县级以上人民政府应当加强水文、水资源信息系统建设。县级以上人民政府水行政主管部门和流域管理机构应当加强对水资源的动态监测。

基本水文资料应当按照国家有关规定予以公开。

第十七条　国家确定的重要江河、湖泊的流域综合规划，由国务院水行政主管部门会同国务院有关部门和有关省、自治区、直辖市人民政府编制，报国务院批准。跨省、自治区、直辖市的其他江河、湖泊的流域综合规划和区域综合规划，由有关流域管理机构会同江河、湖泊所在地的省、自治区、直辖市人民政府水行政主管部门和有关部门编制，分别经有关省、自治区、直辖市人民政府审查提出意见后，报国务院水行政主管部门审核；国务院水行政主管部门征求国务院有关部门意见后，报国务院或者其授权的部门批准。

前款规定以外的其他江河、湖泊的流域综合规划和区域综合规划，由县级以上地方人民政府水行政主管部门会同同级有关部门和有关地方人民政府编制，报本级人民政府或者其授权的部门批准,并报上一级水行政主管部门备案。

专业规划由县级以上人民政府有关部门编制,征求同级其他有关部门意见后,报本级人民政府批准。其中,防洪规划、水土保持规划的编制、批准,依照防洪法、水土保持法的有关规定执行。

第十八条 规划一经批准,必须严格执行。

经批准的规划需要修改时,必须按照规划编制程序经原批准机关批准。

第十九条 建设水工程,必须符合流域综合规划。在国家确定的重要江河、湖泊和跨省、自治区、直辖市的江河、湖泊上建设水工程,其工程可行性研究报告报请批准前,有关流域管理机构应当对水工程的建设是否符合流域综合规划进行审查并签署意见;在其他江河、湖泊上建设水工程,其工程可行性研究报告报请批准前,县级以上地方人民政府水行政主管部门应当按照管理权限对水工程的建设是否符合流域综合规划进行审查并签署意见。水工程建设涉及防洪的,依照防洪法的有关规定执行;涉及其他地区和行业的,建设单位应当事先征求有关地区和部门的意见。

第三章 水资源开发利用

第二十条 开发、利用水资源,应当坚持兴利与除害相结合,兼顾上下游、左右岸和有关地区之间的利益,充分发挥水资源的综合效益,并服从防洪的总体安排。

第二十一条 开发、利用水资源,应当首先满足城乡居民生活用水,并兼顾农业、工业、生态环境用水以及航运等需要。

在干旱和半干旱地区开发、利用水资源,应当充分考虑生态环境用水需要。

第二十二条 跨流域调水,应当进行全面规划和科学论证,统筹兼顾调出和调入流域的用水需要,防止对生态环境造成破坏。

第二十三条 地方各级人民政府应当结合本地区水资源的实际情况,按照地表水与地下水统一调度开发、开源与节流相结合、节流优先和污水处理再利用的原则,合理组织开发、综合利用水资源。

国民经济和社会发展规划以及城市总体规划的编制、重大建设项目的布局,应当与当地水资源条件和防洪要求相适应,并进行科学论证;在水资源不足的地区,应当对城市规模和建设耗水量大的工业、农业和服务业项目加以限制。

第二十四条 在水资源短缺的地区,国家鼓励对雨水和微咸水的收集、开发、利用和对海水的利用、淡化。

第二十五条 地方各级人民政府应当加强对灌溉、排涝、水土保持工作的领导,促进农业生产发展;在容易发生盐碱化和渍害的地区,应当采取措施,控制和降低地下水的水位。

农村集体经济组织或者其成员依法在本集体经济组织所有的集体土地或者承包土地上投资兴建水工程设施的,按照谁投资建设谁管理和谁受益的原则,对水工程设施及其蓄水进行管理和合理使用。

农村集体经济组织修建水库应当经县级以上地方人民政府水行政主管部门批准。

第二十六条　国家鼓励开发、利用水能资源。在水能丰富的河流,应当有计划地进行多目标梯级开发。

建设水力发电站,应当保护生态环境,兼顾防洪、供水、灌溉、航运、竹木流放和渔业等方面的需要。

第二十七条　国家鼓励开发、利用水运资源。在水生生物洄游通道、通航或者竹木流放的河流上修建永久性拦河闸坝,建设单位应当同时修建过鱼、过船、过木设施,或者经国务院授权的部门批准采取其他补救措施,并妥善安排施工和蓄水期间的水生生物保护、航运和竹木流放,所需费用由建设单位承担。

在不通航的河流或者人工水道上修建闸坝后可以通航的,闸坝建设单位应当同时修建过船设施或者预留过船设施位置。

第二十八条　任何单位和个人引水、截(蓄)水、排水,不得损害公共利益和他人的合法权益。

第二十九条　国家对水工程建设移民实行开发性移民的方针,按照前期补偿、补助与后期扶持相结合的原则,妥善安排移民的生产和生活,保护移民的合法权益。

移民安置应当与工程建设同步进行。建设单位应当根据安置地区的环境容量和可持续发展的原则,因地制宜,编制移民安置规划,经依法批准后,由有关地方人民政府组织实施。所需移民经费列入工程建设投资计划。

第四章　水资源、水域和水工程的保护

第三十条　县级以上人民政府水行政主管部门、流域管理机构以及其他有关部门在制定水资源开发、利用规划和调度水资源时,应当注意维持江河的合理流量和湖泊、水库以及地下水的合理水位,维护水体的自然净化能力。

第三十一条　从事水资源开发、利用、节约、保护和防治水害等水事活动,应当遵守经批准的规划;因违反规划造成江河和湖泊水域使用功能降低、地下水超采、地面沉降、水体污染的,应当承担治理责任。

开采矿藏或者建设地下工程,因疏干排水导致地下水水位下降、水源枯竭或者地面塌陷,采矿单位或者建设单位应当采取补救措施;对他人生活和生产造成损失的,依法给予补偿。

第三十二条　国务院水行政主管部门会同国务院环境保护行政主管部门、有关部门和有关省、自治区、直辖市人民政府,按照流域综合规划、水资源保护规划和经济社会发展要求,拟定国家确定的重要江河、湖泊的水功能区划,报国务院批准。跨省、自治区、直辖市的其他江河、湖泊的水功能区划,由有关流域管理机构会同江河、湖泊所在地的省、自治区、直辖市人民政府水行政主管部门、环境保护行政主管部门和其他有关部门拟定,分别经有关省、自治区、直辖市人民政府审查提出意见后,由国务院水行政主管部门会同国务院环境保护行政主管部门审核,报国务院或者其授权的部门批准。

前款规定以外的其他江河、湖泊的水功能区划,由县级以上地方人民政府水行政主管部门会同同级人民政府环境保护行政主管部门和有关部门拟定,报同级人民政府或者其授权的部门批准,并报上一级水行政主管部门和环境保护行政主管部门备案。

县级以上人民政府水行政主管部门或者流域管理机构应当按照水功能区对水质的要求和水体的自然净化能力,核定该水域的纳污能力,向环境保护行政主管部门提出该水域的限制排污总量意见。

县级以上地方人民政府水行政主管部门和流域管理机构应当对水功能区的水质状况进行监测,发现重点污染物排放总量超过控制指标的,或者水功能区的水质未达到水域使用功能对水质的要求的,应当及时报告有关人民政府采取治理措施,并向环境保护行政主管部门通报。

第三十三条　国家建立饮用水水源保护区制度。省、自治区、直辖市人民政府应当划定饮用水水源保护区,并采取措施,防止水源枯竭和水体污染,保证城乡居民饮用水安全。

第三十四条　禁止在饮用水水源保护区内设置排污口。

在江河、湖泊新建、改建或者扩大排污口,应当经过有管辖权的水行政主管部门或者流域管理机构同意,由环境保护行政主管部门负责对该建设项目的环境影响报告书进行审批。

第三十五条　从事工程建设,占用农业灌溉水源、灌排工程设施,或者对原有灌溉用水、供水水源有不利影响的,建设单位应当采取相应的补救措施;造成损失的,依法给予补偿。

第三十六条　在地下水超采地区,县级以上地方人民政府应当采取措施,严格控制开采地下水。在地下水严重超采地区,经省、自治区、直辖市人民政府批准,可以划定地下水禁止开采或者限制开采区。在沿海地区开采地下水,应当经过科学论证,并采取措施,防止地面沉降和海水入侵。

第三十七条　禁止在江河、湖泊、水库、运河、渠道内弃置、堆放阻碍行洪的物体和种植阻碍行洪的林木及高秆作物。

禁止在河道管理范围内建设妨碍行洪的建筑物、构筑物以及从事影响河势稳定、危害河岸堤防安全和其他妨碍河道行洪的活动。

第三十八条　在河道管理范围内建设桥梁、码头和其他拦河、跨河、临河建筑物、构筑物,铺设跨河管道、电缆,应当符合国家规定的防洪标准和其他有关的技术要求,工程建设方案应当依照防洪法的有关规定报经有关水行政主管部门审查同意。

因建设前款工程设施,需要扩建、改建、拆除或者损坏原有水工程设施的,建设单位应当负担扩建、改建的费用和损失补偿。但是,原有工程设施属于违法工程的除外。

第三十九条　国家实行河道采砂许可制度。河道采砂许可制度实施办法,由国务院规定。

在河道管理范围内采砂,影响河势稳定或者危及堤防安全的,有关县级以上人民政府水行政主管部门应当划定禁采区和规定禁采期,并予以公告。

第四十条　禁止围湖造地。已经围垦的,应当按照国家规定的防洪标准有计划地退地还湖。

禁止围垦河道。确需围垦的,应当经过科学论证,经省、自治区、直辖市人民政府水行政主管部门或者国务院水行政主管部门同意后,报本级人民政府批准。

第四十一条　单位和个人有保护水工程的义务,不得侵占、毁坏堤防、护岸、防汛、水文监测、水文地质监测等工程设施。

第四十二条　县级以上地方人民政府应当采取措施,保障本行政区域内水工程,特别是水坝和堤防的安全,限期消除险情。水行政主管部门应当加强对水工程安全的监督管理。

第四十三条　国家对水工程实施保护。国家所有的水工程应当按照国务院的规定划定工程管理和保护范围。

国务院水行政主管部门或者流域管理机构管理的水工程,由主管部门或者流域管理机构商有关省、自治区、直辖市人民政府划定工程管理和保护范围。

前款规定以外的其他水工程,应当按照省、自治区、直辖市人民政府的规定,划定工程保护范围和保护职责。

在水工程保护范围内,禁止从事影响水工程运行和危害水工程安全的爆破、打井、采石、取土等活动。

第五章　水资源配置和节约使用

第四十四条　国务院发展计划主管部门和国务院水行政主管部门负责全国水资源的宏观调配。全国的和跨省、自治区、直辖市的水中长期供求规划,由国务院水行政主管部门会同有关部门制订,经国务院发展计划主管部门审查批准后执行。地方的水中长期供求规划,由县级以上地方人民政府水行政主管部门会同同级有关部门依据上一级水中长期供求规划和本地区的实际情况制订,经本级人民政府发展计划主管部门审查批准后执行。

水中长期供求规划应当依据水的供求现状、国民经济和社会发展规划、流域规划、区域规划,按照水资源供需协调、综合平衡、保护生态、厉行节约、合理开源的原则制定。

第四十五条　调蓄径流和分配水量,应当依据流域规划和水中长期供求规划,以流域为单元制定水量分配方案。

跨省、自治区、直辖市的水量分配方案和旱情紧急情况下的水量调度预案,由流域管理机构商有关省、自治区、直辖市人民政府制订,报国务院或者其授权的部门批准后执行。其他跨行政区域的水量分配方案和旱情紧急情况下的水量调度预案,由共同的上一级人民政府水行政主管部门商有关地方人民政府制订,报本级人民政府批准后执行。

水量分配方案和旱情紧急情况下的水量调度预案经批准后,有关地方人民政府必须执行。

在不同行政区域之间的边界河流上建设水资源开发、利用项目,应当符合该流域经批准的水量分配方案,由有关县级以上地方人民政府报共同的上一级人民政府水行政主管部门或者有关流域管理机构批准。

第四十六条　县级以上地方人民政府水行政主管部门或者流域管理机构应当根据批准的水量分配方案和年度预测来水量,制定年度水量分配方案和调度计划,实施水量统一调度;有关地方人民政府必须服从。

国家确定的重要江河、湖泊的年度水量分配方案,应当纳入国家的国民经济和社会发展年度计划。

第四十七条　国家对用水实行总量控制和定额管理相结合的制度。

省、自治区、直辖市人民政府有关行业主管部门应当制订本行政区域内行业用水定额,报同级水行政主管部门和质量监督检验行政主管部门审核同意后,由省、自治区、直辖市人民政府公布,并报国务院水行政主管部门和国务院质量监督检验行政主管部门备案。

县级以上地方人民政府发展计划主管部门会同同级水行政主管部门,根据用水定额、经济技术条件以及水量分配方案确定的可供本行政区域使用的水量,制定年度用水计划,对本行政区域内的年度用水实行总量控制。

第四十八条　直接从江河、湖泊或者地下取用水资源的单位和个人,应当按照国家取水许可制度和水资源有偿使用制度的规定,向水行政主管部门或者流域管理机构申请领取取水许可证,并缴纳水资源费,取得取水权。但是,家庭生活和零星散养、圈养畜禽饮用等少量取水的除外。

实施取水许可制度和征收管理水资源费的具体办法,由国务院规定。

第四十九条　用水应当计量,并按照批准的用水计划用水。

用水实行计量收费和超定额累进加价制度。

第五十条　各级人民政府应当推行节水灌溉方式和节水技术,对农业蓄水、输水工程采取必要的防渗漏措施,提高农业用水效率。

第五十一条　工业用水应当采用先进技术、工艺和设备,增加循环用水次数,提高水的重复利用率。

国家逐步淘汰落后的、耗水量高的工艺、设备和产品,具体名录由国务院经济综合主管部门会同国务院水行政主管部门和有关部门制定并公布。生产者、销售者或者生产经营中的使用者应当在规定的时间内停止生产、销售或者使用列入名录的工艺、设备和产品。

第五十二条　城市人民政府应当因地制宜采取有效措施,推广节水型生活用水器具,降低城市供水管网漏失率,提高生活用水效率;加强城市污水集中处理,鼓励使用再生水,提高污水再生利用率。

第五十三条　新建、扩建、改建建设项目,应当制订节水措施方案,配套建设节水设施。节水设施应当与主体工程同时设计、同时施工、同时投产。

供水企业和自建供水设施的单位应当加强供水设施的维护管理,减少水的漏失。

第五十四条　各级人民政府应当积极采取措施,改善城乡居民的饮用水条件。

第五十五条　使用水工程供应的水,应当按照国家规定向供水单位缴纳水费。供水价格应当按照补偿成本、合理收益、优质优价、公平负担的原则确定。具体办法由省级以上人民政府价格主管部门会同同级水行政主管部门或者其他供水行政主管部门依据职权制定。

第六章　水事纠纷处理与执法监督检查

第五十六条　不同行政区域之间发生水事纠纷的,应当协商处理;协商不成的,由上一级人民政府裁决,有关各方必须遵照执行。在水事纠纷解决前,未经各方达成协议或者共同的上一级人民政府批准,在行政区域交界线两侧一定范围内,任何一方不得修建排水、阻水、取水和截(蓄)水工程,不得单方面改变水的现状。

第五十七条　单位之间、个人之间、单位与个人之间发生的水事纠纷,应当协商解决;当事人不愿协商或者协商不成的,可以申请县级以上地方人民政府或者其授权的部门调解,也可以直接向人民法院提起民事诉讼。县级以上地方人民政府或者其授权的部门调解不成的,当事人可以向人民法院提起民事诉讼。

在水事纠纷解决前,当事人不得单方面改变现状。

第五十八条　县级以上人民政府或者其授权的部门在处理水事纠纷时,有权采取临时处置措施,有关各方或者当事人必须服从。

第五十九条　县级以上人民政府水行政主管部门和流域管理机构应当对违反本法的行为加强监督检查并依法进行查处。

水政监督检查人员应当忠于职守,秉公执法。

第六十条　县级以上人民政府水行政主管部门、流域管理机构及其水政监督检查人员履行本法规定的监督检查职责时,有权采取下列措施:

(一)要求被检查单位提供有关文件、证照、资料;

(二)要求被检查单位就执行本法的有关问题作出说明;

(三)进入被检查单位的生产场所进行调查;

(四)责令被检查单位停止违反本法的行为,履行法定义务。

第六十一条　有关单位或者个人对水政监督检查人员的监督检查工作应当给予配合,不得拒绝或者阻碍水政监督检查人员依法执行职务。

第六十二条　水政监督检查人员在履行监督检查职责时,应当向被检查单位或者个人出示执法证件。

第六十三条　县级以上人民政府或者上级水行政主管部门发现本级或者下级水行政主管部门在监督检查工作中有违法或者失职行为的,应当责令其限期改正。

第七章　法律责任

第六十四条　水行政主管部门或者其他有关部门以及水工程管理单位及其工作人员,利用职务上的便利收取他人财物、其他好处或者玩忽职守,对不符合法定条件的单位或者个人核发许可证、签署审查同意意见,不按照水量分配方案分配水量,不按照国家有关规定收取水资源费,不履行监督职责,或者发现违法行为不予查处,造成严重后果,构成犯罪的,对负有责任的主管人员和其他直接责任人员依照刑法的有关规定追究刑事责任;尚不够刑事处罚的,依法给予行政处分。

第六十五条　在河道管理范围内建设妨碍行洪的建筑物、构筑物,或者从事影响河势稳定、危害河岸堤防安全和其他妨碍河道行洪的活动的,由县级以上人民政府水行政主管部门或者流域管理机构依据职权,责令停止违法行为,限期拆除违法建筑物、构筑物,恢复原状;逾期不拆除、不恢复原状的,强行拆除,所需费用由违法单位或者个人负担,并处一万元以上十万元以下的罚款。

　　未经水行政主管部门或者流域管理机构同意,擅自修建水工程,或者建设桥梁、码头和其他拦河、跨河、临河建筑物、构筑物,铺设跨河管道、电缆,且防洪法未作规定的,由县级以上人民政府水行政主管部门或者流域管理机构依据职权,责令停止违法行为,限期补办有关手续;逾期不补办或者补办未被批准的,责令限期拆除违法建筑物、构筑物;逾期不拆除的,强行拆除,所需费用由违法单位或者个人负担,并处一万元以上十万元以下的罚款。

　　虽经水行政主管部门或者流域管理机构同意,但未按照要求修建前款所列工程设施的,由县级以上人民政府水行政主管部门或者流域管理机构依据职权,责令限期改正,按照情节轻重,处一万元以上十万元以下的罚款。

　　第六十六条　有下列行为之一,且防洪法未作规定的,由县级以上人民政府水行政主管部门或者流域管理机构依据职权,责令停止违法行为,限期清除障碍或者采取其他补救措施,处一万元以上五万元以下的罚款:

　　(一)在江河、湖泊、水库、运河、渠道内弃置、堆放阻碍行洪的物体和种植阻碍行洪的林木及高秆作物的;

　　(二)围湖造地或者未经批准围垦河道的。

　　第六十七条　在饮用水水源保护区内设置排污口的,由县级以上地方人民政府责令限期拆除、恢复原状;逾期不拆除、不恢复原状的,强行拆除、恢复原状,并处五万元以上十万元以下的罚款。

　　未经水行政主管部门或者流域管理机构审查同意,擅自在江河、湖泊新建、改建或者扩大排污口的,由县级以上人民政府水行政主管部门或者流域管理机构依据职权,责令停止违法行为,限期恢复原状,处五万元以上十万元以下的罚款。

　　第六十八条　生产、销售或者在生产经营中使用国家明令淘汰的落后的、耗水量高的工艺、设备和产品的,由县级以上地方人民政府经济综合主管部门责令停止生产、销售或者使用,处二万元以上十万元以下的罚款。

　　第六十九条　有下列行为之一的,由县级以上人民政府水行政主管部门或者流域管理机构依据职权,责令停止违法行为,限期采取补救措施,处二万元以上十万元以下的罚款;情节严重的,吊销其取水许可证:

　　(一)未经批准擅自取水的;

　　(二)未依照批准的取水许可规定条件取水的。

　　第七十条　拒不缴纳、拖延缴纳或者拖欠水资源费的,由县级以上人民政府水行政主管部门或者流域管理机构依据职权,责令限期缴纳;逾期不缴纳的,从滞纳之日起按日加收滞纳部分千分之二的滞纳金,并处应缴或者补缴水资源费一倍以上五倍以下的罚款。

　　第七十一条　建设项目的节水设施没有建成或者没有达到国家规定的要求,擅自投入使用的,由县级以上人民政府有关部门或者流域管理机构依据职权,责令停止使用,限期改正,处五万元以上十万元以下的罚款。

　　第七十二条　有下列行为之一,构成犯罪的,依照刑法的有关规定追究刑事责任;尚不够刑事处罚,且防洪法未作规定的,由县级以上地方人民政府水行政主管部门或者流域管理机构依据职权,责令停止违法行为,采取补救措施,处一万元以上五万元以下的罚款;违反治安管理处罚条例的,由公安机关依法给予治安管理处罚;给他人造成损失的,依法承担赔偿责任：

（一）侵占、毁坏水工程及堤防、护岸等有关设施，毁坏防汛、水文监测、水文地质监测设施的；

（二）在水工程保护范围内，从事影响水工程运行和危害水工程安全的爆破、打井、采石、取土等活动的。

第七十三条　侵占、盗窃或者抢夺防汛物资，防洪排涝、农田水利、水文监测和测量以及其他水工程设备和器材，贪污或者挪用国家救灾、抢险、防汛、移民安置和补偿及其他水利建设款物，构成犯罪的，依照刑法的有关规定追究刑事责任。

第七十四条　在水事纠纷发生及其处理过程中煽动闹事、结伙斗殴、抢夺或者损坏公私财物、非法限制他人人身自由，构成犯罪的，依照刑法的有关规定追究刑事责任；尚不够刑事处罚的，由公安机关依法给予治安管理处罚。

第七十五条　不同行政区域之间发生水事纠纷，有下列行为之一的，对负有责任的主管人员和其他直接责任人员依法给予行政处分：

（一）拒不执行水量分配方案和水量调度预案的；

（二）拒不服从水量统一调度的；

（三）拒不执行上一级人民政府的裁决的；

（四）在水事纠纷解决前，未经各方达成协议或者上一级人民政府批准，单方面违反本法规定改变水的现状的。

第七十六条　引水、截（蓄）水、排水，损害公共利益或者他人合法权益的，依法承担民事责任。

第七十七条　对违反本法第三十九条有关河道采砂许可制度规定的行政处罚，由国务院规定。

第八章　附　则

第七十八条　中华人民共和国缔结或者参加的与国际或者国境边界河流、湖泊有关的国际条约、协定与中华人民共和国法律有不同规定的，适用国际条约、协定的规定。但是，中华人民共和国声明保留的条款除外。

第七十九条　本法所称水工程，是指在江河、湖泊和地下水源上开发、利用、控制、调配和保护水资源的各类工程。

第八十条　海水的开发、利用、保护和管理，依照有关法律的规定执行。

第八十一条　从事防洪活动，依照防洪法的规定执行。

水污染防治，依照水污染防治法的规定执行。

第八十二条　本法自 2002 年 10 月 1 日起施行。

附录2 关于水权转让的若干意见

水政法〔2005〕11号

各流域机构,各省、自治区、直辖市水利(水务)厅(局),各计划单列市水利(水务)局,新疆生产建设兵团水利局:

　　健全水权转让(指水资源使用权转让,下同)的政策法规,促进水资源的高效利用和优化配置是落实科学发展观,实现水资源可持续利用的重要环节。在中央水利工作方针和新时期治水思路的指导下,近几年来,一些地区陆续开展了水权转让的实践,推动了水资源使用权的合理流转,促进了水资源的优化配置、高效利用、节约和保护。为进一步推进水权制度建设,规范水权转让行为,现对水权转让提出如下意见。

一、积极推进水权转让

　　1. 水是基础性的自然资源和战略性的经济资源,是人类生存的生命线,也是经济社会可持续发展的重要物质基础。水旱灾害频发、水土流失严重、水污染加剧、水资源短缺已成为制约我国经济社会发展的重要因素。解决我国水资源短缺的矛盾,最根本的办法是建立节水防污型社会,实现水资源优化配置,提高水资源的利用效率和效益。

　　2. 充分发挥市场机制对资源配置的基础性作用,促进水资源的合理配置。各地要大胆探索,勇于创新,积极开展水权转让实践,为建立完善的水权制度创造更多的经验。

二、水权转让的基本原则

　　3. 水资源可持续利用的原则。水权转让既要尊重水的自然属性和客观规律,又要尊重水的商品属性和价值规律,适应经济社会发展对水的需求,统筹兼顾生活、生产、生态用水,以流域为单元,全面协调地表水、地下水、上下游、左右岸、干支流、水量与水质、开发利用和节约保护的关系,充分发挥水资源的综合功能,实现水资源的可持续利用。

　　4. 政府调控和市场机制相结合的原则。水资源属国家所有,水资源所有权由国务院代表国家行使,国家对水资源实行统一管理和宏观调控,各级政府及其水行政主管部门依法对水资源实行管理。充分发挥市场在水资源配置中的作用,建立政府调控和市场调节相结合的水资源配置机制。

　　5. 公平和效率相结合的原则。在确保粮食安全、稳定农业发展的前提下,为适应国家经济布局和产业结构调整的要求,推动水资源向低污染、高效率产业转移。水权转让必须首先满足城乡居民生活用水,充分考虑生态系统的基本用水,水权由农业向其他行业转让必须保障农业用水的基本要求。水权转让要有利于建立节水防污型社会,防止片面追求经济利益。

　　6. 产权明晰的原则。水权转让以明晰水资源使用权为前提,所转让的水权必须依法取得。水权转让是权利和义务的转移,受让方在取得权利的同时,必须承担相应义务。

7. 公平、公正、公开的原则。要尊重水权转让双方的意愿,以自愿为前提进行民主协商,充分考虑各方利益,并及时向社会公开水权转让的相关事项。

8. 有偿转让和合理补偿的原则。水权转让双方主体平等,应遵循市场交易的基本准则,合理确定双方的经济利益。因转让对第三方造成损失或影响的必须给予合理的经济补偿。

三、水权转让的限制范围

9. 取用水总量超过本流域或本行政区域水资源可利用量的,除国家有特殊规定的,不得向本流域或本行政区域以外的用水户转让。

10. 在地下水限采区的地下水取水户不得将水权转让。

11. 为生态环境分配的水权不得转让。

12. 对公共利益、生态环境或第三者利益可能造成重大影响的不得转让。

13. 不得向国家限制发展的产业用水户转让。

四、水权转让的转让费

14. 运用市场机制,合理确定水权转让费是进行水权转让的基础。水权转让费应在水行政主管部门或流域管理机构引导下,各方平等协商确定。

15. 水权转让费是指所转让水权的价格和相关补偿。水权转让费的确定应考虑相关工程的建设、更新改造和运行维护,提高供水保障率的成本补偿,生态环境和第三方利益的补偿,转让年限,供水工程水价以及相关费用等多种因素,其最低限额不低于对占用的等量水源和相关工程设施进行等效替代的费用。水权转让费由受让方承担。

五、水权转让的年限

16. 水行政主管部门或流域管理机构要根据水资源管理和配置的要求,综合考虑与水权转让相关的水工程使用年限和需水项目的使用年限,兼顾供求双方利益,对水权转让的年限提出要求,并依据取水许可管理的有关规定,进行审查复核。

六、水权转让的监督管理

17. 水行政主管部门或流域管理机构应对水权转让进行引导、服务、管理和监督,积极向社会提供信息,组织进行可行性研究和相关论证,对转让双方达成的协议及时向社会公示。对涉及公共利益、生态环境或第三方利益的,水行政主管部门或流域管理机构应当向社会公告并举行听证。对有多个受让申请的转让,水行政主管部门或流域管理机构可组织招标、拍卖等形式。

18. 灌区的基层组织、农民用水户协会和农民用水户间的水交易,在征得上一级管理组织同意后,可简化程序实施。

七、积极探索,逐步完善水权转让制度

19. 各级水行政主管部门和流域管理机构要认真研究当地经济社会发展要求和水资

源开发利用状况,制订水资源规划,确定水资源承载能力和水环境承载能力,按照总量控制和定额管理的要求,加强取水许可管理,切实推进水资源优化配置、高效利用。

20.鼓励探索,积极稳妥地推进水权转让。水权转让涉及法律、经济、社会、环境、水利等多学科领域,各地应积极组织多学科攻关,解决理论问题。要积极开展试点工作,认真总结水权转让的经验,加快建立完善的水权转让制度。

21.健全水权转让的政策法规,加强对水权转让的引导、服务和监督管理,注意协调好各方面的利益关系,尤其注重保护好公共利益和涉及水权转让的第三方利益,注重保护好水生态和水环境,推动水权制度建设健康有序地发展。

附录 3　　水权制度建设框架

　　水是人类生存的生命线,是经济发展和社会进步的生命线,是可持续发展的重要物质基础。我国人均水资源占有量低,时空分布不均匀,是水旱灾害十分频繁的国家。随着经济社会的快速发展、人口增加、城镇化进程加快,水资源供需矛盾日益加剧,水资源与经济社会可持续发展的要求越来越迫切。水资源可持续利用是我国经济社会发展的战略问题,加强水资源管理,推进水资源的合理开发,提高水资源的利用效率和效益,实现水资源的可持续利用,支撑经济社会的可持续发展是当代水利工作的重要任务。

　　实现水资源的可持续利用,关键要抓好水资源的配置、节约和保护。在市场经济条件下,建立行政管理与市场机制相结合的水权制度,是优化水资源配置,加强节约和保护的重要措施。

　　水权制度是现代水管理的基本制度,涉及水资源管理和开发利用的方方面面,内容广泛。在现有的法律法规中,已有许多规定涉及水权制度,其中部分规定需要在新的历史条件下进行调整,而水权制度体系中更多的内容尚待作明确规定。为理清水权制度的基本内容,提高对水权制度的认识,推进水权制度建设,现对水权制度建设提出如下意见。

一、水权制度建设的指导思想和基本原则

(一)指导思想

　　以党的十六大精神为指导,贯彻落实可持续发展战略、依法治国方略、水法规和中央治水方针,根据水资源的特点和市场经济的要求,优化水资源配置、提高水资源的利用效率和效益、保护用水者权益,建立健全我国的水权制度体系,为实现水资源的可持续利用、以水资源的可持续利用支持经济社会可持续发展服务。

(二)基本原则

1. 可持续利用原则

　　建立健全水权制度,必须坚持有利于水资源可持续利用的原则。要将水量和水质统一纳入到水权的规范之中,同时还要考虑代际间水资源分配的平衡和生态要求。水权是涉水权利和义务的统一,要以水资源承载力和水环境承载力作为水权配置的约束条件,利用流转机制促进水资源的优化配置和高效利用,加大政府对水资源管理和水环境保护的责任。

2. 统一管理、监督的原则

　　建立健全水权制度,必须贯彻水资源统一管理、监督的原则。实施科学的水权管理的前提是水资源统一管理。水资源统一管理必须坚持流域管理与行政区域管理相结合、水量与水质管理相结合、水资源管理与水资源开发利用工作相分离的原则。

3. 优化配置原则

　　建立健全水权制度,必须坚持水资源优化配置的原则。要按照总量控制和定额管理双控制的要求配置水资源。根据区域行业定额、人口经济布局和发展规划、生态环境状况及发展目标预定区域用水总量,在以流域为单元对水资源可配置量和水环境状况进行综

合平衡后,最终确定区域用水总量。区域根据区域总量控制的要求按照用水次序和行业用水定额通过取水许可制度的实施对取用水户进行水权的分配。各地在进行水权分配时要留有余地,考虑救灾、医疗、公共安全以及其他突发事件的用水要求和地区经济社会发展的潜在要求。国家可根据经济社会发展要求对区域用水总量进行宏观调配,区域也要根据技术经济发展状况和当地可利用水量,及时调整行业用水定额。国家还要建立水权流转制度,促进水资源的优化配置。

4. 权、责、义统一的原则

建立健全水权制度,必须清晰界定政府的权力和责任以及用水户的权利和义务,并作到统一。权利和义务的统一是国家通过水权配置,实现用水权利社会化成功与否的前提,也是水权流转成功与否的前提。

5. 公平与效率的原则

建立健全水权制度,公平和效率既是出发点,也是归属。在水权配置过程中,充分考虑不同地区、不同人群生存和发展的平等用水权,并充分考虑经济社会和生态环境的用水需求。合理确定行业用水定额、确定用水优先次序、确定紧急状态下的用水保障措施和保障次序。与水资源有偿使用制度相衔接,水权必须有偿获得,并通过流转,优化水资源配置,提高水资源的效用。

6. 政府调控与市场机制相结合的原则

建立健全水权制度,既要保证政府调控作用,防止市场失效,又要发挥市场机制的作用,提高配置效率。

二、水权制度建设框架

水权制度是界定、配置、调整、保护和行使水权,明确政府之间、政府和用水户之间以及用水户之间的权、责、利关系的规则,是从法制、体制、机制等方面对水权进行规范和保障的一系列制度的总称。

水权制度体系由水资源所有权制度、水资源使用权制度、水权流转制度三部分内容组成。

(一)水资源所有权制度

水法明确规定"水资源属于国家所有。水资源的所有权由国务院代表国家行使"。国务院是水资源所有权的代表,代表国家对水资源行使占有、使用、收益和处分的权利。推行水资源宏观布局、省际水量分配、跨流域调水以及水污染防治等多方面工作,都涉及省际之间的利益分配,必须强化国家对水资源的宏观管理。地方各级人民政府水行政主管部门依法负责本行政区域内水资源的统一管理和监督,并服从国家对水资源的统一规划、统一管理和统一调配的宏观管理。国家对水资源进行区域分配,是在国家宏观管理的前提下依法赋予地方各级人民政府水行政主管部门对特定额度水资源和水域进行配置、管理和保护的行政权力和行政责任,而不是国家对水资源所有权的分割。

水资源所有权制度建设必须坚持国家对水资源实行宏观调控的原则,突出国家的管理职责。主要内容包括如下几个方面。

1. 水资源统一管理制度

明确国家对水资源实行统一管理的内涵。制定国家对水资源实行总量控制和定额管理的管理办法。

2. 全国水资源规划制度

水资源规划是水资源配置、保护、管理和开发利用的基础。编制全国水资源开发利用近期和中长期规划,流域综合规划和水资源规划、水中长期供求规划、水资源配置方案、水功能区划、河流水量分配方案、旱情紧急情况下的水量调度预案等,建立编制水资源配置方案和河流水量分配方案的管理制度。

3. 流域水资源分配的协商机制

包括中央政府调控,流域内各省(直辖市、自治区)政府参加的协商制度。

4. 区域用水矛盾的协调仲裁机制

5. 水资源价值核算制度

包括对水资源的经济、环境和生态价值进行评估的制度,对水资源的调查评价,对水资源可利用量估算,对水资源演变情势分析等制度。

6. 跨流域调水项目的论证和管理制度

7. 水资源管理体制

规范水资源的国家宏观管理体制、流域管理体制和区域水管理体制,规范水资源配置统一决策、监管的体制和机制。

(二)水资源使用权制度

根据水法的有关规定,建立水权分配机制、对各类水使用权分配的规范以及水量分配方案。根据水法对用水实行总量控制和定额管理相结合的制度规定,确定各类用水户的合理用水量,为分配水权奠定基础。水权分配首先要遵循优先原则,保障人的基本生活用水,优先权的确定要根据社会、经济发展和水情变化而有所变化,同时在不同地区要根据当地特殊需要,确定优先次序。

要做到科学、合理分配水权,必须建立两套指标,即水资源的宏观控制指标和微观定额体系。根据全国、各流域和各行政区域的水资源量和可利用量确定控制指标,通过定额核定区域用水总量,在综合平衡的基础上,制定水资源宏观控制指标,对各省级区域进行水量分配。各行政区域再按管理权限向下一级行政区域分配水量。根据水权理论和经济发展制定分行业、分地区的万元国内生产总值用水定额指标体系,以逐步接近国际平均水平为总目标,加强管理,完善法制,建设节水防污型社会。通过建立微观定额体系,制定出各行政区域的行业生产用水和生活用水定额,并以各行各业的用水定额为主要依据核算用水总量,在充分考虑区域水资源量以及区域经济发展和生态环境情况的基础上,科学地进行水量分配。

水资源使用权制度主要包括以下内容。

1. 水权分配

(1)建立流域水资源分配机制,制定分配原则,明确分配的条件、机制和程序。重点工作是研究区域水资源额度的界定,包括水资源量的配置额度和水环境容量的配置额度。

(2)建立用水总量宏观控制指标体系。对各省级区域进行水量分配,进而再向下一级行政区域分配水量,流域机构和区域负责向用水户配置水资源。区域配置的水资源总量不超过区域宏观控制指标,流域内各区域配置的水资源总量不超过流域可配置总量。

(3)建立用水定额指标体系。合理确定各类用水户的用水量,为向社会用水户分配水权奠定基础。制定各行政区域的行业生产用水和生活用水定额,并以各行各业的用水定额为主要依据核算用水总量,依据宏观控制指标,科学地进行水量分配。

(4)建立水权的登记及管理制度。对用水户的初始水权进行登记和确认,保证初始水权的基本稳定,并对初始水权的调整、流转和终止进行规范。

(5)制定水权分配的协商制度。建立利益相关者利益表达如听证等机制,实现政府调控和用水户参与相结合的水权分配的协商制度。

(6)建立对各类水使用权分配的规范。建立和完善水能、水温、水体、水面及水运使用权的配置制度,建立健全相关监管制度,规范利用市场机制进行配置的行为。

(7)完善大型用水户和公共取水权的配水机制。建立配水方案制定、调整以及相关用水户参与的相关制度。

(8)建立公共事业用水管理制度,保障救灾、医疗、公共安全以及涉及卫生、生态、环境等突发事件的公共用水。

(9)建立生态用水管理制度,强化生态用水的管理,充分考虑生态环境用水的需求。

(10)制定干旱期动态配水管理制度、紧急状态用水调度制度。规定特殊条件下水量分配办法,对特殊条件和年份(如干旱年)各类用水水量进行调整和分配。

2.取水管理

(1)修订《取水许可制度实施办法》。

(2)制定取水许可监督管理办法。对取得取水许可的单位和个人进行监督管理,包括对水的使用目的、水质等方面的监督管理。

(3)制定国际边界河流和国际跨界河流取水许可管理办法。对于向国际边界河流和国际跨界河流申请取水的行为进行许可管理,包括取水限额、取水河段、水质要求等。

(4)制定取水权终止管理规定,明确规定取水权的使用期限和终止时间。

(5)建立健全水资源有偿使用制度,尽快出台全国水资源费征收管理法规。为了进一步规范水资源费的征收和管理,应制定出台全国性的水资源费征收管理的法规,各地据此修订地方水资源费的征收和管理实施办法。

3.水资源和水环境保护

建立水权制度的核心之一是提高用水效率和效益、有效保护水资源。应尽快完善水资源节约和保护制度,建设节水防污型社会。

(1)制定全国节约用水管理法律法规,建立节水型社会指标体系。

(2)保护水环境,加强提高水环境承载能力的制度建设。完善环境影响评价制度、水功能区划管理及保护制度,建立并实施生态用水和河道基流保障制度以及区域水环境容量分配制度。

(3)完善控制排污的制度。依据有关法律法规,建立和完善排污浓度控制与总量控制相结合的制度、边界断面水质监测制度、入河排污口管理制度、污染事件责任追究制度、污染限期治理制度、排污行为现场检查制度以及其他各项排污管理制度。

（4）完善地下水管理及保护制度。为保护地下水资源,要充分考虑代际公平原则,不能破坏地下水平衡。要完善地下水水位和水质监测、开采总量控制、限采区和禁采区的划定及管理、超采区地下水回补等方面的制度。

4. 权利保护

根据国家有关物权的法律法规,规范政府和用户、用户和用户间的关系,维护国家权益,保护水权拥有者权利。

（三）水权流转制度

水权流转即水资源使用权的流转,目前主要为取水权的流转。水权流转不是目的,而是利用市场机制对水资源优化配置的经济手段,由于与市场行为有关,它的实施必须有配套的政策法规予以保障。水权流转制度包括水权转让资格审定、水权转让的程序及审批、水权转让的公告制度、水权转让的利益补偿机制以及水市场的监管制度等。影响范围和程度较小的商品水交易更多地由市场主体自主安排,政府进行市场秩序的监管。

1. 水权转让方面

（1）制定水权转让管理办法。对水权转让的条件、审批程序、权益和责任转移以及对水权转让与其他市场行为关系的规定,包括不同类别水权的范围、转让条件和程序、内容、方式、期限、水权计量方法、水权交易规则和交易价格、审批部门等方面的规定。

（2）规范水权转让合同文本。统一水权转让合同文本格式和内容。

（3）建立水权转让协商制度。水权转让是水权持有者之间的一种市场行为,需要建立政府主导下的民主协商机制。政府是水权转让的监管者。

（4）建立水权转让第三方利益补偿制度。明确水权转让对周边地区、其他用水户及环境等造成的影响进行评估、补偿的办法。

（5）实行水权转让公告制度。水权转让主体对自己拥有的多余水权进行公告,有利于水权转让的公开、公平和效率的提高,公告制度要规定公告的时间、水量水质、期限、公告方式、转让条件等内容。

2. 水市场建设方面

水市场是通过市场交换取得水权的机制或场所。水市场的建立需要有法律法规的保障。在我国,水市场还是新生事物,需要进一步发展和培育。水市场的发展需要相应的法律、法规和政策的支持、约束和规范。

（1）国家出台水市场建设指导意见。明确水市场建设、运行和管理的机构,建立水市场运行规则和相关管理、仲裁机制以及包括价格监管等交易行为监管机制。

（2）探索水银行机制。借鉴国外经验,用银行机制对水权进行市场化配置。探索建立水银行,制定水银行试行办法,通过水银行调蓄、流转水权。

附表　水权制度建设框架

工作类别			主要内容	具体法规和制度
水权制度体系	水资源所有权		水资源国家所有和统一管理的体现	#国家对水资源实行总量控制和定额管理的管理办法
				#全国水资源开发利用规划 包括:流域综合规划和水资源规划、水中长期供求规划、水资源配置方案、水功能区划、河流水量分配方案、旱情紧急情况下的水量调度预案等
			协调和仲裁机制	#流域水资源分配的协商机制
				#区域用水矛盾的协调仲裁机制
			水资源调查评价和价值核算	#水资源调查评价和价值核算制度 包括:对水资源的经济、环境和生态价值进行评估的制度,对水资源的调查评价制度,对水资源可利用量估算制度,对水资源演变情势分析等制度
			跨流域调水的规范	跨流域调水项目的论证和管理制度
			水资源配置的决策、监管体制和机制	#国家宏观管理体制、流域管理体制和区域水管理体制的规定
	水资源使用权	水权分配	流域水资源分配	#流域水资源分配制度 包括:建立全国重要河流水资源向区域分配以及政府向用水户分配的原则、程序、体制、机制等
				水权分配协商制度
			宏观控制和微观管理指标体系	#用水总量宏观控制指标体系 包括:跨流域河流水量在各行政区域的流域水量分配方案
				#用水定额指标体系 包括:制定各行业生产用水和各行政区域生活用水定额
			初始水权管理	#初始水权登记和管理制度 包括初始水权调整、流转和终止等规定
			用水管理制度	#各类水使用权分配的规范以及水量分配方案
				#大型用水户和公共取水权的配水机制
				#保障救灾、医疗、公共安全以及涉及卫生、生态、环境等突发事件的公共用水制度
				#生态用水管理制度
				#水能、水温、航道及水面使用权的配置制度
				#干旱期动态配水管理制度及紧急状态用水调度制度

续附表

工作类别			主要内容	具体法规和制度
水权制度体系	水资源使用权	取水管理	取水许可制度的实施	* 《取水许可制度实施办法》
				#取水许可监督管理办法
				#国际边界河流和国际跨界河流取水许可管理办法
				#取水权终止管理规定
		水资源水环境节约保护	水资源有偿使用制度	#水资源费征收管理法规
			节约用水	#节约用水管理法律法规 包括建立节水型社会指标体系
			水资源和水环境保护	#水资源和水环境保护制度 包括:实施生态用水和河道基流保障制度、水功能区划管理和保护制度、区域水环境容量分配制度、水环境影响评价制度
				#控制排污制度 包括:排污浓度控制与排污总量控制制度、边界断面的水质监测制度、入河排污口管理制度、污染事件责任追究制度、污染限期治理制度、排污行为现场检查制度以及其他各项排污管理制度
			地下水管理和保护	#地下水管理及保护制度 包括:建立地下水管理和保护制度、地下水水位和水质监测制度、开采总量控制制度、限采区和禁采区的划定及管理制度、超采区地下水回补制度
		权利保护	水权拥有者权利保护	由《物权法》及相关法律法规规定
	水权流转		水权转让	#水权转让管理办法
				#水权转让公告制度
				#水权转让协商制度
				#水权转让第三方利益补偿制度
				水权转让合同文本格式
			水市场建设	水市场建设指导意见
				水银行试行办法

注：* 为已颁布的规定；#为应尽快研究制定并实施的相关规定。

附录4 取水许可和水资源费征收管理条例

中华人民共和国国务院令(第460号)

第一章 总 则

第一条 为加强水资源管理和保护,促进水资源的节约与合理开发利用,根据《中华人民共和国水法》,制定本条例。

第二条 本条例所称取水,是指利用取水工程或者设施直接从江河、湖泊或者地下取用水资源。

取用水资源的单位和个人,除本条例第四条规定的情形外,都应当申请领取取水许可证,并缴纳水资源费。

本条例所称取水工程或者设施,是指闸、坝、渠道、人工河道、虹吸管、水泵、水井以及水电站等。

第三条 县级以上人民政府水行政主管部门按照分级管理权限,负责取水许可制度的组织实施和监督管理。

国务院水行政主管部门在国家确定的重要江河、湖泊设立的流域管理机构(以下简称流域管理机构),依照本条例规定和国务院水行政主管部门授权,负责所管辖范围内取水许可制度的组织实施和监督管理。

县级以上人民政府水行政主管部门、财政部门和价格主管部门依照本条例规定和管理权限,负责水资源费的征收、管理和监督。

第四条 下列情形不需要申请领取取水许可证:

(一)农村集体经济组织及其成员使用本集体经济组织的水塘、水库中的水的;

(二)家庭生活和零星散养、圈养畜禽饮用等少量取水的;

(三)为保障矿井等地下工程施工安全和生产安全必须进行临时应急取(排)水的;

(四)为消除对公共安全或者公共利益的危害临时应急取水的;

(五)为农业抗旱和维护生态与环境必须临时应急取水的。

前款第(二)项规定的少量取水的限额,由省、自治区、直辖市人民政府规定;第(三)项、第(四)项规定的取水,应当及时报县级以上地方人民政府水行政主管部门或者流域管理机构备案;第(五)项规定的取水,应当经县级以上人民政府水行政主管部门或者流域管理机构同意。

第五条 取水许可应当首先满足城乡居民生活用水,并兼顾农业、工业、生态与环境用水以及航运等需要。

省、自治区、直辖市人民政府可以依照本条例规定的职责权限,在同一流域或者区域内,根据实际情况对前款各项用水规定具体的先后顺序。

　　第六条　实施取水许可必须符合水资源综合规划、流域综合规划、水中长期供求规划和水功能区划,遵守依照《中华人民共和国水法》规定批准的水量分配方案;尚未制定水量分配方案的,应当遵守有关地方人民政府间签订的协议。

　　第七条　实施取水许可应当坚持地表水与地下水统筹考虑,开源与节流相结合、节流优先的原则,实行总量控制与定额管理相结合。

　　流域内批准取水的总耗水量不得超过本流域水资源可利用量。

　　行政区域内批准取水的总水量,不得超过流域管理机构或者上一级水行政主管部门下达的可供本行政区域取用的水量;其中,批准取用地下水的总水量,不得超过本行政区域地下水可开采量,并应当符合地下水开发利用规划的要求。制定地下水开发利用规划应当征求国土资源主管部门的意见。

　　第八条　取水许可和水资源费征收管理制度的实施应当遵循公开、公平、公正、高效和便民的原则。

　　第九条　任何单位和个人都有节约和保护水资源的义务。

　　对节约和保护水资源有突出贡献的单位和个人,由县级以上人民政府给予表彰和奖励。

第二章　取水的申请和受理

　　第十条　申请取水的单位或者个人(以下简称申请人),应当向具有审批权限的审批机关提出申请。申请利用多种水源,且各种水源的取水许可审批机关不同的,应当向其中最高一级审批机关提出申请。

　　取水许可权限属于流域管理机构的,应当向取水口所在地的省、自治区、直辖市人民政府水行政主管部门提出申请。省、自治区、直辖市人民政府水行政主管部门,应当自收到申请之日起20个工作日内提出意见,并连同全部申请材料转报流域管理机构;流域管理机构收到后,应当依照本条例第十三条的规定作出处理。

　　第十一条　申请取水应当提交下列材料:

　　(一)申请书;

　　(二)与第三者利害关系的相关说明;

　　(三)属于备案项目的,提供有关备案材料;

　　(四)国务院水行政主管部门规定的其他材料。

　　建设项目需要取水的,申请人还应当提交由具备建设项目水资源论证资质的单位编制的建设项目水资源论证报告书。论证报告书应当包括取水水源、用水合理性以及对生态与环境的影响等内容。

　　第十二条　申请书应当包括下列事项:

　　(一)申请人的名称(姓名)、地址;

　　(二)申请理由;

　　(三)取水的起始时间及期限;

　　(四)取水目的、取水量、年内各月的用水量等;

（五）水源及取水地点；

（六）取水方式、计量方式和节水措施；

（七）退水地点和退水中所含主要污染物以及污水处理措施；

（八）国务院水行政主管部门规定的其他事项。

第十三条　县级以上地方人民政府水行政主管部门或者流域管理机构，应当自收到取水申请之日起 5 个工作日内对申请材料进行审查，并根据下列不同情形分别作出处理：

（一）申请材料齐全、符合法定形式、属于本机关受理范围的，予以受理；

（二）提交的材料不完备或者申请书内容填注不明的，通知申请人补正；

（三）不属于本机关受理范围的，告知申请人向有受理权限的机关提出申请。

第三章　取水许可的审查和决定

第十四条　取水许可实行分级审批。

下列取水由流域管理机构审批：

（一）长江、黄河、淮河、海河、滦河、珠江、松花江、辽河、金沙江、汉江的干流和太湖以及其他跨省、自治区、直辖市河流、湖泊的指定河段限额以上的取水；

（二）国际跨界河流的指定河段和国际边界河流限额以上的取水；

（三）省际边界河流、湖泊限额以上的取水；

（四）跨省、自治区、直辖市行政区域的取水；

（五）由国务院或者国务院投资主管部门审批、核准的大型建设项目的取水；

（六）流域管理机构直接管理的河道（河段）、湖泊内的取水。

前款所称的指定河段和限额以及流域管理机构直接管理的河道（河段）、湖泊，由国务院水行政主管部门规定。

其他取水由县级以上地方人民政府水行政主管部门按照省、自治区、直辖市人民政府规定的审批权限审批。

第十五条　批准的水量分配方案或者签订的协议是确定流域与行政区域取水许可总量控制的依据。

跨省、自治区、直辖市的江河、湖泊，尚未制定水量分配方案或者尚未签订协议的，有关省、自治区、直辖市的取水许可总量控制指标，由流域管理机构根据流域水资源条件，依据水资源综合规划、流域综合规划和水中长期供求规划，结合各省、自治区、直辖市取水现状及供需情况，商有关省、自治区、直辖市人民政府水行政主管部门提出，报国务院水行政主管部门批准；设区的市、县（市）行政区域的取水许可总量控制指标，由省、自治区、直辖市人民政府水行政主管部门依据本省、自治区、直辖市取水许可总量控制指标，结合各地取水现状及供需情况制定，并报流域管理机构备案。

第十六条　按照行业用水定额核定的用水量是取水量审批的主要依据。

省、自治区、直辖市人民政府水行政主管部门和质量监督检验管理部门对本行政区域行业用水定额的制定负责指导并组织实施。

尚未制定本行政区域行业用水定额的，可以参照国务院有关行业主管部门制定的行业用水定额执行。

第十七条　审批机关受理取水申请后,应当对取水申请材料进行全面审查,并综合考虑取水可能对水资源的节约保护和经济社会发展带来的影响,决定是否批准取水申请。

第十八条　审批机关认为取水涉及社会公共利益需要听证的,应当向社会公告,并举行听证。

取水涉及申请人与他人之间重大利害关系的,审批机关在作出是否批准取水申请的决定前,应当告知申请人、利害关系人。申请人、利害关系人要求听证的,审批机关应当组织听证。

因取水申请引起争议或者诉讼的,审批机关应当书面通知申请人中止审批程序;争议解决或者诉讼终止后,恢复审批程序。

第十九条　审批机关应当自受理取水申请之日起45个工作日内决定批准或者不批准。决定批准的,应当同时签发取水申请批准文件。

对取用城市规划区地下水的取水申请,审批机关应当征求城市建设主管部门的意见,城市建设主管部门应当自收到征求意见材料之日起5个工作日内提出意见并转送取水审批机关。

本条第一款规定的审批期限,不包括举行听证和征求有关部门意见所需的时间。

第二十条　有下列情形之一的,审批机关不予批准,并在作出不批准的决定时,书面告知申请人不批准的理由和依据:

(一)在地下水禁采区取用地下水的;

(二)在取水许可总量已经达到取水许可控制总量的地区增加取水量的;

(三)可能对水功能区水域使用功能造成重大损害的;

(四)取水、退水布局不合理的;

(五)城市公共供水管网能够满足用水需要时,建设项目自备取水设施取用地下水的;

(六)可能对第三者或者社会公共利益产生重大损害的;

(七)属于备案项目,未报送备案的;

(八)法律、行政法规规定的其他情形。

审批的取水量不得超过取水工程或者设施设计的取水量。

第二十一条　取水申请经审批机关批准,申请人方可兴建取水工程或者设施。需由国家审批、核准的建设项目,未取得取水申请批准文件的,项目主管部门不得审批、核准该建设项目。

第二十二条　取水申请批准后3年内,取水工程或者设施未开工建设,或者需由国家审批、核准的建设项目未取得国家审批、核准的,取水申请批准文件自行失效。

建设项目中取水事项有较大变更的,建设单位应当重新进行建设项目水资源论证,并重新申请取水。

第二十三条　取水工程或者设施竣工后,申请人应当按照国务院水行政主管部门的规定,向取水审批机关报送取水工程或者设施试运行情况等相关材料;经验收合格的,由审批机关核发取水许可证。

直接利用已有的取水工程或者设施取水的,经审批机关审查合格,发给取水许可证。

审批机关应当将发放取水许可证的情况及时通知取水口所在地县级人民政府水行政主管部门,并定期对取水许可证的发放情况予以公告。

第二十四条　取水许可证应当包括下列内容:

(一)取水单位或者个人的名称(姓名);

(二)取水期限;

(三)取水量和取水用途;

(四)水源类型;

(五)取水、退水地点及退水方式、退水量。

前款第(三)项规定的取水量是在江河、湖泊、地下水多年平均水量情况下允许的取水单位或者个人的最大取水量。

取水许可证由国务院水行政主管部门统一制作,审批机关核发取水许可证只能收取工本费。

第二十五条　取水许可证有效期限一般为5年,最长不超过10年。有效期届满,需要延续的,取水单位或者个人应当在有效期届满45日前向原审批机关提出申请,原审批机关应当在有效期届满前,作出是否延续的决定。

第二十六条　取水单位或者个人要求变更取水许可证载明的事项的,应当依照本条例的规定向原审批机关申请,经原审批机关批准,办理有关变更手续。

第二十七条　依法获得取水权的单位或者个人,通过调整产品和产业结构、改革工艺、节水等措施节约水资源的,在取水许可的有效期和取水限额内,经原审批机关批准,可以依法有偿转让其节约的水资源,并到原审批机关办理取水权变更手续。具体办法由国务院水行政主管部门制定。

第四章　水资源费的征收和使用管理

第二十八条　取水单位或者个人应当缴纳水资源费。

取水单位或者个人应当按照经批准的年度取水计划取水。超计划或者超定额取水的,对超计划或者超定额部分累进收取水资源费。

水资源费征收标准由省、自治区、直辖市人民政府价格主管部门会同同级财政部门、水行政主管部门制定,报本级人民政府批准,并报国务院价格主管部门、财政部门和水行政主管部门备案。其中,由流域管理机构审批取水的中央直属和跨省、自治区、直辖市水利工程的水资源费征收标准,由国务院价格主管部门会同国务院财政部门、水行政主管部门制定。

第二十九条　制定水资源费征收标准,应当遵循下列原则:

(一)促进水资源的合理开发、利用、节约和保护;

(二)与当地水资源条件和经济社会发展水平相适应;

(三)统筹地表水和地下水的合理开发利用,防止地下水过量开采;

(四)充分考虑不同产业和行业的差别。

第三十条　各级地方人民政府应当采取措施,提高农业用水效率,发展节水型农业。

农业生产取水的水资源费征收标准应当根据当地水资源条件、农村经济发展状况和促进农业节约用水需要制定。农业生产取水的水资源费征收标准应当低于其他用水的水资源费征收标准,粮食作物的水资源费征收标准应当低于经济作物的水资源费征收标准。农业生产取水的水资源费征收的步骤和范围由省、自治区、直辖市人民政府规定。

第三十一条　水资源费由取水审批机关负责征收;其中,流域管理机构审批的,水资源费由取水口所在地省、自治区、直辖市人民政府水行政主管部门代为征收。

第三十二条　水资源费缴纳数额根据取水口所在地水资源费征收标准和实际取水量确定。

水力发电用水和火力发电贯流式冷却用水可以根据取水口所在地水资源费征收标准和实际发电量确定缴纳数额。

第三十三条　取水审批机关确定水资源费缴纳数额后,应当向取水单位或者个人送达水资源费缴纳通知单,取水单位或者个人应当自收到缴纳通知单之日起7日内办理缴纳手续。

直接从江河、湖泊或者地下取用水资源从事农业生产的,对超过省、自治区、直辖市规定的农业生产用水限额部分的水资源,由取水单位或者个人根据取水口所在地水资源费征收标准和实际取水量缴纳水资源费;符合规定的农业生产用水限额的取水,不缴纳水资源费。取用供水工程的水从事农业生产的,由用水单位或者个人按照实际用水量向供水工程单位缴纳水费,由供水工程单位统一缴纳水资源费;水资源费计入供水成本。

为了公共利益需要,按照国家批准的跨行政区域水量分配方案实施的临时应急调水,由调入区域的取用水的单位或者个人,根据所在地水资源费征收标准和实际取水量缴纳水资源费。

第三十四条　取水单位或者个人因特殊困难不能按期缴纳水资源费的,可以自收到水资源费缴纳通知单之日起7日内向发出缴纳通知单的水行政主管部门申请缓缴;发出缴纳通知单的水行政主管部门应当自收到缓缴申请之日起5个工作日内作出书面决定并通知申请人;期满未作决定的,视为同意。水资源费的缓缴期限最长不得超过90日。

第三十五条　征收的水资源费应当按照国务院财政部门的规定分别解缴中央和地方国库。因筹集水利工程基金,国务院对水资源费的提取、解缴另有规定的,从其规定。

第三十六条　征收的水资源费应当全额纳入财政预算,由财政部门按照批准的部门财政预算统筹安排,主要用于水资源的节约、保护和管理,也可以用于水资源的合理开发。

第三十七条　任何单位和个人不得截留、侵占或者挪用水资源费。

审计机关应当加强对水资源费使用和管理的审计监督。

第五章　监督管理

第三十八条　县级以上人民政府水行政主管部门或者流域管理机构应当依照本条例规定,加强对取水许可制度实施的监督管理。

县级以上人民政府水行政主管部门、财政部门和价格主管部门应当加强对水资源费征收、使用情况的监督管理。

第三十九条　年度水量分配方案和年度取水计划是年度取水总量控制的依据,应当根据批准的水量分配方案或者签订的协议,结合实际用水状况、行业用水定额、下一年度预测来水量等制定。

国家确定的重要江河、湖泊的流域年度水量分配方案和年度取水计划,由流域管理机构会同有关省、自治区、直辖市人民政府水行政主管部门制定。

县级以上各地方行政区域的年度水量分配方案和年度取水计划,由县级以上地方人民政府水行政主管部门根据上一级地方人民政府水行政主管部门或者流域管理机构下达的年度水量分配方案和年度取水计划制定。

第四十条　取水审批机关依照本地区下一年度取水计划、取水单位或者个人提出的下一年度取水计划建议,按照统筹协调、综合平衡、留有余地的原则,向取水单位或者个人下达下一年度取水计划。

取水单位或者个人因特殊原因需要调整年度取水计划的,应当经原审批机关同意。

第四十一条　有下列情形之一的,审批机关可以对取水单位或者个人的年度取水量予以限制:

(一)因自然原因,水资源不能满足本地区正常供水的;

(二)取水、退水对水功能区水域使用功能、生态与环境造成严重影响的;

(三)地下水严重超采或者因地下水开采引起地面沉降等地质灾害的;

(四)出现需要限制取水量的其他特殊情况的。

发生重大旱情时,审批机关可以对取水单位或者个人的取水量予以紧急限制。

第四十二条　取水单位或者个人应当在每年的 12 月 31 日前向审批机关报送本年度的取水情况和下一年度取水计划建议。

审批机关应当按年度将取用地下水的情况抄送同级国土资源主管部门,将取用城市规划区地下水的情况抄送同级城市建设主管部门。

审批机关依照本条例第四十一条第一款的规定,需要对取水单位或者个人的年度取水量予以限制的,应当在采取限制措施前及时书面通知取水单位或者个人。

第四十三条　取水单位或者个人应当依照国家技术标准安装计量设施,保证计量设施正常运行,并按照规定填报取水统计报表。

第四十四条　连续停止取水满 2 年的,由原审批机关注销取水许可证。由于不可抗力或者进行重大技术改造等原因造成停止取水满 2 年的,经原审批机关同意,可以保留取水许可证。

第四十五条　县级以上人民政府水行政主管部门或者流域管理机构在进行监督检查时,有权采取下列措施:

(一)要求被检查单位或者个人提供有关文件、证照、资料;

(二)要求被检查单位或者个人就执行本条例的有关问题作出说明;

(三)进入被检查单位或者个人的生产场所进行调查;

(四)责令被检查单位或者个人停止违反本条例的行为,履行法定义务。

监督检查人员在进行监督检查时,应当出示合法有效的行政执法证件。有关单位和个人对监督检查工作应当给予配合,不得拒绝或者阻碍监督检查人员依法执行公务。

第四十六条　县级以上地方人民政府水行政主管部门应当按照国务院水行政主管部门的规定,及时向上一级水行政主管部门或者所在流域的流域管理机构报送本行政区域上一年度取水许可证发放情况。

流域管理机构应当按照国务院水行政主管部门的规定,及时向国务院水行政主管部门报送其上一年度取水许可证发放情况,并同时抄送取水口所在地省、自治区、直辖市人民政府水行政主管部门。

上一级水行政主管部门或者流域管理机构发现越权审批、取水许可证核准的总取水量超过水量分配方案或者协议规定的数量、年度实际取水总量超过下达的年度水量分配方案和年度取水计划的,应当及时要求有关水行政主管部门或者流域管理机构纠正。

第六章　法律责任

第四十七条　县级以上地方人民政府水行政主管部门、流域管理机构或者其他有关部门及其工作人员,有下列行为之一的,由其上级行政机关或者监察机关责令改正;情节严重的,对直接负责的主管人员和其他直接责任人员依法给予行政处分;构成犯罪的,依法追究刑事责任:

（一）对符合法定条件的取水申请不予受理或者不在法定期限内批准的;

（二）对不符合法定条件的申请人签发取水申请批准文件或者发放取水许可证的;

（三）违反审批权限签发取水申请批准文件或者发放取水许可证的;

（四）对未取得取水申请批准文件的建设项目,擅自审批、核准的;

（五）不按照规定征收水资源费,或者对不符合缓缴条件而批准缓缴水资源费的;

（六）侵占、截留、挪用水资源费的;

（七）不履行监督职责,发现违法行为不予查处的;

（八）其他滥用职权、玩忽职守、徇私舞弊的行为。

前款第（六）项规定的被侵占、截留、挪用的水资源费,应当依法予以追缴。

第四十八条　未经批准擅自取水,或者未依照批准的取水许可规定条件取水的,依照《中华人民共和国水法》第六十九条规定处罚;给他人造成妨碍或者损失的,应当排除妨碍、赔偿损失。

第四十九条　未取得取水申请批准文件擅自建设取水工程或者设施的,责令停止违法行为,限期补办有关手续;逾期不补办或者补办未被批准的,责令限期拆除或者封闭其取水工程或者设施;逾期不拆除或者不封闭其取水工程或者设施的,由县级以上地方人民政府水行政主管部门或者流域管理机构组织拆除或者封闭,所需费用由违法行为人承担,可以处 5 万元以下罚款。

第五十条　申请人隐瞒有关情况或者提供虚假材料骗取取水申请批准文件或者取水许可证的,取水申请批准文件或者取水许可证无效,对申请人给予警告,责令其限期补缴应当缴纳的水资源费,处 2 万元以上 10 万元以下罚款;构成犯罪的,依法追究刑事责任。

第五十一条　拒不执行审批机关作出的取水量限制决定,或者未经批准擅自转让取水权的,责令停止违法行为,限期改正,处 2 万元以上 10 万元以下罚款;逾期拒不改正或者情节严重的,吊销取水许可证。

　　第五十二条　有下列行为之一的,责令停止违法行为,限期改正,处 5 000 元以上 2 万元以下罚款;情节严重的,吊销取水许可证:

　　(一)不按照规定报送年度取水情况的;

　　(二)拒绝接受监督检查或者弄虚作假的;

　　(三)退水水质达不到规定要求的。

　　第五十三条　未安装计量设施的,责令限期安装,并按照日最大取水能力计算的取水量和水资源费征收标准计征水资源费,处 5 000 元以上 2 万元以下罚款;情节严重的,吊销取水许可证。

　　计量设施不合格或者运行不正常的,责令限期更换或者修复;逾期不更换或者不修复的,按照日最大取水能力计算的取水量和水资源费征收标准计征水资源费,可以处 1 万元以下罚款;情节严重的,吊销取水许可证。

　　第五十四条　取水单位或者个人拒不缴纳、拖延缴纳或者拖欠水资源费的,依照《中华人民共和国水法》第七十条规定处罚。

　　第五十五条　对违反规定征收水资源费、取水许可证照费的,由价格主管部门依法予以行政处罚。

　　第五十六条　伪造、涂改、冒用取水申请批准文件、取水许可证的,责令改正,没收违法所得和非法财物,并处 2 万元以上 10 万元以下罚款;构成犯罪的,依法追究刑事责任。

　　第五十七条　本条例规定的行政处罚,由县级以上人民政府水行政主管部门或者流域管理机构按照规定的权限决定。

第七章　附　则

　　第五十八条　本条例自 2006 年 4 月 15 日起施行。1993 年 8 月 1 日国务院发布的《取水许可制度实施办法》同时废止。

附录5　取水许可管理办法

中华人民共和国水利部令(第34号)

第一章　总　则

第一条　为加强取水许可管理,规范取水的申请、审批和监督管理,根据《中华人民共和国水法》和《取水许可和水资源费征收管理条例》(以下简称《取水条例》)等法律法规,制定本办法。

第二条　取用水资源的单位和个人以及从事取水许可管理活动的水行政主管部门和流域管理机构及其工作人员,应当遵守本办法。

第三条　水利部负责全国取水许可制度的组织实施和监督管理。

水利部所属流域管理机构(以下简称流域管理机构),依照法律法规和水利部规定的管理权限,负责所管辖范围内取水许可制度的组织实施和监督管理。

县级以上地方人民政府水行政主管部门按照省、自治区、直辖市人民政府规定的分级管理权限,负责本行政区域内取水许可制度的组织实施和监督管理。

第四条　流域内批准取水的总耗水量不得超过国家批准的本流域水资源可利用量。

行政区域内批准取水的总水量,不得超过流域管理机构或者上一级水行政主管部门下达的可供本行政区域取用的水量。

第二章　取水的申请和受理

第五条　实行政府审批制的建设项目,申请人应当在报送建设项目(预)可行性研究报告前,提出取水申请。

纳入政府核准项目目录的建设项目,申请人应当在报送项目申请报告前,提出取水申请。

纳入政府备案项目目录的建设项目以及其他不列入国家基本建设管理程序的建设项目,申请人应当在取水工程开工前,提出取水申请。

第六条　申请取水并需要设置入河排污口的,申请人在提出取水申请的同时,应当按照《入河排污口监督管理办法》的有关规定一并提出入河排污口设置申请。

第七条　直接取用其他取水单位或者个人的退水或者排水的,应当依法办理取水许可申请。

第八条　需要申请取水的建设项目,申请人应当委托具备相应资质的单位编制建设项目水资源论证报告书。其中,取水量较少且对周边环境影响较小的建设项目,申请人可不编制建设项目水资源论证报告书,但应当填写建设项目水资源论证表。

不需要编制建设项目水资源论证报告书的情形以及建设项目水资源论证表的格式及填报要求,由水利部规定。

第九条　县级以上人民政府水行政主管部门或者流域管理机构应当组织有关专家对建设项目水资源论证报告书进行审查,并提出书面审查意见,作为审批取水申请的技术依据。

第十条　《取水条例》第十一条第一款第四项所称的国务院水行政主管部门规定的其他材料包括:

(一)取水单位或者个人的法定身份证明文件;

(二)有利害关系第三者的承诺书或者其他文件;

(三)建设项目水资源论证报告书的审查意见;

(四)不需要编制建设项目水资源论证报告书的,应当提交建设项目水资源论证表;

(五)利用已批准的入河排污口退水的,应当出具具有管辖权的县级以上地方人民政府水行政主管部门或者流域管理机构的同意文件。

第十一条　申请人应当向具有审批权限的审批机关提出申请。申请利用多种水源,且各种水源的取水审批机关不同的,应当向其中最高一级审批机关提出申请。

申请在地下水限制开采区开采利用地下水的,应当向取水口所在地的省、自治区、直辖市人民政府水行政主管部门提出申请。

取水许可权限属于流域管理机构的,应当向取水口所在地的省、自治区、直辖市人民政府水行政主管部门提出申请;其中,取水口跨省、自治区、直辖市的,应当分别向相关省、自治区、直辖市人民政府水行政主管部门提出申请。

第十二条　取水许可权限属于流域管理机构的,接受申请材料的省、自治区、直辖市人民政府水行政主管部门应当自收到申请之日起 20 个工作日内提出初审意见,并连同全部申请材料转报流域管理机构。申请利用多种水源,且各种水源的取水审批机关为不同流域管理机构的,接受申请材料的省、自治区、直辖市人民政府水行政主管部门应当同时分别转报有关流域管理机构。

初审意见应当包括建议审批水量、取水和退水的水质指标要求,以及申请取水项目所在水系本行政区域已审批取水许可总量、水功能区水质状况等内容。

第十三条　县级以上地方人民政府水行政主管部门或者流域管理机构,应当按照《取水条例》第十三条的规定对申请材料进行审查,并作出处理决定。

第十四条　《取水条例》第四条规定的为保障矿井等地下工程施工安全和生产安全必须进行临时应急取(排)水的以及为消除对公共安全或者公共利益的危害临时应急取水的,取水单位或者个人应当在危险排除或者事后 10 日内,将取水情况报取水口所在地县级以上地方人民政府水行政主管部门或者流域管理机构备案。

第十五条　《取水条例》第四条规定的为农业抗旱和维护生态与环境必须临时应急取水的,取水单位或者个人应当在开始取水前向取水口所在地县级人民政府水行政主管提出申请,经其同意后方可取水;涉及跨行政区域的,须经共同的上一级地方人民政府水行政主管部门或者流域管理机构同意后方可取水。

第三章　取水许可的审查和决定

第十六条　申请在地下水限制开采区开采利用地下水的,由取水口所在地的省、自治区、直辖市人民政府水行政主管部门负责审批;其中,由国务院或者国务院投资主管部门审批、核准的大型建设项目取用地下水限制开采区地下水的,由流域管理机构负责审批。

第十七条　取水审批机关审批的取水总量,不得超过本流域或者本行政区域的取水许可总量控制指标。

在审批的取水总量已经达到取水许可总量控制指标的流域和行政区域,不得再审批新增取水。

第十八条　取水审批机关应当根据本流域或者本行政区域的取水许可总量控制指标,按照统筹协调、综合平衡、留有余地的原则核定申请人的取水量。所核定的取水量不得超过按照行业用水定额核定的取水量。

第十九条　取水审批机关在审查取水申请过程中,需要征求取水口所在地有关地方人民政府水行政主管部门或者流域管理机构意见的,被征求意见的地方人民政府水行政主管部门或者流域管理机构应当自收到征求意见材料之日起 10 个工作日内提出书面意见并转送取水审批机关。

第二十条　《取水条例》第二十条第一款第三项、第四项规定的不予批准的情形包括:

（一）因取水造成水量减少可能使取水口所在水域达不到水功能区水质标准的;

（二）在饮用水水源保护区内设置入河排污口的;

（三）退水中所含主要污染物浓度超过国家或者地方规定的污染物排放标准的;

（四）退水可能使排入水域达不到水功能区水质标准的;

（五）退水不符合排入水域限制排污总量控制要求的;

（六）退水不符合地下水回补要求的。

第二十一条　取水审批机关决定批准取水申请的,应当签发取水申请批准文件。取水申请批准文件应当包括下列内容:

（一）水源地水量水质状况,取水用途,取水量及其对应的保证率;

（二）退水地点、退水量和退水水质要求;

（三）用水定额及有关节水要求;

（四）计量设施的要求;

（五）特殊情况下的取水限制措施;

（六）蓄水工程或者水力发电工程的水量调度和合理下泄流量的要求;

（七）申请核发取水许可证的事项;

（八）其他注意事项。

申请利用多种水源,且各种水源的取水审批机关为不同流域管理机构的,有关流域管理机构应当联合签发取水申请批准文件。

第二十二条　未取得取水许可申请批准文件的,申请人不得兴建取水工程或者设施;

需由国家审批、核准的建设项目,项目主管部门不得审批、核准该建设项目。

第四章　取水许可证的发放和公告

第二十三条　取水工程或者设施建成并试运行满 30 日的,申请人应当向取水审批机关报送以下材料,申请核发取水许可证:

（一）建设项目的批准或者核准文件;

（二）取水申请批准文件;

（三）取水工程或者设施的建设和试运行情况;

（四）取水计量设施的计量认证情况;

（五）节水设施的建设和试运行情况;

（六）污水处理措施落实情况;

（七）试运行期间的取水、退水监测结果。

拦河闸坝等蓄水工程,还应当提交经地方人民政府水行政主管部门或者流域管理机构批准的蓄水调度运行方案。

地下水取水工程,还应当提交包括成井抽水试验综合成果图、水质分析报告等内容的施工报告。

取水申请批准文件由不同流域管理机构联合签发的,申请人可以向其中任何一个流域管理机构报送材料。

第二十四条　取水审批机关应当自收到前条规定的有关材料后 20 日内,对取水工程或者设施进行现场核验,出具验收意见;对验收合格的,应当核发取水许可证。

取水申请批准文件由不同流域管理机构联合签发的,有关流域管理机构应当联合核验取水工程或者设施;对验收合格的,应当联合核发取水许可证。

第二十五条　同一申请人申请取用多种水源的,经统一审批后,取水审批机关应当区分不同的水源,分别核发取水许可证。

第二十六条　取水审批机关在核发取水许可证时,应当同时明确取水许可监督管理机关,并书面通知取水单位或者个人取水许可监督管理和水资源费征收管理的有关事项。

第二十七条　按照《取水条例》第二十五条规定,取水单位或者个人向原取水审批机关提出延续取水申请时应当提交下列材料:

（一）延续取水申请书;

（二）原取水申请批准文件和取水许可证。

取水审批机关应当对原批准的取水量、实际取水量、节水水平和退水水质状况以及取水单位或者个人所在行业的平均用水水平、当地水资源供需状况等进行全面评估,在取水许可证届满前决定是否批准延续。批准延续的,应当核发新的取水许可证;不批准延续的,应当书面说明理由。

第二十八条　在取水许可证有效期限内,取水单位或者个人需要变更其名称(姓名)的或者因取水权转让需要办理取水权变更手续的,应当持法定身份证明文件和有关取水权转让的批准文件,向原取水审批机关提出变更申请。取水审批机关审查同意的,应当核发新的取水许可证；其中，仅变更取水单位或者个人名称（姓名）的，可以在原取水许可证上注明。

第二十九条　在取水许可证有效期限内出现下列情形之一的，取水单位或者个人应当重新提出取水申请：

（一）取水量或者取水用途发生改变的（因取水权转让引起的取水量改变的情形除外）；

（二）取水水源或者取水地点发生改变的；

（三）退水地点、退水量或者退水方式发生改变的；

（四）退水中所含主要污染物及污水处理措施发生变化的。

第三十条　连续停止取水满 2 年的，由原取水审批机关注销取水许可证。由于不可抗力或者进行重大技术改造等原因造成停止取水满 2 年且取水许可证有效期尚未届满的，经原取水审批机关同意，可以保留取水许可证。

第三十一条　取水审批机关应当于每年的 1 月 31 日前向社会公告其上一年度新发放取水许可证以及注销和吊销取水许可证的情况。

第五章　　监督管理

第三十二条　流域管理机构审批的取水，可以委托其所属管理机构或者取水口所在地省、自治区、直辖市人民政府水行政主管部门实施日常监督管理。

县级以上地方人民政府水行政主管部门审批的取水，可以委托其所属具有管理公共事务职能的单位或者下级地方人民政府水行政主管部门实施日常监督管理。

第三十三条　县级以上地方人民政府水行政主管部门应当按照上一级地方人民政府水行政主管部门规定的时间，向其报送本行政区域下一年度取水计划建议。

省、自治区、直辖市人民政府水行政主管部门应当按照流域管理机构规定的时间，按水系向所在流域管理机构报送本行政区域该水系下一年度取水计划建议。

第三十四条　流域管理机构应当会同有关省、自治区、直辖市人民政府水行政主管部门制定国家确定的重要江河、湖泊的流域年度水量分配方案和年度取水计划，并报水利部备案。

县级以上地方人民政府水行政主管部门应当根据上一级地方人民政府水行政主管部门或者流域管理机构下达的年度水量分配方案和年度取水计划，制定本行政区域的年度水量分配方案和年度取水计划，并报上一级人民政府水行政主管部门或者流域管理机构备案。

第三十五条　取水单位或者个人应当在每年的 12 月 31 日前向取水审批机关报送其本年度的取水情况总结（表）和下一年度的取水计划建议（表）。

水力发电工程，还应当报送其下一年度发电计划。

公共供水工程，还应当附具供水范围内重要用水户下一年度用水需求计划。

取水情况总结（表）和取水计划建议（表）的格式及填报要求，由省、自治区、直辖市水行政主管部门或者流域管理机构制定。

第三十六条　取水审批机关应当于每年的 1 月 31 日前向取水单位或者个人下达当年取水计划。

取水审批机关下达的年度取水计划的取水总量不得超过取水许可证批准的取水量，并应当明确可能依法采取的限制措施。

第三十七条　新建、改建、扩建建设项目，取水单位或者个人应当在取水工程或者设施经验收合格后、开始取水前 30 日内，向取水审批机关提出其该年度的取水计划建议。取水审批机关批准后，应当及时向取水单位或者个人下达年度取水计划。

第三十八条　取水单位或者个人应当严格按照批准的年度取水计划取水。因扩大生产等特殊原因需要调整年度取水计划的，应当报经原取水审批机关同意。

第三十九条　取水单位或者个人应当按照取水审批机关下达的年度取水计划核定的退水量，在规定的退水地点退水。

因取水单位或者个人的责任，致使退水量减少的，取水审批机关应当责令其限期改正；期满无正当理由不改正的，取水审批机关可以根据年度取水计划核定的应当退水量相应核减其取水量。

第四十条　流域管理机构应当商相关省、自治区、直辖市人民政府水行政主管部门及其他相关单位，根据流域下一年度水量分配方案和年度预测来水量、水库蓄水量，按照总量控制、丰增枯减、以丰补枯的原则，统筹考虑地表水和地下水，制订本流域重要水系的年度水量调度计划或者枯水时段的调度方案。

县级以上地方人民政府水行政主管部门应当根据上一级地方人民政府水行政主管部门或者流域管理机构下达的年度水量分配方案和年度水量调度计划，制订本行政区域的年度水量调度计划或者枯水时段的调度方案，并报上一级人民政府水行政主管部门或者流域管理机构备案。

第四十一条　县级以上地方人民政府水行政主管部门和流域管理机构按照管理权限，负责所辖范围内的水量调度工作。

蓄水工程或者水力发电工程，应当服从下达的调度计划或者调度方案，确保下泄流量达到规定的控制指标。

第四十二条　取水单位或者个人应当安装符合国家法律法规或者技术标准要求的计量设施，对取水量和退水量进行计量，并定期进行检定或者核准，保证计量设施正常使用和量值的准确、可靠。

利用闸坝等水工建筑物系数或者泵站开机时间、电表度数计算水量的，应当由具有相应资质的单位进行率定。

第四十三条　有下列情形之一的，可以按照取水设施日最大取水能力计算取（退）水量：

（一）未安装取（退）水计量设施的；

（二）取（退）水计量设施不合格或者不能正常运行的；

（三）取水单位或者个人拒不提供或者伪造取（退）水数据资料的。

第四十四条　取水许可监督管理机关应当按月或者按季抄录取水单位或者个人的实际取水量、退水量或者实际发电量，一式二份，双方签字认可，取水许可监督管理机关和取水单位或者个人各持一份。

取水单位或者个人拒绝签字的,取水许可监督管理机关应当派两名以上工作人员到现场查验,记录存档,并当场留置一份给取水单位或者个人。

第四十五条　取水单位或者个人应当根据国家技术标准对用水情况进行水平衡测试,改进用水工艺或者方法,提高水的重复利用率和再生水利用率。

第四十六条　省、自治区、直辖市人民政府水行政主管部门应当按照流域管理机构的要求,定期报送由其负责监督管理的取水单位或者个人的取用水情况;流域管理机构应当定期将由其所属管理机构负责监督管理的取水单位或者个人的取用水情况抄送省、自治区、直辖市人民政府水行政主管部门。

第四十七条　省、自治区、直辖市人民政府水行政主管部门应当于每年的 2 月 25 日前向流域管理机构报送本行政区域相关水系上一年度保有的、新发放的和吊销的取水许可证数量以及审批的取水总量等取水审批的情况。

流域管理机构应当按流域水系分区建立取水许可登记簿,于每年的 4 月 15 日前向水利部报送本流域水系分区取水审批情况和取水许可证发放情况。

第六章　罚　则

第四十八条　水行政主管部门和流域管理机构及其工作人员,违反本办法规定的,按照《中华人民共和国水法》和《取水条例》的有关规定予以处理。

第四十九条　取水单位或者个人违反本办法规定的,按照《中华人民共和国水法》和《取水条例》的有关规定予以处罚。

第五十条　取水单位或者个人违反本办法规定,有下列行为之一的,由取水审批机关责令其限期改正,并可处 1 000 元以下罚款:

(一)擅自停止使用节水设施的;

(二)擅自停止使用取退水计量设施的;

(三)不按规定提供取水、退水计量资料的。

第七章　附　则

第五十一条　本办法自公布之日起施行。1994 年 6 月 9 日水利部发布的《取水许可申请审批程序规定》(水利部令第 4 号)、1996 年 7 月 29 日水利部发布的《取水许可监督管理办法》(水利部令第 6 号)以及 1995 年 12 月 23 日水利部发布并经 1997 年 12 月 23 日水利部修正的《取水许可水质管理规定》(水政资〔1995〕485 号、水政资〔1997〕525 号)同时废止。

附录6　调查问卷

水权使用者履行社会责任调查问卷

　　本问卷是河海大学商学院关于水权使用者履行社会责任进行的一项学术研究,主要目的是研究水权使用者履行社会责任的动因与提高声誉、提升竞争力等潜变量之间的关系。您的意见和答案将是本研究成败的关键,恳请您尽量拨冗填答。非常感谢您能在百忙之中抽出时间来回答我们的问题!

　　本问卷是一份学术性研究问卷,内容不涉及贵单位或项目的商业机密,所获信息也不会用于其他任何商业用途,所获取信息绝不对外公布,也不作个别的处理或披露,敬请安心作答。我们真诚希望在水权制度与市场建立方面加强相互之间的联系,如果您对本研究结论感兴趣,请按照以下联系方式与我们取得联系,我们会将最新研究结果发送给您。

敬祝

事业顺利,宏图大展!

地　　址:河海大学商学院投资研究所　　　　邮　　编:×××

联系人:×××　　　　　　　　　　　　　　电　　话:×××

手　　机:×××　　　　　　　　　　　　　 e-mail:×××

填写说明:

　　1.除基本信息需填写外,其余问题请在您认为合适的答案上画"√";

　　2.如无特殊说明,每一问题只能选择一个答案。

第一部分　受访者基本信息

1. 请问您的性别是:(　　)

　　A. 男　　　　　　B. 女

2. 请问您的年龄是:(　　)

　　A. 18～22 岁　　B. 23～28 岁　　　C. 29～35 岁　　　D. 36～40 岁　　　E. 40 岁以上

3. 请问您的学历是:(　　)

　　A. 本科　　　　　B. 硕士　　　　　C. 博士　　　　　D. 其他

4. 请问您所在的单位是:(　　)

　　A. 政府部门　　　B. 企业　　　　　C. 大专院校　　　D. 科研院所　　　E. 其他

5. 请问您在单位的职位或职称:(　　)

　　A. 高层(高级)　B. 中层(中级)　C. 一般职员(初级)

6. 您从事该领域相关研究或工作:(　　)

　　A. 2 年以下　　B. 2～5 年　　　C. 5 年以上

7. 您认为现阶段我国水权使用者履行社会责任的情况:(　　)

　　A. 很好　　　　　B. 良好　　　　　C. 一般　　　　　D. 差

8. 您单位所在的省份:＿＿＿＿＿＿＿＿＿＿

9. 您认为促使水权使用者履行社会责任的主要动力是什么?

＿＿＿

＿＿＿

10. 您认为水权使用者履行社会责任可以为水权使用者带来哪些好处?

＿＿＿

＿＿＿

11. 在仅用于学术研究的且承诺保密的情况下,向您询问关于该项目的相关信息,您愿意提供吗?

　　　　□非常愿意　　　□愿意　　　　□一般愿意　　　□不愿意　　　□极不愿意

第二部分　问卷主体内容

（提示：1 表示完全不同意；2 表示不同意；3 表示不确定；4 表示同意；5 表示非常同意。请根据您的判断在相应的表格中打"√"）

1. 利益相关者推动（SP）

测试问题项	完全不同意	不同意	不确定	同意	非常同意
员工自身利益（SP1）					
1. 员工对自身利益侵害问题相当关注	1	2	3	4	5
2. 员工希望能够在较为满意的工作环境下进行工作	1	2	3	4	5
3. 员工希望能够得到进修培训的机会	1	2	3	4	5
4. 员工希望能够在休假与加班补偿方面得到充分的保证	1	2	3	4	5
消费者满意度（SP2）					
5. 消费者希望能够在丰富的产品市场进行消费	1	2	3	4	5
6. 消费者希望得到物美价廉的产品，拒绝以假充真、以次充好	1	2	3	4	5
7. 消费者希望得到满意的售后服务	1	2	3	4	5
股东利益要求（SP3）					
8. 股东希望及时获得准确的公司披露信息	1	2	3	4	5
9. 股东希望企业积极主动偿还债务	1	2	3	4	5
政府监管（SP4）					
10. 政府要求水权使用者在国家法律法规允许的框架下进行合法的生产活动	1	2	3	4	5
11. 政府要求水权使用者对经济、环境和社会发展承担起所应承担的责任	1	2	3	4	5
非政府组织监管（SP5）					
12. NGO 对于水权使用者在环保、劳工权益、同工同酬等方面给予了广泛的关注	1	2	3	4	5

续表

测试问题项	完全不同意	不同意	不确定	同意	非常同意
13. NGO 希望水权使用者在生产销售过程中,保护全球资源和生态环境	1	2	3	4	5

2. 水权使用者自身要求(OR)

测试问题项	完全不同意	不同意	不确定	同意	非常同意
节约交易成本(OR1)					
14. 水权使用者认为节约交易成本是企业的核心竞争力	1	2	3	4	5
15. 水权使用者希望减少不必要的交易成本	1	2	3	4	5
提升长期绩效(OR2)					
16. 绩效增长是企业发展的根本动力	1	2	3	4	5
17. 绩效增长带来企业的可持续发展					
18. 水权使用者对企业长期绩效增长非常重视	1	2	3	4	5
改善竞争环境(OR3)					
19. 水权使用者认为改善企业竞争环境能够大大促进企业发展	1	2	3	4	5
20. 水权使用者希望得到政府的支持与政策倾斜	1	2	3	4	5
21. 水权使用者希望得到消费者和同行业的认可	1	2	3	4	5

3. 外部环境(ET)

测试问题项	完全不同意	不同意	不确定	同意	非常同意
经济全球化(ET1)					
22. 经济全球化要求通过商业活动和商业约束来推动人权问题	1	2	3	4	5

续表

测试问题项	完全不同意	不同意	不确定	同意	非常同意
23.经济全球化要求全社会都在共同关注劳工权益的保障	1	2	3	4	5
24.更加关注企业环保绿色的企业形象	1	2	3	4	5
社会舆论(ET2)					
25.信息化时代企业更加注重社会舆论的监督	1	2	3	4	5
26.良好的企业形象可以为企业带来更多的市场价值和无形资产增值	1	2	3	4	5
27.负面的舆论报道会导致企业丧失市场份额,最终倒闭破产	1	2	3	4	5
生态环境(ET3)					
28.社会各界对生态环境问题都十分关注	1	2	3	4	5
29.企业破坏生态环境的行为会受到法律的制裁和社会的谴责	1	2	3	4	5

4. 社会责任(SR)

测试问题项	完全不同意	不同意	不确定	同意	非常同意
经济责任(SR1)					
30.企业能够积极扩大经营,创造利润	1	2	3	4	5
31.企业能够保障所有人与投资人的资产保值与增值	1	2	3	4	5
32.企业能够提供尽可能多样化的产品和服务,促进社会的物质财富极大丰富	1	2	3	4	5
法律责任(SR2)					
33.企业能够遵守国际公约与国家法规的要求	1	2	3	4	5
34.企业能够执行行业规范、行业标准和行业的道德准则	1	2	3	4	5

续表

测试问题项	完全不同意	不同意	不确定	同意	非常同意
35. 企业能够严格执行企业内部的规章制度	1	2	3	4	5
生态责任（SR3）					
36. 企业十分注重水资源的保护	1	2	3	4	5
37. 企业愿意对生态环境进行补偿	1	2	3	4	5
38. 企业能够主动维持资源、环境与社会可持续的发展	1	2	3	4	5
道德责任（SR4）					
39. 企业能够积极维护利益相关者权利	1	2	3	4	5
40. 企业能够主动扶贫帮困	1	2	3	4	5
41. 企业能够主动救死扶伤、安置残疾人	1	2	3	4	5

5. 声誉（RN）

测试问题项	完全不同意	不同意	不确定	同意	非常同意
吸引力（RN1）					
42. 企业在招收高素质人才方面十分成功	1	2	3	4	5
43. 企业很容易与其他企业联盟合作	1	2	3	4	5
喜爱性（RN2）					
44. 对企业的产品与服务十分满意	1	2	3	4	5
45. 消费者对企业的经营理念十分认可	1	2	3	4	5
46. 消费者对企业有强烈的归属感	1	2	3	4	5
品牌价值（RN3）					
47. 您所在企业是一个世界知名企业	1	2	3	4	5
48. 企业在本行业处于龙头地位	1	2	3	4	5
49. 企业拥有较强的市场影响力	1	2	3	4	5

6. 竞争力(CS)

测试问题项	完全不同意	不同意	不确定	同意	非常同意
资源利用能力(CS1)					
50. 新技术的推广促使资源利用能力提高	1	2	3	4	5
51. 资源利用能力的提高可有效提升企业的竞争能力	1	2	3	4	5
52. 资源利用能力能够反映企业的管理水平与科技能力	1	2	3	4	5
赢利能力(CS2)					
53. 履行社会责任可以有效提升企业赢利能力	1	2	3	4	5
54. 企业赢利能力是企业竞争力的核心	1	2	3	4	5
55. 企业更加看重的是企业的长期赢利能力	1	2	3	4	5
企业创新能力(CS3)					
56. 新技术、新材料的使用可以推动企业创新能力的提升	1	2	3	4	5
57. 企业和政府都对企业的创新能力十分关注	1	2	3	4	5
58. 您所在的企业拥有核心技术的竞争能力	1	2	3	4	5
可持续发展能力(CS4)					
59. 良好的口碑有利于企业的可持续发展	1	2	3	4	5
60. 良好的竞争环境有利于企业的可持续发展	1	2	3	4	5
61. 绩效的长期稳定增长是企业可持续发展的关键	1	2	3	4	5

7. 可持续发展能力(SD)

测试问题项	完全 不同意	不同意	不确定	同意	非常 同意
内部运行能力(SD1)					
62. 内部运行能力可以促进可持续发展能力的提升	1	2	3	4	5
63. 内部运行机制是企业的主体机制	1	2	3	4	5
64. 内部运行能力反映企业的内部控制水平	1	2	3	4	5
制度规范能力(SD2)					
65. 制度规范能力可以促进可持续发展能力的提升	1	2	3	4	5
66. 系统性与科学性是企业制度规范的反映	1	2	3	4	5
67. 制度规范有助于节约成本,提高效率,树立企业形象	1	2	3	4	5
企业家能力(SD3)					
68. 发现市场机会、敢于担当市场风险的决断力和胆识	1	2	3	4	5
69. 用干部带队伍的能力	1	2	3	4	5
70. 塑造企业文化的能力	1	2	3	4	5
战略管理能力(SD4)					
71. 战略规划水平	1	2	3	4	5
72. 战略资源配置与实施能力	1	2	3	4	5
73. 整合资金、财力、设备及社会关系网的能力	1	2	3	4	5

参 考 文 献

［1］汪恕诚.水权和水市场——谈实现水资源优化配置的经济手段［J］.中国水利,2000(11):6-9.

［2］郑海东.企业社会责任行为表现:测量维度、影响因素及对企业绩效的影响［D］.杭州:浙江大学, 2007.

［3］Carroll A B. A Three-Dimensional conceptual model of corporate performance［J］. Academy of Management Review,1979,4(4):497-505.

［4］Davis K. Can business afford to ignore social responsibilities? ［J］. California Management Review,1960,2 (3):70-76.

［5］Walton C C. Corporate social responsibility［M］. Belmont,CA:Wdsworth,1967.

［6］Manne H G,Wallich H C. The modern corporate and social responsibility［R］. Washington D C:American Enterprise Institute for Public Policy Research,1972.

［7］Jones T M. Corporate social responsibility revisited,redefined ［J］. California Managemet Review,1980,22 (3):59-67.

［8］陈留彬.中国企业社会责任理论与实证研究——以山东省为例［D］.山东:山东大学,2006.

［9］European Commission. Promoting a European framework for corporate social responsibility ［R］. 2001.

［10］Clarkson Max E. A stakeholder framework for analyzing and evaluating corporate social performance ［J］. Academy of Management Review,1995,20(1):92-117.

［11］Epstein Edwin M. The corporate social policy process:beyond business ethics,corporate social responsibility and corporate social responsiveness［J］. California Management Review,1987,29(3):99-114.

［12］王瑾.企业社会责任及其动力机制构建［J］.商业时代,2008,19:34-36.

［13］王明华.企业社会责任本质及其治理研究［D］.南昌:江西财经大学,2006.

［14］张兰霞,杨海君,宋有强.我国劳动关系层面企业社会责任的动力机制研究［J］.东北大学学报:社会科学版,2009,11(5):400-404.

［15］郑晓霞.企业社会责任动力机制探析［J］.中北大学学报:社会科学版,2008(5):24-28.

［16］罗重谱.企业社会责任动力机制的多维探视［J］.广西经济管理干部学院学报,2008,2(20): 17-21.

［17］袁家方.企业社会责任［M］.北京:海洋出版社,1990.

［18］张彦宁.中国企业管理年鉴［M］.北京:企业管理出版社,1990.

［19］杨瑞龙,周业安.企业的利益相关者理论及其应用［M］.北京:经济科学出版社,2000.

［20］刘俊海.公司的社会责任［M］.北京:法律出版社,1999.

［21］周祖城.企业伦理学［M］.北京:清华大学出版社,2005.

［22］卢代富.企业社会责任的经济学与法学分析［M］.北京:法律出版社,2002.

［23］林毅夫.企业承担社会责任的经济学分析［J］.经理人内参,2006(18):26-27.

［24］惠宁,霍丽.企业社会责任的构建［J］.改革,2005(5):88-93.

［25］Benda－Beckmann,F. von Benda－Beckmann,K. von & Spiertz,H. L. J. Local law and customary practices in the study of water rights. In: R. Pradhan,F. von Benda－Beckmann,K. von Benda－Beckmann,H. L. J. Spiertz,S. Khadka,K. Azharul Haq (Eds.),Water Rights,Conflict and Policy, p 221-242. Proceedings of a workshop held in Kathmandu,Nepal,International Irrigation Management Institute,Colombo, Sri Lanka,1996.

［26］Meinzen－Dick R S,Bruns B R. Negotiating water rights: Introduction. In: B. R. Bruns and R. S.

Meinzen – Dick（Eds.），Negotiating Water Rights. New Delhi：Vistaar and London：Intermediate Tech-nology Press,2002.

[27] V. Ostrom,E. Ostrom. Legal and political conditions of water resource development, Land Economics, XL VIII , 1972.

[28] Goldfarb W. Water Law. Chelsea,Mi. : Lewis Publishers, Inc. 1988.

[29] Trelease F J. Policies for water laws：property rights, economic forces and public regulation[J]. Natural Resources Journal,1965(5):83-92.

[30] Mather,John Russell. Water resources Development,Published by John Wiley & Sons,Inc. 1984.

[31] Agriculture and Resource Management Council of Australia. Water allocations and entitlements：a national framework for the implementation of property rights in water . Task Fore on COAG Water Reform Occa-sional Paper Number 1,Standing Committee on Agriculture and Resource Management, Canberra. 1995.

[32] Thomas J F. Water and the Australian economy：community summary April 1999. Australian Academy of Technological Sciences and Engineering,Parkville,Victoria.

[33] Yamamoto A. The governance of water：an institutional approach to water resource management[D]. Bal-timore：The Johns Hopkins University,2002.

[34] Howe C W,Schurmeier D R,Shaw W D. Innovative approaches to water allocation：the potential for water markets [J]. Water Resources Research,1986,22(4):439-445.

[35] 崔素琴,何秉群. 水权的界析[J]. 法制天地,2006(7):36-37.

[36] 王亚华. 水权解释[M]. 上海:上海三联书店,2005.

[37] 李强,沈原,等. 中国水问题:水资源与水管理的社会学研究[M]. 北京:中国人民大学出版社,2005.

[38] 邢鸿飞,徐金海. 水权及相关范畴研究[J]. 江苏社会科学,2006(4):162-168.

[39] 盛洪. 以水治水——《关于水权体系和水资源市场的理论探讨和制度方案》的导论一[EB/OL]. [2003-02-09]. http://www. hwcc. com. cn.

[40] 刘斌,杨国华,王磊. 水权制度与我国水管理[J]. 中国水利,2001(4):19-20.

[41] 刘斌. 浅议初始水权的界定[J]. 水利发展研究,2003,3(2):26-27.

[42] 刘斌. 我国未来水权制度理论浅析[J]. 水利发展研究,2004(1):13-16.

[43] 石玉波. 关于水权与水市场的几点认识[J]. 中国水利,2001(2):31-33.

[44] 黄河,王丽霞,等. 水资源的不可专有性与水权[N]. 中国水利报,2000-11.

[45] 王亚华,胡鞍钢. 我国水权制度的变迁[J]. 经济研究参考,2002(20):25-31.

[46] 胡鞍钢,王亚华. 从东阳—义乌水权交易看我国水分配体制改革[J]. 中国水利,2001(6):35-37.

[47] 王亚华,胡鞍钢. 水权制度的重大创新[J]. 水利发展研究,2001(1):5-8.

[48] 汪恕诚. 水权和水市场[J]. 水电能源科学,2001(3):1-5.

[49] 汪恕诚. 水权与水市场[J]. 中国水利,2000(11):6-9.

[50] 许长新. 水权管理的一种经济学逻辑[EB/OL]. [2001-08-28]. http://www. hwcc. com. cn.

[51] 崔建远. 水权与民法理论及物权法典的制定[J]. 法学研究,2002(3):37-62.

[52] 崔建远. 水工程与水权[J]. 法律科学,2003(1):65-72.

[53] 崔建远. 水权转让的法律分析[J]. 清华大学学报,2002(5):40-50.

[54] 崔建远. 关于水权争论问题的意见[J]. 政治与法律,2002(6):29-38.

[55] Demsetz H. Towards a theory of property rights. A. E. R. , May 1967 (57).

[56] Hung M F,Shaw Daigee. A trading-ratio system for trading water pollution discharge permits[J]. Journal of Environmental Economics and Management,2005,49.

［57］Lipton M. Litchfield J. draft 2002, The impact of irrigation on poverty. http://www. sussex. ac. uk/Units/PRU/irrigation. html.

［58］Bryan Bruns, Ruth Meinzen-Dick. Framework for Water Rights: An Overview of Institutional Options(A): International Working Conference on Water Right: Institutional Options for Improving Water Allocation (C). Hanol, Vietnam: 2003.

［59］Fisher D E. Water law LBC information services, Sydney, 2000.

［60］彭祥,胡和平. 不同水权模式下流域水资源配置博弈的一般性解释[J]. 水利水电技术,2006,37(2):53-56.

［61］李雪松. 水资源资产化与产权化及初始水权界定问题研究[J]. 江西社会科学,2006(2):150-155.

［62］William, G. Water Law[M]. 2nd ed. Lewis publishers, Inc. 1988.

［63］水改革高级指导小组. 澳大利亚水交易[M]. 鞠茂森,张仁田,译. 郑州:黄河水利出版社,2001.

［64］陈明. 澳大利亚的水资源管理[J]. 中国水利,2000(6):43-45.

［65］常云昆. 黄河断流与黄河水权制度研究[M]. 北京:中国社会科学出版社,2001.

［66］Smith Z A. Groundwater in the west[M]. San Diego: Academic Press,1989.

［67］O' Mara G T. The conjunctive use of sulfate and groundwater resources[R]. Washington: The World Bank,2009.

［68］Smith Z A. Water and the future of the southwest[M]. Albuquerque: University of New Mexico Press, 1988.

［69］Matthews O P. Changing the appropriation doctrine under the model state water code[J]. Water Resources Bulletin,1994,30:189-196.

［70］Coase, Ronald. The problem of social cost[J]. The Journal of Law and Economics, Volum Ⅲ, October 1960.

［71］Stephen Beare, Anna Heaney. Water trade and the externalities of water use in Australia. Common wealth of Australia,2002.

［72］Howitt R E, Lund J R, Kirby K W, et al. Center for environmental and water resources engineering, University of California, Davis. 1999.

［73］Roger Perman, Yue Ma, James Mc Gilvray, et al. Natural resource and environmental economics [M]. 2nd ed. Longman Publishing House,1999.

［74］Hamilton J, Whittlesey N. Interruptible water markets in the Pacific Northwest[J]. American Journal of Agricultural Economics, 1989.

［75］姚树荣,张杰. 中国水权交易与水市场制度的经济学分析[J]. 四川大学学报:哲学社会科学版, 2007(4):108-112.

［76］陈勇. 对建立我国水权制度的立法思考[J]. 人民长江,2006,37(4):36-37.

［77］Colby Saliba B. Do water markets "work"? market transfers and trade offices in the southwestern States [J]. Water Resources Research, 1987(23):1113-1122.

［78］Colby Saliba B, Bush D. Water markets in theory and practice. Westview Boulder, Co. 1987.

［79］Ditwiler C D. Water problem and property rights—an economic perspective[J]. Natural Resources Journal,1975,15(4):663-680.

［80］Young R. Why are there so few transactions among water users? [J]. American Journal of Agricultural Economics,1986,68. 1114-1151.

［81］Colby B G. Transactions costs and efficiency in Western water allocation[J]. American Journal of Agricultural Economics,1990,72(5):1184-1192.

[82] Hearne R R,Easter K W. The economic and financial gains from water markets in Chile[J]. Agricultural Economics,1997,15(3): 187-99.

[83] 罗慧,等.水权准市场交易模型及市场均衡分析[J].水利学报,2006,37(4):492-498.

[84] 许长新,谢文轩.我国水权使用者责任体系研究[J].人民黄河,2008(6):47-84.

[85] 王晓东,刘文.中国水权制度建设[M].郑州:黄河水利出版社,2007.

[86] 邓禾,黄锡生.关于我国水资源刑法保护的完善[J].重庆建筑大学学报,2004(3):80-84.

[87] 吴国平.水资源保护责任研究[J].水资源保护,2002(4):1-3.

[88] 任顺平.水事管理领域民事责任初探[J].水利发展研究,2001(5):9-10.

[89] 畅明琦,刘俊萍.论中国水资源安全的形势[J].生产力研究,2008(8):5-7.

[90] 孔凡斌.江河源头水源涵养生态功能区生态补偿机制研究——以江西东江源区为例[J].经济地理,2010,30(2):299-305.

[91] Merriam-Webster's Collegiate Dictionary,Merrim-Webster Inc,2005.

[92] Edward N. Zalta Stanford Encyclopedia of Philosophy[J].The Metaphysics Research Lab Stanford University,2004.

[93] Walton C. The ethics of corporate conduct[M]. Engle Wood Cliffs. NJ:Prentice Hall,1997.

[94] Sturtevant,Frederick. Business and society[M]. A Management Aproach,1997.

[95] Gandz J,Hayes N. Teaching business ethics[J]. Journal of Business Ethics, 1998(7):657-658.

[96] 霍尔斯特·施泰因曼,阿尔伯特·勒尔.企业伦理学基础[M].李兆雄,译.上海:上海社会科学出版社,2001.

[97] 周祖城.企业伦理学[M].北京:清华大学出版社,2005.

[98] 康德.道德行而上学的基础[M]//西方哲学原著选读(下卷).北京:商务印书馆,2003.

[99] Goodpaster,Kenneth E, Marthews,et al. Can a corporation have a conscience? Harvard Business Review, January-February,1982.

[100] Michael Hoffman,Jennifer Moore. Business ethics:readings and cases in corporate morality[M]. 2nd ed. New York:Mc-Graw-Hill,1990.

[101] 麦金太尔.德性之后[M].龚群,等译.北京:中国社会科学出版社,1995.

[102] 水谷雅一.经营伦理理论与实践[M].北京:经济管理出版社,1999.

[103] 高田馨.经营者的社会责任[M].千仓书房,1973.

[104] Freeman R E. Strategic management. A stakeholder approach. Boston:Pitman,1984.

[105] 阿奇·B.卡罗尔,安·K.巴克霍尔茨.企业与社会伦理与利益相关者管理[M].黄煜平,等译.北京:机械工业出版社,2004.

[106] 约瑟夫·W.韦斯.商业伦理:利益相关分析与问题管理方法[M].符彩霞,译.北京:中国人民大学出版社,2005.

[107] 陈宏辉.企业利益相关者的利益要求:理论与实证研究[M].北京:经济管理出版社,2004.

[108] 帕特里夏·沃海恩,R.爱德华·弗里曼.商业伦理学百科辞典[M].刘宝成,译.北京:对外经济贸易大学出版社,2002.

[109] 詹姆斯·E.波斯特,安妮·T.劳伦斯,詹姆斯·韦伯.企业与社会:公司战略、公共政策与伦理[M].张志强,译.北京:中国人民大学出版社.,2005.

[110] Blair M M. Ownership and control:rethinking corporate governance for the twenty-first Century[M]. Washington:The Brooking Institution,1995.

[111] 马克思.资本论[M].北京:人民出版社,1994.

[112] E. Merick Dodd. For whom are corporate managers trustees[J]. Harvard Law Review,1932.

[113] 企业社会责任同盟[EB/OL]. [2007-08-30]. http://www. csr. org. cn/SA8000/.

[114] 陈旦锋,殷爱辉. 基于成本收益分析的企业社会责任选择[J]. 黑河学刊,2008(1):27-28.

[115] 许家山. 企业做好事一定要留名[EB/OL]. [2006-08-30]. http://www. ccdy. cn/pubnews/480357/20060830/500316. htm.

[116] Michael E Porter, Mark R Kramer. The competitive advantage of corporate philanthropy[J]. Harvard Business Review,2002 (12):56.

[117] 朱锦城. 论全球化背景下企业社会责任的拓展[J]. 徐州教育学院学报,2005(3):47-49.

[118] 深圳新闻网. 调查显示:我国企业经营者社会责任意识明显增强[EB/OL]. [2007-04-16]. http://www. sznews. com/news/content/2007 -04/16/content_104854. htm.

[119] 陈宏辉,贾生华. 企业社会责任观的演进与发展:基于综合性社会契约的理解[J]. 中国工业经济,2003(12): 85-92.

[120] 陈相森. 论跨国经营中的企业社会责任[J]. 山东财政学院学报,2005(2): 43-49.

[121] 朱锦程. 全球化背景下企业社会责任在中国的发展现状及前瞻[J]. 中国矿业大学学报,2006(1):85-89.

[122] Webb D J, Mohr L A, Harris K E. A reexamination of socially responsible consumption and its measurement[J]. Journal of Business Research, 2007(5):91-98.

[123] Richard Welford. Globalization, corporate social responsibility and human rights[J]. Corporate Social Responsibility and Environment Management,2002(3):9-14.

[124] Suchman Mark. Managing legitimacy:strategic and institutional approache[J]. Academy of Management Review,1995(20).

[125] Roman, Ronald M, Hayibor, Sefa, Dagle, Bradley R. The relationship between social and inancial performance:repainting a portrait[J]. Business and Society,1999,38(1):109-123.

[126] Margolis J D, Walsh J P. Misery loves companies: rethinking social initiatives by business [J]. Administrative Science Quarterly, 2003,48(2):268-305.

[127] 姜启军. 企业履行社会责任的动因分析[J]. 改革与战略,2007(9):141-144.

[128] 辛晴,綦建红. 企业承担社会责任的动因及实现条件[J]. 华东经济管理,2008(11):16-19.

[129] Oppewala H, Alexanderb A, Sullivan P. Consumer perceptions of corporate social responsibility in town shoppingcentres and their influence on shopping evaluations [J]. Journal of Retailing and Consumer Services, 2006(13):261-267.

[130] Turban D B, Greening D W. Corporate social performance and organizational attractiveness to prospective employees[J]. The Academy of Management Journal,1997,40(3):658-672.

[131] Fombrun C J,Shanley M. What's in a name? reput at on building and corporate strategy[J]. Academy of Management Journal,1990,33(2):233-258.

[132] Williams R J,Barrett J D. Corporate philanthropy, criminal activity, and firm reputation:Is there a link[J]. Journal of Business Ethics,2000,26:341-350.

[133] Carter C R. Ethical issues in international buyer supplier relationships:a dyadic examination [J]. Journal of Operations Management, 2000 (18):191-208.

[134] Carter C R, Jennings M M. Social responsibility and supply chain relationships [J]. Transportation Research,2002(38):37-52.

[135] Hsueh C F,Chang M S. Equilibrium analysis and corporate social responsibility [J]. European Journal of Operational Research, 2007(14).

[136] Carla Leal,Marta Sambiase,Leonardocruz Basso. The activity of natura from the perspective of sustain-

able development and of corporate social responsibility[J]. SSRN , 2007,21.

[137] 李培林. 论企业社会责任与企业可持续发展[J]. 现代财经,2006(10):11-15.

[138] 胡孝权. 企业可持续发展与企业社会责任[J]. 重庆邮电学院学报,2004(2)123-125.

[139] 凯文·杰克逊. 声誉管理[M]. 北京:新华出版社,2006.

[140] 迈克尔·波特. 竞争优势[M]. 北京:华夏出版社,1997.

[141] Beatty R P,Ritter J R. Investment banking,reputation and underpricing of initial public offerings[J]. Journal of Financial Economics,1986(15):213-232.

[142] Haywood R. Manage your reputation[M]. 2nd ed. Kogan Page,London,2002.

[143] Sherman M L. Making the most of your reputation,in Institute of directors (eds) reputation management: strategies for protecting companies,their brands and their directors "AIG Europe London UK,1999.

[144] Prahalad C K,Gary Hamel. The core competence of the corporation[J]. Harvard Business Review, 1990.

[145] Moustaki I,Joreskog K G,Mavridis D. Factor models for ordinal variables with covariance effects on the manifest and lantent variables: a comparison of LISREL and IRT approaches[J]. Structural Equation Modeling,2004,11(4):487-513.

[146] Hair,J. F. Jr,Anderson R E,Tatham R L,et al. Multivariate data analysis[M]. 5th ed. Upper Saddle River,NJ:Prentice Hall,1998.

[147] 何晓群. 多元统计分析[M]. 北京:中国人民大学出版社,2005.

[148] 侯杰泰,温忠麟,成子娟. 结构方程模型及其应用[M]. 北京:教育科学出版社,2007.

[149] Churchill G A Jr. A paradigm for developing vetter measures of marketing constructs[J]. Journal of Marketing Research,1979(16):64-73.

[150] Bagozzi R P. Evaluating structural equation models with unobservable variables and measurement error:a comment[J]. Journal of Marketing Research,1981,18(8):375-381.

[151] Kline R B. Principles and practice of structural equation modeling[M]. New York:Guilford Press,1999.

[152] Schumacker R E, Lomax R G. A beginners guide to structural equation modeling[M]. Mahwah,NJ:Lawrence Erlbaum Associates,1996.

[153] Bentler P M,Chou C P. Practical issues in structural modeling[J]. Sociological Methods and Research, 1987,16:78-117.

[154] 黄芳铭. 结构方程模式:理论与应用[M]. 北京:中国税务出版社,2003.

[155] Ahmed E,et al. Sato crutch field formulation for some evolutionary games [J]. International Journal of Modern Physics C,2003,14 (7):963-971.

[156] Lewontin R C. Evolution and the theory of games[J]. Journal of Theoretical Biology, 2002 4(1):382-403.

[157] Gilboa J, et al. Social stability and equilibrium[J]. Econometrica,1991,59(6):859-868.

[158] Samuelson L. Limit evolutionarily stable strategies in two-player, normal form games [J]. Games and Economic Behavior,1991(3):110-128.

[159] Weibull J. Evolutionary game theory[M]. Cambridge:MTI Press,1995.

[160] Borgers T,Sarin R. Learning through reinforcement and replicator dynamics[R]. Mimeo University College London,1995.

[161] Skyrms Brian. Deliberational equilbria[J]. Topoi,1986(5):59-67.

[162] Swinkels J. Adjustment dynamics and rational play in games[J]. Games and Economic Behavior,1993 (5):455-484.

［163］ Taylor P D,Jonker L B. Evolutionarily stable strategy and game dynamcis［J］. Math Biosci,1978,40: 145-156.

［164］ 王俊豪.政府管制经济学导论:基本理论及其在政府管制实践中的应用［M］.北京:商务印书馆, 2001.

［165］ 刘茂盛,黄生妙.两型社会下企业社会责任绩效监管问题［J］.吉首大学学报:自然科学版,2009 (4):109-111.